水土修复技术

温 泉 宋俊德 贾 威 著

吉林大学出版社

图书在版编目（CIP）数据

水土修复技术 / 温泉，宋俊德，贾威著. —长春：吉林大学出版社，2017.10
ISBN 978-7-5692-1291-4

Ⅰ.①水… Ⅱ.①温…②宋…③贾… Ⅲ.①水土保持－生态恢复 Ⅳ.①X171.4

中国版本图书馆 CIP 数据核字（2017）第 285096 号

书　　名：水土修复技术
SHUITU XIUFU JISHU

作　　者：温　泉　宋俊德　贾　威 著
策划编辑：邵宇彤
责任编辑：邵宇彤
责任校对：李潇潇
装帧设计：优盛文化
出版发行：吉林大学出版社
社　　址：长春市朝阳区明德路 501 号
邮政编码：130021
发行电话：0431-89580028/29/21
网　　址：http://www.jlup.com.cn
电子邮箱：jdcbs@jlu.edu.cn
印　　刷：北京一鑫印务有限责任公司
开　　本：787×1092　1/16
印　　张：16.5
字　　数：316 千字
版　　次：2017 年 10 月第 1 版
印　　次：2017 年 10 月第 1 次
书　　号：ISBN 978-7-5692-1291-4
定　　价：58.00 元

版权所有　　翻印必究

前 言

我国环保部与国土资源部联合发布的"全国土壤污染状况调查报告"中显示，当前我国部分土壤污染极为严重，各类耕地土壤质量严重下降，工矿区废弃地土壤污染严重超标，全国土壤总的点位超标率达到了 16.1%，因肥料滥用、农药污染等因素导致的耕地土壤点位超标率更是高达 19.4%，耕地污染的面积为 1.5 亿亩。我国耕地整体质量本来就不高，1/3 缺有机质，70% 以上缺磷，20% 左右缺钾。相比起来，我国耕地基础肥力对粮食产量的贡献率仅为 50%，而欧美发达国家则为 70%～80%。在此情况下，还有相当数量的耕地受到了中重度污染不宜耕种。据报道，全球每年释放的铜、镉、铅、锌重金属污染物分别达到 93.90 万吨、2.2 万吨、78.30 万吨和 135.00 万吨。治理土壤重金属污染是 21 世纪全球迫切需要解决的环境污染问题之一。

我国 1995 年制定了土壤环境质量标准，2015 年 1 月，环境保护部公布了《土壤环境质量标准》(GB15618-1995) 的修订草案《农用地土壤环境质量标准》，2016 年 5 月 28 日，国务院印发了《土壤污染防治行动计划》，简称《土十条》。2017 年 6 月 22 日，《土壤污染防治法》(草案) 首次提交全国人大常委会审议。《土十条》与《水十条》《大气十条》一样，作为国家对环境治理的具体行动计划与方案，其出台必定会推动土壤污染治理的进程。但是，我国的土壤污染问题十分复杂，进行治理应抱以科学审慎的态度。

土壤是一种复杂的、多相的高度不均匀的环境介质。污染物质通过大气、水体等途径污染土壤，土壤耕作又使重金属重新分布，最终在微观上的田块和宏观上的区域上土壤重金属污染呈现高度不均匀的特性。在治理土壤重金属污染方法中，常用的有客土法、施用石灰或者螯合剂、化学淋溶法等方法，这些方法在对污染土壤改良或者修复中虽具有一定的作用，但在实践中也往往都存在某些局限。

本书是在课题组多年的教学科研工作的基础上，经过修改、充实后撰写的。本书共分 7 章，分别为：第 1 章概述；第 2 章污染物的迁移过程；第 3 章污染物迁移的流体力学；第 4 章地下水污染修复；第 5 章土壤污染的修复；第 6 章地表水修复技术；第 7 章修复效果检验和评价。第 1、2、4、5、6 主要由温泉撰写，第 3、7 章主要由宋俊德、贾威撰写。本书首先简单介绍土壤与水资源的基本特征、迁移及转化过程、修复效果检验和评价，并从流体力学角度对污染物迁移进行分析，重点解决了地下水污染、土壤污染、地表水污染的几种修复技术。

在本书撰写过程中，参考了大量文献、资料，也得到了辽宁工程勘察设计院（即辽宁天纵生态环境修复工程有限公司）的大力支持，在此一并感谢。

编者
2017 年 3 月

目 录

第1章　概述 ··· 001

　1.1　土壤与水资源的基本特征 ··· 002
　　1.1.1　土壤的基本特征 ·· 002
　　1.1.2　地下水的基本特征 ··· 003
　　1.1.3　陆地水资源的基本特征 ··· 004
　　1.1.4　土壤和水环境污染的基本特点 ······································ 005
　1.2　污染来源及分类 ·· 006
　　1.2.1　土壤污染 ··· 006
　　1.2.2　地下水污染 ·· 008
　　1.2.3　地表水污染 ·· 009
　1.3　土壤与水污染状况 ··· 010
　　1.3.1　土壤污染 ··· 010
　　1.3.2　地下水污染 ·· 015
　　1.3.3　地表水污染 ·· 017
　　2.1.1　机械迁移 ··· 020

第2章　污染物的迁移过程 ··· 020

　2.1　污染物的迁移方式 ··· 020
　　2.1.2　物理化学迁移 ··· 021
　　2.1.3　生物性迁移 ·· 022
　2.2　污染物的转化过程 ··· 022
　　2.2.1　挥发与溶解 ·· 023
　　2.2.2　吸附与解吸 ·· 024
　　2.2.3　化学反应 ··· 031
　　2.2.4　生物作用 ··· 035
　　3.1.1　土壤、含水层及地下水 ··· 040

第3章　污染物迁移的流体力学 ·· 040

　3.1　土壤和地下水中污染物迁移的流体力学 ······························· 040
　　3.1.2　多孔介质 ··· 044

    3.2.1 流体···046

    3.2.2 渗流···046

  3.2 多孔介质中流体的运动过程···046

    3.2.3 流体流动的描述方法···047

    3.3.1 对流迁移···048

    3.3.2 扩散迁移···048

    3.3.3 机械弥散···048

  3.3 多孔介质中溶质的运移过程···048

    3.3.4 水动力弥散···049

    3.3.5 多孔介质中溶质运移的理想模型·····································049

第4章 地下水污染修复···051

  4.1 地下水污染修复···051

    4.1.1 地下水资源现状及污染状况···053

    4.1.2 地下水污染修复技术···057

    4.1.3 地下水污染修复技术发展趋势·······································061

  4.2 典型地下水污染修复技术···062

    4.2.1 原位曝气···062

    4.2.2 原位生物修复技术···067

    4.2.3 可渗透反应格栅···073

    4.2.4 原位化学氧化技术···082

    4.2.5 抽出–处理技术··089

    4.2.6 自然衰减修复技术···091

    4.2.7 水生植物修复技术···092

    4.2.8 土壤、地下水联合修复技术···097

  4.3 地下水污染防治对策···109

    5.1.1 土壤背景值···110

    5.1.2 土壤环境容量···110

第5章 土壤污染的修复···110

  5.1 土壤污染修复···110

    5.1.3 土壤修复技术···111

    5.1.4 土壤修复发展趋势···112

5.2 物理化学修复法 ……………………………………………………………… 113
5.2.1 土壤通风 …………………………………………………………… 113
5.2.2 热解吸修复技术 …………………………………………………… 122
5.2.3 热脱附技术 ………………………………………………………… 125
5.2.4 土壤淋洗 …………………………………………………………… 127
5.2.5 萃取修复技术 ……………………………………………………… 132
5.2.6 原位化学氧化 ……………………………………………………… 139
5.2.7 土壤固化/稳定化 ………………………………………………… 144
5.2.8 土壤焚烧 …………………………………………………………… 150
5.2.9 原位加热修复技术 ………………………………………………… 151
5.2.10 电动修复技术 …………………………………………………… 152
5.2.11 客土法 …………………………………………………………… 153

5.3 微生物修复法 ……………………………………………………………… 153
5.3.1 生物强化技术 ……………………………………………………… 157
5.3.2 微生物共代谢作用 ………………………………………………… 160
5.3.3 土壤耕作 …………………………………………………………… 161
5.3.4 生物堆 ……………………………………………………………… 162
5.3.5 固定化微生物技术 ………………………………………………… 166
5.3.6 生物刺激修复 ……………………………………………………… 167

5.4 植物修复法 ………………………………………………………………… 168
5.4.1 植物修复基本概念 ………………………………………………… 168
5.4.2 植物修复污染环境的基本原理 …………………………………… 172
5.4.3 植物修复类型 ……………………………………………………… 176
5.4.4 有机污染物的植物降解机理 ……………………………………… 180
5.4.5 植物修复优缺点 …………………………………………………… 181
5.4.6 植物修复有机污染物的研究与应用 ……………………………… 182
5.4.7 植物修复有机污染土壤在实际工程中应考虑的因素 …………… 182
5.4.8 植物修复技术的展望 ……………………………………………… 184
5.4.9 生物修复 …………………………………………………………… 184
5.4.10 渗透反应墙 ……………………………………………………… 188

5.5 联合修复法 ………………………………………………………………… 190
5.6 工程控制 …………………………………………………………………… 191

第6章　地上修复技术 195

6.1 热处理技术 195
6.1.1 热氧化 195
6.1.2 催化氧化 198
6.1.3 其他热处理法 199

6.2 吸附处理法 199
6.2.1 活性炭吸附系统 200
6.2.2 沸石吸附系统 204
6.2.3 高分子吸附系统 205
6.2.4 吸附再生技术 205

6.3 生物处理法 206
6.3.1 生物法处理工艺 208
6.3.2 生物法降解动力学 209
6.3.3 生物法技术的存在问题与发展 210

6.4 溶剂吸收法 210
6.4.1 吸收法工艺流程 211
6.4.2 吸收法工程化应用 212

6.5 其他分离方法 212
6.5.1 膜分离法 212
6.5.2 光解和光催化法 213
6.5.3 等离子法 214
6.5.4 压缩冷凝处理法 214

6.6 地表水系统修复技术 215
6.6.1 水资源生态修复理念及目标 216
6.6.2 城市河道底质改善技术 221
6.6.3 城市河道生态修复技术 222
6.6.4 城市河水强化处理技术 226
6.6.5 城市水体修复技术应用 227

6.7 矿山修复 228
6.7.1 传承自然：生态文化利用主导的矿山生态修复及旅游开发模式 230
6.7.2 还原记忆——工业记忆复原主导的矿山生态修复及旅游开发模式 231
6.7.3 诗意园林——休闲空间营造主导的矿山生态修复及旅游开发模式 231

- 6.7.4 讲述故事——主题文化演绎主导的矿山生态修复及旅游开发模式 ········ 232
- 6.7.5 彰显个性——自然科普性格主导的矿山生态修复及旅游开发模式 ········ 233
- 6.7.6 转化功能——服务升级换代主导的矿山生态修复及旅游开发模式 ········ 233

第 7 章 修复效果检验和评价 ·············· 234

7.1 修复效果检验和评价标准的目的与作用 ·············· 234
- 7.2.1 评价标准的基本内容 ·············· 235

7.2 国内外污染土壤和地下水修复基准制定 ·············· 235
- 7.2.2 评价标准的制定程序与基本方法 ·············· 238
- 7.2.3 评价标准的检验与修订 ·············· 239

7.3 污染土壤修复效果生态学评价 ·············· 239
- 7.3.1 污染土壤修复生态学评价方法 ·············· 241
- 7.3.2 土壤修复生态学评价的发展趋势 ·············· 243

7.4 地下水质量评价 ·············· 243

7.5 我国修复基准及评价方法的现状 ·············· 247

第 1 章　概述

自然环境修复是借助外界的作用力，使自然环境的某个受损的特定对象的部分或全部恢复成为原来初始的状态。修复包括恢复、重建、改建等三个方面的活动。恢复是指使部分受损的对象向原初状态发生改变；重建是指使完全丧失功能的对象恢复至原初水平；改建则是指使部分受损的对象进行改善，增加人类所期望的"人造"特点，减小人类不希望的自然特点。

自然环境修复技术包括物理方法、化学方法和生物方法等三大类。其中生物修复方法已成为环境保护技术的重要组成部分。生物修复是利用生物的生命代谢活动减少存于环境中有毒有害物质的浓度或使其完全无害化，使污染了的环境部分或完全恢复到原始状态的过程。生物修复是环境工程领域刚刚兴起的一门新技术，用一种或多种微生物来降解土壤中的有机毒物，如农药、石油烃类和有机磷、有机氯等，使这类物质变成无毒的或变成二氧化碳，这个过程国际上叫"生物修复工程"。目前已成功应用于土壤、地下水、河道和近海洋面的污染治理。

土壤和地下水污染治理的国际商业化程度不断增加，同时在各国产生了一系列新的环境法规。20 世纪 90 年代后期，人们对土壤和地下水污染修复的认识逐步全面和成熟，人们在重视修复技术的同时，开始更多考虑现实的因素，如场地修复经费的来源、未来土地的利用方式等，同时对修复技术的认识也在改变。

表 1-1　全球土壤修复市场

国家或地区	污染场地数量	目前市场值	未来潜在市场
美国	500 000	120 亿美元，占全球需求量 30%	30~35 年后，估计达到 1 000 亿美元
加拿大	30 000	2.5~5 亿美元	10 年以内达到 35 亿美元
西欧国家	>600 000	500 亿欧元	每年占 0.5%~1.5% 的 GDP 消费量
澳大利亚	160 000	未评估	未评估
拉丁美洲和非洲国家	未评估	97 亿美元	预计每年增长 4.5% 左右

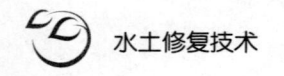

续表

国家或地区	污染场地数量	目前市场值	未来潜在市场
英国	100 000	60亿英镑	未评估
日本	500 000	12亿美元	2010年达到30亿美元
中国	300 000～600 000	30～60亿美元	预计每年增长超过8%

近几年来由于土壤污染日益严重，并已经威胁到地下水资源，给人类健康带来巨大隐患，因此我国开始重视土壤污染的调查与治理工作，但是与发达国家相比，对于土壤污染的治理和修复技术起步较晚。本书主要偏重土壤和地下水的修复治理技术。

1.1 土壤与水资源的基本特征

1.1.1 土壤的基本特征

土壤是土地资源的核心，是介于生物界和岩石圈之间的一个复杂的开放体系，是可支持植物、动物和微生物生长和繁殖的疏松地表。土壤是由岩石风化而成的矿物质、动植物残体腐解产生的有机质、土壤生物（固相物质）以及水分（液相物质）、空气（气相物质）等组成，土壤中这三类物质构成了一个矛盾的统一体。它们互相联系，互相制约，为作物提供必需的生活条件，是土壤肥力的物质基础。土壤环境是一个复杂多变的、常带有人类活动痕迹的自然历史综合体，它具有以下基本特征：

（1）土壤作为生态系统的基本单元，具有土壤、水和植物的整体性。土壤是岩石圈最外面一层的疏松部分，能够提供植物生长所需的营养条件和环境条件，具有支持植物和微生物生长繁殖的能力，被称为土壤圈，其内部有生物栖息。土壤圈处于大气圈、岩石圈、水圈和生物圈之间的过渡地带，是联系有机界和无机界的中心环节。土壤是由固体、液体和气体三相共同组成的多相体系。因此表现出其他环境系统不可替代的功能：联系有机界和无机界的中心环节并同化外界输入的有机化合物，是整个生物圈极为重要的组成部分。土壤环境是与人类关系最密切的环境要素之一，同时也是人类社会赖以生存的重要自然资源。

（2）土壤中存在各种胶体体系和多孔体系，通过吸附/解吸、溶解/沉淀、络合/螯合、老化、离子交换以及过滤等过程，对营养物质或污染物质产生重要作用，从而起到营养支持作用或产生污染毒害/解毒效应。

（3）通过植物的吸收、积累效应，一方面使土壤环境中的污染物质得以下降，另一方面使污染物能够转移到植物体内，然后以食物链的形式进入人体，从而危害人类健康。

（4）土壤具有一定的自净能力，因此可以承载一定的污染负荷，具有一定环境容纳量。它的自净能力一方面与自身物化性质如土壤颗粒、有机物含量、温度、湿度、pH值、离子种类和含量等因素有关，另一方面还与土壤中微生物种类和数量有关。然而其自净能力是有限的，污染一旦超过土壤的最大容量，必然会引起不同程度的土壤污染。

土壤固相包括矿物质和有机质，其中矿物质约占土壤固体总重量的90%以上，而有机质约占固体总重量的1%~10%。可见土壤成分以矿物为主，此外还有土壤溶液，它是土壤水分及其所含溶解物质和悬浮物质的总称。土壤液相是指土壤中水分及其水溶物。土壤溶液是植物和微生物从土壤吸收营养物的媒介，也是污染物在土壤中迁移的主要途径。土壤中有无数孔隙充满空气，即土壤气相。典型土壤约有35%的体积是充满空气的孔隙，因而土壤具有疏松的结构。土壤中的化学品来自农药施用、大气干湿沉降、工业废水与废物排放、污水灌溉与污泥施用等。有机污染物进入土壤后，会与土壤成分相互作用，由于土壤是由多种成分组成的高度不均一性介质，所以污染物的赋存状态会发生很大变化与分化。这将导致污染物的流动性、生物有效性甚至化学反应活性都不同程度地降低，对其环境生态风险及修复效率都产生重大影响。

土壤中的固体颗粒的粒度级别或粒度组合称为土壤的机械组成，又称土壤质地。根据土壤机械组成可对土壤进行分类。我国土壤质地分为砂土、壤土和黏土三个级别。土壤质地是影响土壤肥力高低、可耕性好坏和污染物容量大小的基本因素之一。同时也是选择修复技术和方法时需要考虑的重要条件。

1.1.2 地下水的基本特征

地下水是储存于包气带以下地层空隙，包括岩石孔隙、裂隙和溶洞之中的水。地下水是地球内部及其外层空间水循环的产物，是地球系统中物质与能量循环的积极参与者，是一种具有资源、供水和生态等功能的重要环境要素。

1. 地下水的分类

（1）按起源不同，可将地下水分为渗入水、凝结水、初生水和埋藏水；
（2）按矿化程度不同，可分为淡水、微咸水、咸水、盐水、卤水；
（3）按含水层性质分类，可分为孔隙水、裂隙水、岩溶水；
（4）按埋藏条件不同，可分为上层滞水、潜水、承压水。

2. 地下水的特征

在一定的水文地质条件下，汇集于某一排泄区的全部水流，自成一个相对独立的地下水流系统，又称地下水流动系。处于同一水流系统的地下水，往往具有相同的补给来源，相互之间存在密切的水力联系，形成相对统一的整体；而属于不同地下水流系统的地下水，则指向不同的排泄区，相互之间没有或只有极微弱的水系联系。此外，与地表水系相比较，地下水流系统具有如下的特征：

（1）空间上的立体性。地表上的江河水系基本上呈平面状态，而地下水流系统往往自地表面起可直指地下几百上千米深处，形成空间立体分布，并自上到下呈现多层次的结构，这是地下水流系统与地表水系的明显区别之一。

（2）流线组合的复杂性和不稳定性。地表上的江河水系，一般均由一条主流和若干等级的支流组合而成有规律的河网系统。而地下水流系统则是由众多的流线组合而成的复杂动态系统，在系统内部不仅难以区别主流和支流，而且具有多变性和不稳定性。这种不稳定性，可以表现为受气候和补给条件的影响呈现周期性变化；也可因为开采和人为排泄，促使地下水流系统发生剧烈变化，甚至在不同水流系统之间造成地下水劫夺现象。

（3）流动方向上的下降与上升的并存性。在重力作用下，地表江河水流总是自高处流向低处；然而地下水流方向在补给区表现为下降，但在排泄区则往往表现为上升，有的甚至形成喷泉。

1.1.3　陆地水资源的基本特征

陆地上的淡水资源储量只占地球上水体总量的2.53%，其中固体冰川约占淡水总储量的68.69%。主要分布在两极地区，人类在目前的技术水平下，还难以利用。液体形式的淡水水体，绝大部分是深层地下水，开采利用的也很小。目前人类比较容易利用的淡水资源，主要是河流水、淡水湖泊水以及浅层地下水，储量约占全球淡水总储量的0.3%，只占全球总储水量的十万分之七。全世界真正有效利用的淡水资源每年约有9 000立方千米。世界各大洲的水资源分布如下：

从各大洲水资源的分布来看，年径流量亚洲最多，其次为南美洲、北美洲、非洲、欧洲、大洋洲。从人均径流量的角度看，全世界河流径流总量按人平均，每人约10 000立方米。在各大洲中，大洋洲人均径流量最多，其次为南美洲、北美洲、非洲、欧洲、亚洲。

我国水资源及其分布如下：

我国河流较多，流域面积在1 000平方千米以上的大河流共计1 598条，总长达42万千米，流域面积大约667万平方千米，地表径流27 800亿立方米，地下径流6 000亿立方米。全国水能蕴藏量6.8×10^8kW，占世界总量13.5%，可开发水能蕴藏量3.78×10^8kW，占世界总量16.8%。

我国水资源分布特点：年内分布集中，年间变化大；黄河、淮河、海河、辽河四流域水资源量小，长江、珠江、松花江流域水量大；西北内陆干旱区水量缺少，西南地区水量丰富。水资源总数多，人均占有量少，中国水资源总量居世界第四位。人均占有量仅为世界平均值的 1/4，约为日本的 1/2、美国的 1/4、俄罗斯的 1/12。水资源区域分布不相配，全国水资源 80% 分布在长江流域及其以南地区，人均水资源量 3 490 立方米，亩均水资源量 4 300 立方米，属于人多、地少、经济发达、水资源相对丰富的地区。长江流域以北广大地区的水资源量仅占全国 14.7%，人均水资源量 770 立方米，亩均约 471 立方米，属于人多、地多，经济相对发达、水资源短缺的地区，其中黄淮海流域水资源短缺尤其突出。中国内陆地区水资源量只占全国的 4.8%，生态环境不强，开发利用水资源受到生态环境水的制约。

1.1.4 土壤和水环境污染的基本特点

土壤环境的多介质、多界面、多组分以及非均一性和复杂多变的基本特点，决定了土壤环境污染具有区别于大气环境污染和水体环境污染的特点。

1. 隐蔽性和滞后性

大气污染、水污染和废弃物污染等问题一般都比较直观，通过感官就能发现。而土壤污染则不同，它往往要通过对土壤样品进行分析化验和农作物的残留检测，甚至通过研究对人畜健康状况的影响才能确定。因此，土壤污染从产生污染到出现问题通常会滞后较长的时间。

2. 累积性和地域性

污染物质在大气和水体中，一般都比在土壤中更容易迁移，这使得污染物质在土壤中并不像在大气和水体中那样容易扩散和稀释，因此容易在土壤中不断积累而超标，同时也使土壤污染具有很强的地域性。

3. 不可逆转性

大气和水体如果受到污染，切断污染源后通过稀释作用和自净化作用就有可能使污染源不断减轻，但是难降解污染物在土壤环境中很难靠稀释作用和自净化作用来消除。重金属对土壤的污染基本上是一个不可逆转的过程，许多有机化学物质的污染也需要较长的时间才能降解，被某些重金属污染的土壤可能要经过 100 到 200 年才能够恢复。

4. 治理难而周期长

土壤污染一旦发生，仅依靠切断污染源的方法往往很难恢复，有时要靠换土、淋洗土壤等方法才能解决问题，其他治理技术可能见效较慢。因此，治理污染土壤通常成本较高、治理周期较长。

鉴于土壤污染难于治理，而土壤污染问题的产生又具有明显的隐蔽性和滞后性等特点，因此土壤污染问题一般都不太容易受到重视。

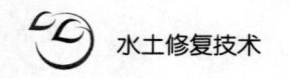

1.2 污染来源及分类

1.2.1 土壤污染

1. 土壤污染环境影响

土壤有机质是土壤的重要组成部分,其性质和含量是影响污染物生物有效性最主要的因素。大多数有机污染物都是非极性的,其吸附程度主要取决于土壤有机质的含量与性质,尤其是在有机质含量分数大于 1% 时。

土壤矿物也是土壤的重要组成部分,当土壤有机质含量低于 1% 时,其对土壤或沉积物的吸附和赋存状态可能起到重要作用。

随着工农业的发展,越来越多的活性炭、生物炭、碳纳米材料等碳质吸附剂进入土壤环境。由于上述碳质吸附剂具有较大的比表面积和孔体积,对有机污染物能够表现出很强的吸附能力,进入土壤后必然会改变土壤的性质,对有机污染物在土壤中的吸附/解吸及赋存状态产生影响,进而影响有机污染物的生物有效性。

溶解性有机质(DOM)主要指能够溶解于水、酸或碱溶液的有机质,它仅是一个操作定义:能通过 0.45μm 的滤膜,具有不同结构和分子量的有机物,广泛存在于天然水体和土壤中。土壤 DOM 来源于凋落物和残根分解产物和土壤腐殖质。

表面活性剂是日常生活和工业生产中常见的化工产品,普遍存在于环境中。表面活性剂分子具有亲水和亲油两种基团,因而具有特殊的表面活性。表面活性剂的一个重要特征是,在一定浓度下能自发形成胶束。表面活性剂胶束中,疏水基团处于胶束的内部形成疏水性内核,从而提供相对较大的疏水环境,疏水性有机污染物分配其中,大大提高了在液相中的表观溶解度,这就是表面活性剂的增溶作用。根据亲水基团电荷性质的不同,通常将表面活性剂分类为阴离子型、阳离子型、两性型和非离子型。由于表面活性剂的表面活性、增溶能力及自身电荷性质,对环境中有机污染物的溶解、吸附、挥发及生物有效性都有重要影响。土-水-表面活性剂体系中,表面活性剂不仅存在于水溶液中,也会吸附于土壤固相上。由于土壤表面呈现电负性,阳离子表面活性剂进入土壤后,主要聚集在土壤颗粒表面,形成类胶束结构,能够有效地分配溶液中的疏水性有机污染物,从而显著增强疏水性有机污染物在土壤固相上的吸附,降低其生物有效性,对土壤有机污染物的缓解有重要意义。

除了上述因素,土壤温度、湿度、pH 值等也会对土壤中污染物产生影响。

2. 土壤污染来源

土壤的污染,一般是通过大气与水污染的转化而产生,它们可以单独起作用,也可以相互重叠和交叉进行,属于点污染的一类。随着农业现代化、工业水平的提高,大量化学肥料、农药及化学品散落到环境中，土壤遭受非点污染的机会越来越多，其程度也越来越严重。在水土流失和风蚀作用等的影响下，污染面积不断地扩大。

根据污染物质的性质不同，土壤污染物分为无机物和有机物两类：无机物主要有汞、铬、铅、铜、锌等重金属和砷、硒等非金属；有机物主要有酚、有机农药、油类、苯并芘类和洗涤剂类等。以上这些化学污染物主要是由污水、废气、固体废物、农药和化肥带进土壤并积累起来。

（1）污水灌溉。生活污水和工业废水中，含有氮、磷、钾等许多植物所需要的养分，所以合理地使用污水灌溉农田，一般有增产效果。但污水中还含有重金属、酚、氰化物等许多有毒有害的物质，如果污水没有经过必要的处理而直接用于农田灌溉，会将污水中有毒有害的物质带至农田污染土壤。例如，冶炼、电镀、燃料、汞化物等工业废水能引起镉、汞、铬、铜等重金属污染；石油化工、肥料、农药等工业废水会引起酚、三氯乙醛、农药等有机物的污染。

（2）大气污染。大气中的有害气体主要是工业中排出的有毒废气，它的污染面大，会对土壤造成严重污染。工业废气的污染大致分为两类：气体污染，如二氧化硫、氟化物、臭氧、氮氧化物、碳氢化合物等；气溶胶污染，如粉尘、烟尘等固体粒子及烟雾、雾气等液体粒子，它们通过沉降或降水进入土壤，造成污染。例如，有色金属冶炼厂排出的废气中含有铬、铅、铜、镉等重金属，对附近的土壤造成污染；生产磷肥、氟化物的工厂会对附近的土壤造成粉尘污染和氟污染。

（3）化肥。施用化肥是农业增产的重要措施，但不合理地使用也会引起土壤污染。长期大量使用氮肥，会破坏土壤结构，造成土壤板结，生物学性质恶化，影响农作物的产量和质量。过量地使用硝态氮肥，会使饲料作物含有过多的硝酸盐，妨碍牲畜体内氧的输送，使其患病，严重的导致死亡。

（4）农药。农药能防治病、虫、草害，如果使用得当，可保证作物的增产。农药也是一类危害性很大的土壤污染物，施用不当会引起土壤污染。喷施于作物体上的农药粉剂、水剂、乳液等，除部分被植物吸收或逸入大气外，约有一半散落于农田。这一部分农药与直接施用于田间的农药（如拌种消毒剂、地下害虫熏蒸剂和杀虫剂等）构成农田土壤中农药的基本来源。农作物从土壤中吸收农药，在根、茎、叶、果实和种子中积累，通过食物、饲料危害人体和牲畜的健康。此外，农药在杀虫、防病的同时，也使有益于农业的微生物、昆虫、鸟类遭到伤害，破坏了生态系统，使农作物遭受间接损失。

（5）固体废物。工业废物和城市垃圾是土壤的固体污染物。例如，各种农用塑料薄膜作为大棚、地膜覆盖物被广泛使用，如果管理、回收不善，大量残膜碎片散落田间，会造成农田"白色污染"。这样的固体污染物既不易蒸发、挥发，也不易被土壤微生物分解，是一种长期滞留于土壤的污染物。

（6）工业场址污染。炼油厂、化工厂、钢铁厂、印染厂等工业场址产生大量废液、废渣，加上环境监管不力，直接导致土壤和地下水的有机物或重金属污染。国内已经充分认识到了工业污染场址的危害性。另外，随着城市的扩大化，一些搬迁企业污染场地也势必需要根据土地再利用目的进行相应修复。近些年，科技部及各省市科委开始加强力度关注工业场址的土壤和地下水污染，设立了一些重大项目，力图为国内工业场址污染现状寻求解决之道。

3. 土壤污染物分类

（1）化学污染物。包括无机污染物和有机污染物。无机污染物主要包括汞、镉、铅、砷等重金属，过量的氮、磷植物营养元素以及氧化物和硫化物等。有机污染物则包括各种化学农药、石油及其分解产物以及其他各类有机合成产物等。化学污染物是土壤污染物中最重要、影响也最强烈和广泛的污染物，目前人们对于这类污染物的污染效应、治理等相关研究进行得比较多。

（2）物理污染物。指来自工厂、矿山的固体废弃物，如尾矿、废石、粉煤灰和工业垃圾等。

（3）生物污染物。指带有各种病菌的城市垃圾和由卫生设施排出的废水、废物以及厩肥等。

（4）放射性污染物。主要存在于核原料开采和大气层核爆炸地区，以锶和铯等在土壤中生存期长的放射性元素为主。

1.2.2 地下水污染

地下水污染是由于人为因素造成的地下水质恶化现象。地下水污染的主要原因有：工业废水向地下直接排放，受污染的地表水侵入到地下含水层中，人畜粪便或因过量使用农药而受污染的水渗入地下等。污染的结果是使地下水中的有害成分如酚、铬、汞、砷、放射性物质、细菌、有机物等的含量增高。污染的地下水对人体健康和工农业生产都有危害。

进入地下水的污染物有来自人类活动的，有来自自然过程的。生活污水和生活垃圾会造成地下水的总矿化度、总硬度、硝酸盐和氯化物含量升高，有时也会造成病原体污染。工业废水和工业废物可使地下水中有机和无机化合物的浓度增加。农业施用的化肥和粪肥，会造成大范围的地下水硝酸盐含量增高。农药对地下水的污染较轻，且仅限于浅层。农业耕作活动可促进土壤有机物的氧化，如有机氮氧化为无机氮（主要是硝态氮），随渗入水进入地下水。天然的咸水会使地下天然淡水受咸水污染等。

硝酸盐是地下水的主要污染物质，其来源有两个：一是地表污废水排放，通过河道渗漏污染地下水，如城市化粪池、污水管的泄漏以及垃圾堆的雨水淋溶等，这一类污染源具有点污染的特征；二是农业面源污染，农耕区过多施用氮肥，其中约有12.5%～45%的氮从土壤中流失，造成农耕区地下水硝酸盐的含量严重超标。随着化肥的广泛使用，硝酸盐污染将成为一个世界性的问题，在美国对10多万口水井的调查发现，有6%的水井硝酸盐含量超过标准，20%的水井氨氮含量超标。在我国进行调查的57个城市中，地下水中氮超标的有46个。硝酸盐污染可以导致高铁血红蛋白症、婴儿畸形及癌症等疾病。对地下水构成威胁的还有石油、石油化工产品及各种有机合成化学物质。

石油和石油化工产品，经常以非水相液体（NAPL）的形式污染土壤、含水层和地下水。当NAPL的密度大于水的密度时，污染物将穿过地表土壤及含水层到达隔水底板，即潜没在地下水中，并沿隔水底板横向扩展；当NAPL密度小于水的密度时，污染物的垂向运移受阻于地下水面，只能沿地下水面（主要在水的非饱和带）横向广泛扩展。NAPL可被孔隙介质长期束缚，其可溶性成分还会逐渐扩散至地下水中，成为一种持久性的污染源。这类污染通常因石油生产、加工、运输、储存和使用不当造成。

有机合成化学物质则主要来源于危险废物处置场所的淋溶和渗漏。有机污染物在地下水中含量甚微，但许多有机物毒性很大，足以引起各种健康问题。有机污染物进入包气带和含水层后，不仅其残留物可以维持数十乃至上百年，长期污染环境，而且其降解中间产物也会污染环境，某些中间产物甚至具有更大的毒性。

此外，用灌注的办法人工补给地下水时，如果回灌水含有细菌或毒物，将造成严重后果；利用污水灌溉农田而又处理不当时，也会使大范围的潜水层受到影响。

1.2.3　地表水污染

（1）死亡有机质。如未经处理的城市生活污水、造纸污水、农业污水、都市垃圾。危害：消耗水中溶解的氧气，危及鱼类的生存；导致水中缺氧，致使需要氧气的微生物死亡。而正是这些需氧微生物因能够分解有机质，维持着河流、小溪的自我净化能力。它们死亡的后果是：河流和溪流发黑，变臭，毒素积累，伤害人畜。

（2）有机和无机化学药品。如化工、药厂、造纸、制革、建筑装修、干洗行业排出的废水，包含化学洗剂、农用杀虫剂、除草剂等。危害：绝大部分有机化学药品有毒性，它们进入江河湖泊会毒害或毒死水中生物，引起生态破坏；一些有机化学药品会积累在水生生物体内，致使人食用后中毒；被有机化学药品污染的水难以得到净化，人类的饮水安全和健康受到威胁。

（3）磷。如含磷洗衣粉、磷氮化肥的大量施用。危害：引起水中藻类疯长（称为水体富营养化），湖底的细菌以死亡藻类作为营养，迅速增殖；致使鱼类死亡，湖泊死亡；大量增殖的细菌消耗了水中的氧气，使湖水变得缺氧，依赖氧气生存的鱼类死亡，随后细菌也会因缺氧而死亡，最终是湖泊老化、死亡。

（4）石油化工洗涤剂。如家庭和餐馆大量使用的餐具洗涤剂。危害：大多数洗涤剂都是石油化工的产品，难以降解，排入河中不仅会严重污染水体，而且会积累在水产物中，人吃后会出现中毒现象。

（5）重金属（汞、铅、镉、镍、硒、砷、铬、铊、铋、钒、金、铂、银等）。如采矿和冶炼过程、工业废弃物、制革废水、纺织厂废水、生活垃圾（如电池、化妆品）。危害：对人、畜有直接的生理毒性；用含有重金属的水来灌溉庄稼，可使作物受到重金属污染，致使农产品有毒性；沉积在河底、海湾，通过水生植物进入食物链，经鱼类等水产品进入人体。

（6）酸类（比如，硫酸）。如煤矿、其他金属（铜、铅、锌等）矿山废弃物、向河流中排放酸的工厂。危害：毒害水中植物；引起鱼类和其他水中生物死亡；严重破坏溪流、池塘和湖泊的生态系统。

（7）悬浮物。如土壤流失、向河流倾倒垃圾。危害：降低水质，增加净化水的难度和成本；现代生活垃圾有许多难以降解的成分，如塑料类包装材料；它们进入河流之后，不仅对水中生物十分有害（误食后致死），而且会阻塞河道。

（8）油类物质。如水上机动交通运输工具、油船泄漏。危害：破坏水生生物的生态环境，使渔业减产污染水产食品，危及人的健康；海洋上油船的泄漏会造成大批海洋动物（从鱼虾、海鸟至海豹、海狮等）死亡。

1.3 土壤与水污染状况

1.3.1 土壤污染

土壤具有两个重要的功能：一是土壤作为一项极其宝贵的自然资源，是农业生产的基础；二是土壤对于外界进入的物质具有同化和代谢能力。由于土壤具有这种功能，所以人们肆意开发土壤资源，同时将土地看作人类废物的垃圾场，而忽略了对土地资源的保护。由于这种原因，人类面临着土地退化、水土流失和荒漠化以及土壤污染等诸多问题。其中，土壤污染的形势极为严峻。

土壤污染是指加入土壤的污染物超过土壤的自净能力，或污染物在土壤中积累量超过土壤基准量，而给生态系统乃至人类造成危害的现象。

土壤环境中污染物的输入、积累和土壤环境的自净作用是两个相反而又同时进行的对立、统一的过程，在正常情况下，两者处于一定的动态平衡，在这种平衡状态下，土壤环境是不会发生污染的。但是，如果人类的各种活动产生的污染物质，通过各种途径输入土壤，其数量和速度超过了土壤环境的自净作用的速度，打破了污染物在土壤环境中的自然动态平衡，使污染物的积累过程占据优势，可导致土壤环境正常功能的失调和土壤质量的下降；或者土壤生态发生明显变异，导致土壤微生物种类、数量或者活性的变化，土壤酶活性的减少。同时，由于土壤环境中污染物的迁移转化，从而引起大气、水体和生物的污染，并通过食物链最终影响到人类的健康，这种现象属于土壤环境污染。

因此，当土壤环境中所含污染物的数量超过土壤自净能力或当污染物在土壤环境中的积累量超过土壤环境基准或土壤环境标准时，即为土壤环境污染。从土壤污染概念来看，判断土壤发生污染的指标：一是土壤自净能力，二是动植物直接、间接吸收而受害的临界浓度。

1. 土壤污染环境效应

污染物进入大气、水体、土壤等环境介质后，对环境介质的结构和功能产生一系列的危害和影响，这种影响一般称为环境效应。

土壤是一个开放的系统，土壤系统以大气、水体和生物等自然因素和人类活动作为环境，和环境之间相互联系、相互作用，这种相互作用是通过土壤系统与环境间的物质和能量交换过程来实现的。物质和能量由环境向土壤系统输入引起土壤系统的状态变化，由土壤系统向环境系统输出引起环境状态的变化。

土壤受水和环境的影响，同时也影响着水环境和大气环境，而这种影响的性质、规模和程度，都是随着人类利用和改造自然的广度和深度而变化。在土壤污染发生中，人类从自然界获取资源和能量，经过加工、调配、消费，最终再以"三废"形式直接或通过大气、水体和生物向土壤系统排放。当输入的物质数量通过土壤的自净能力时，土壤系统中的污染物破坏了原来的平衡，引起土壤系统状态的变化，发生土壤污染。而污染的土壤系统向环境输出物质和能量，引起大气、水体和生物的污染，从而使环境发生变化，引起环境质量下降，造成环境污染，所以土壤污染对环境污染的效应是显而易见的。

2. 土壤污染的生态危害

土壤污染会使土壤的组成和理化性质发生变化，破坏土壤的正常功能，并可通过植物的吸收和食物链的积累等过程，进而对人体健康构成危害。主要危害有如下几种：

（1）土壤污染物在环境中经挥发、雨水冲刷等过程，进一步污染大气、水环境，造成区域性的环境质量下降。

（2）对植物的影响。土壤中污染物超过植物的承受限度，会引起植物的吸收和代谢失调，一些污染物在植物体内残留，会影响植物的生长发育，引起植物变异。对于农业生产来讲，一些在土壤中长期存活的植物病原体能严重地危害植物，造成农业减产。

（3）对人体的危害。农药在土壤中受物理、化学和微生物的作用，按照其被分解的难易程度可分为两类：易分解类（如有机磷制剂）和难分解类（如有机氯、有机汞制剂等）。难分解的农药成为植物残毒的可能性很大。植物对农药的吸收率因土壤质地不同而异，其从砂质土壤吸收农药的能力要比从其他黏质土壤中高得多。不同类型农药在吸收率上差异较大，通常农药的溶解度越大，被作物吸收也就越容易。农药在土壤中可以转化为其他有毒物质，人类吃了含有残留农药的各种食品后，残留的农药转移到人体内，这些有毒有害物质在人体内不易分解，经过长期积累会引起内脏机能受损，使机体的正常生理功能发生失调，造成慢性中毒，影响身体健康。特别是杀虫剂所引起的致癌、致畸、致突变的"三致"问题，令人十分担忧。

3. 土壤污染现状及问题

（1）土壤的重金属污染

密度大于5的金属元素称为重金属，地壳及岩石中含有40多种重金属元素。人体可以通过饮水、食物、生产活动等接触和摄入重金属元素。进入人体的重金属元素有些是人体所必需的，在一般膳食情况下不致造成对机体的危害。汞、镉、铅、砷等重金属对人体有明确的毒害作用。铜、锌、铬等重金属元素对人体营养有一定意义，但摄入过量，也会导致对机体的危害。有毒重金属进入人体内多以原来的形式存在，也能转变成毒性更强的化合物。多数有毒重金属在机体内蓄积，且半衰期长。长期少量摄入可以产生慢性毒性反应，也可能有致畸、致突变、致癌的潜在危害。一次大剂量的给予也可以产生急性中毒。

土壤中重金属含量的变化受多种因素的影响。一般而言，来源主要分为两类，即：自然源和人类活动源。地壳的岩石中含有多种重金属，岩石经自然风化，使重金属汞、铜、锌、铅、砷、铬、镉、镍等广泛存在于土壤中。

生活在自然界的动植物中也有一定量的本底重金属。随着工业化发展和城市化进程的加快，以及人类活动的频繁干扰，特别是近年来大量外部污染物的输入，导致菜地土壤重金属含量往往高于背景值。表现在：① 大量未经过处理或处理后未达标的工业污水、城市生活用水直接排放到蔬菜地中，导致菜地土壤超标。例如：河北邢台污水灌溉区中心区域的菜地土壤中镉平均含量已超过国家标准数倍；沈阳章士灌区长期使用水质不达标的污水灌溉，造成土壤镉和汞的含量超标。② 污泥、垃圾等固体废弃物的施用，是菜地土壤中金属含量增高的重要原因。例如：天津长期使用污泥的菜地土壤中，铜、锌、铅的含量高于背景值3~4倍，镉含量高于背景值10倍，汞含量高于背景值125倍。③ 采矿、冶炼、造纸、交通等人为活动产生的废弃物未经处理或不达标排放，进入土壤和水，造成土壤和水重金属超标。④ 农药、化肥、塑料薄膜、有机肥等农业投入品是土壤中重金属的重要输入源。有机肥中也含一定量的重金属。如刘荣乐等对中国8省市商品有机肥的调查结果表明，有机肥中各种重金属均出现不同程度的超标。重金属对农作物的危害常从根部开始，然后再蔓延至地上部，受重金属影响，会妨碍植物对氮、磷、钾的吸收，使农作物叶黄化、茎秆矮化，从而降低农作物产量和质量。

随着工业、城市污染的加剧和农用化学物质种类、数量的增加，土壤重金属污染日益严重，污染程度在加剧，面积在逐年扩大。重金属污染物在土壤中移动性差、滞留时间长、不能被微生物降解,并可经水、植物等介质最终影响人类健康。

2014年4月17日,环保部和国土资源部联合公布的《全国土壤污染状况调查公报》显示,全国土壤总的污染点位超标率为16.1%,其中轻微、轻度、中度和重度污染点位比例分别为11.2%、2.3%、1.5%和1.1%。从污染分布状况来看,南方土壤污染重于北方,长三角、珠三角、东北老工业基地等部分区域土壤污染问题较为突出,西南、中南地区土壤重金属超标范围较大。

(2)土壤的有机污染

目前我国土壤的有机污染十分严重,且对农产品和人体健康的影响已开始显现。中国科学院南京土壤研究所近期对某钢铁集团四周的农业土壤和工业区附近的土壤进行了调查,结果表明,农业土壤中15种多环芳烃(PAHs)总量的平均值为4.3mg/kg,且主要以四环以上具有致癌作用的污染物为主,约占总含量的85%,仅有6%的采样点尚处于安全级。而工业区附近的土壤污染远高于农业土壤,多氯联苯、多环芳烃、塑料增塑剂、除草剂、丁草胺等,这些高致癌的物质可以很容易在重工业区周围的土壤中被检测到,而且超过国家标准多倍。对天津市区和郊区土壤中的10种PAHs的调查结果表明,市区是土壤PAHs含量超标最严重的地区,其中二环萘的超标程度最严重,强致癌物质苯并芘的超标情况也不容乐观。在我国西藏,未受直接污染的土壤中多氯联苯含量为0.625~3.501g/kg,而在沈阳市检出其含量为6~151g/kg。

(3)土壤的农药污染

农药在生产和使用过程中都可以导致环境的污染,现已成为重要的"公害"之一。据专家调查,20世纪90年代以来我国的农药使用量高达100万吨/年,数量如此大的农药真正到达目的物上的只有10%~20%,最多可达30%,落在地面上的占40%~60%,5%~30%飘浮于大气之中。这表明每年大约有70~80万吨农药进入环境,污染土壤、水体,进而通过食物链进入人体。

目前,我国使用量最大的农药为有机磷农药,广泛用于农作物的杀虫、杀菌、除草。如甲胺磷、氧化乐果、久效磷、对硫磷、甲拌磷、敌百虫等,而这些正是农作物中残留最为严重的农药。随食物摄入人体内的残留农药,会分布于全身组织,以肝脏最多。人大量摄入或接触后可导致急性中毒,轻者有头痛、头昏、恶心、呕吐、无力、胸闷、视力模糊等,中度中毒时有神经衰弱、皮炎、失眠、出汗、肌肉震颤、运动障碍等,重者则会肌肉抽搐、痉挛、昏迷、视物模糊、呼吸困难,最后因呼吸麻痹而死亡。

(4)土壤的氟化物污染

氟化物主要来自于生活燃煤污染及化工厂、铝厂、钢铁厂和磷肥厂排放的氟气、氟化氢、四氟化硅和含氟粉尘。氟化氢被叶表面吸收后,经薄壁细胞间隙进入导管中,并随蒸腾流到达叶的边缘和尖端,由于卤素的特殊活泼性,使叶的这些部位的叶绿素和各种酶遭到损害,因而使光合作用长时间地受到抑制,或使磷酸化酶、烯醇化酶和淀粉酶钝化。氟化氢对叶的损害首先出现在尖端和边缘。通常受害部位呈棕黄色，成带状或环带状分布，然后逐渐向中间扩展。当受害严重时，使整个叶片枯焦脱落。由于农作物可以直接吸收空气中的氟，而且氟具有在生物体内富集的特点，因此在受氟污染的环境中生产出来的茶、蔬菜和粮食的含氟量一般都会远远高于空气中氟的含量。

氟化物会通过禽畜食用牧草后进入食物链，对食品造成污染，危害人体健康。氟被吸收后，95%以上沉积在骨骼里。由氟在人体内积累引起的最典型的疾病为氟斑牙和氟骨症，表现为齿斑、骨增大、骨质疏松、骨的生长速率加快等。

（5）土壤的煤烟粉尘、金属飘尘污染

煤烟粉尘是由炭黑颗粒、煤粒和飞尘组成的，产生于冶炼厂、钢铁厂、焦化厂和供热锅炉等烟囱附近，以污染源为中心周围几十公顷的耕地或下风向区域的农作物都会受到影响。随着工业的发展，在某些工厂附近的大气中，还含有许多金属微粒，如镉、铍、锑、铅、镍、铬、锰、汞、砷等。这些有毒污染物可以降落在农作物上、水体和土壤内，然后被农作物吸收并富集于蔬菜、瓜果和粮食中，通过食物和饮水在人体内蓄积，造成慢性中毒。这些物质对机体的危害，在短期内并不明显，但经过长期蓄积，会引起远期效应，影响神经系统、内脏功能和生殖、遗传等。

（6）土壤的酸雨污染

大气中 SO_2 和氮氧化合物是酸雨物质的主要来源。由于矿物燃烧，含硫矿石冶炼和其他工业生产过程中产生了大量的硫和氮氧化合物，经过大气化学反应转化成硫酸和硝酸，再以酸性降雨的形式返回地球表面。目前大气中的硫和氮的化合物大部分是人类活动造成的。

当酸雨进入土壤或水体后，抑制有机物的分解和氮的固定，会使土壤和水体酸化。土壤中的锰、铜、铅、汞、镉等元素转化为可溶性化合物，使土壤重金属浓度增高。对于农作物，酸雨损害新生的叶芽，影响其生长发育，造成农作物生长不良，抗病能力下降，产量下降。酸雨对人体也有较严重的影响：一是通过食物链使汞、铅等重金属进入人体，诱发癌症和老年痴呆；二是酸雾侵入肺部，诱发肺水肿或导致死亡；三是长期生活在含酸沉降物的环境中，诱使产生过多的氧化脂，导致动脉硬化、心肌梗死等疾病概率增加。

（7）土壤的多氯联苯污染

多氯联苯是目前联合国环境署致力消除的 12 种持久性有机污染物之一，存在于水体、空气和土壤中，并通过食物链的传递，对环境和人体构成危害。例如美国某地小麦、麦蒿中含多氯联苯 0.3mg/L，牛乳中多氯联苯含量高达 28mg/L。

由于多氯联苯的脂溶性强，进入机体后可贮存于各组织器官中，尤其是脂肪组织中含量最高。有关资料表明，人类接触多氯联苯可影响机体的生长发育，使免疫功能受损。孕妇如果多氯联苯中毒，胎儿将受到影响，发育极慢。此外，多氯联苯还会导致引发癌症和免疫力低下。

（8）土壤的酚类污染

酚类污染物主要来自焦化厂、煤气厂、炼油厂、合成树脂、合成纤维、农药、化学试剂等工业废水。灌溉水中含有的酚类物质会在作物中蓄积，使其具有酚的臭味，使农作物减产或枯死，影响作物产品质量。

酚类化合物是一种原型质毒物，所有生物活性体均能产生毒性，可通过与皮肤、黏膜的接触不经肝脏解毒直接进入血液循环，致使细胞破坏并失去活力，也可通过口腔侵入人体，造成细胞损伤。高浓度的酚液能使蛋白质凝固，并能继续向体内渗透，引起深部组织损伤，坏死乃至全身中毒，即使是低浓度的酚液也可使蛋白质变性。人如果长期饮用被酚污染的水能引起慢性中毒，出现贫血、头昏、记忆力衰退以及各种神经系统的疾病，严重的会引起死亡。据有关报道，酚和其他有害物质相互作用产生协同效应，变得更加有害，促进致癌化。

（9）土壤的放射性污染

近年来，随着核技术在工农业、医疗、地质、科研等各领域的广泛应用，越来越多的放射性污染物进入土壤中，这些放射性污染物除可直接危害人体外，还可以通过生物链和食物链进入人体，在人体内产生内照射，损伤人体组织细胞，引起肿瘤、白血病和遗传障碍等疾病。

1.3.2 地下水污染

地下水是水资源的重要组成部分，占全国水资源总量的 1/3，维持中国近 70% 的人口饮用和 40% 的农田灌溉。近 30 年来，我国地下水的开采量以每年 25 亿立方米的速度递增，全国有 400 个城市开采地下水，地下水的供给量已经占到了全国总供水量的 20%，北方缺水地区占到了 52%，在华北和西北城市供水中占到了 72% 和 66%。然而，在我国人口较为密集、人类活动干扰大、工农业生产发达的平原地区，由于工业废水和生活污水的排放，大面积、超量化肥和农药的使用，垃圾场的淋滤和地下油罐的渗漏等原因，地下水正遭受着越来越严重的污染。

目前，我国 90% 的地下水遭受了不同程度的污染，其中 60% 污染严重。污染呈现由点到面、由浅到深、由城市到农村的扩展趋势，污染程度日益严重。我国主要流域浅层地下水水质比较如表 1-2 所示。

表 1-2 我国主要流域浅层地下水水质类别及超标区比较

单位（%）

水资源一级区	Ⅰ类	Ⅱ类	Ⅲ类	Ⅳ类	Ⅴ类	Ⅵ类
松花江	0.47	2.47	42.65	15.04	39.37	54.41

续表

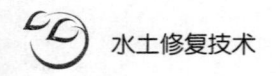

水资源一级区	I类	II类	III类	IV类	V类	VI类
辽河	2.15	0.92	12.38	23.44	61.11	84.55
m	0	0.61	22.99	26.80	49.60	76.40
黄河	0	3.42	48.47	16.41	31.70	48.11
m	0	1.68	30.54	42.95	24.83	67.79
长江（含太湖）	1.74	15.83	37.05	24.77	20.61	45.38
太湖	0	0	8.51	70.21	21.28	91.49
东南诸河	0	1.47	41.18	27.94	29.41	57.35
珠江	5.63	23.00	67.61	1.41	2.35	3.76
西北诸河	0.81	4.41	34.67	31.92	28.19	60.11
全国	0.72	4.26	35.53	27.08	32.41	59.49

地下水污染的类型有很多，较常见的有病原微生物及耗氧有机物污染、无机有害和有毒物污染、金属有害和有毒物污染、有机毒物污染、石油污染、放射性污染等。

地下水超采与污染互相影响，形成恶性循环。水污染造成的水质性缺水，进一步加剧了对地下水的超采，使地下水漏斗面积不断扩大，地下水水位大幅度下降；地下水位的下降又改变了原有的地下水动力条件，引起地面污水向地下水的倒灌，浅层污水不断向深层流动，地下水水污染向更深层发展，地下水污染的程度不断加重。日益严峻的地下水环境问题已经成为自然、社会、经济可持续发展的制约因素。

表 1-3 中国修复示范工程或场地（2005—2010 年）

年份	土壤类型	主要污染物	主要技术	规模	土地再利用目的
2005	重金属污染	铅和其他金属	萃取、化学固定、化学淋洗、电动修复	中试	展览会用地
2005	PCB 污染	PCB	清理储存地址、热脱附、石油脱氮、高浓度废物运输	示范	住宅用地
2007	化工厂	四丁基锡、癸二酸二辛酯、DDT、铅	水泥炉焚烧固化	65 000 m^3	住宅用地

续表

年份	土壤类型	主要污染物	主要技术	规模	土地再利用目的
2007	杀虫剂生产厂	DDT、BHC 和其他有机物	水泥炉焚烧固化	140 000m³	住宅用地
2008	油漆厂	重金属、半挥发性有机物	热脱附和水泥炉焚烧固化	52 000m³	住宅用地
2008	石油污染	苯和硝基苯	填埋	8 000m³	商业用地
2008	煤化工污染	酚、硫化物和 PAH	填埋	2 000m³	商业用地
2008	油田原油污染	石油烃组分	溶剂萃取	示范	商业用地
2009	化学厂	半挥发性有机物	生物反应器和通风技术	中试	住宅用地

1.3.3 地表水污染

1. 我国水污染现状

我国的水污染问题已经处于一个相当严重的局面。中国环境质量公报公布的数据显示，全国地表水污染依然严重。七大水系水质总体为中度污染，浙闽区河流水质为轻度污染，湖泊（水库）富营养化问题突出。海河、辽河、淮河、巢湖、滇池、太湖污染严重，七大水系中，不适合做饮用水源的河段已接近40%，其中淮河流域和滇池最为严重。工业较发达城镇河段污染突出，城市河段中78%的河段不适合做饮用水源；城市地下水50%受到污染，水污染加剧了我国水资源短缺的矛盾，对工农业生产和人民生活造成危害。

（1）河流污染

水利部门对全国10万千米河流的调查结果表明，中国90%以上的城市水污染严重。水体中的 Hg 经微生物的作用，能够转化成毒性更大的甲基汞，会使藻类植物改变颜色、海鱼大量死亡。不仅仅是 Hg，其他大部分重金属如 Pb、Cr 等也和 Hg 一样会危害生物的正常生命活动。汞在水中转化成甲基汞后，富集在鱼、虾体内，人若长期食用了这些食物就会危害中枢神经系统，有运动失调、痉挛、麻痹、语言和听力发生障碍等症状，甚至死亡。生物的富集作用是指一些污染物（如重金属、化学农药），通过食物链在生物体内大量积聚的过程。这些污染物一般的特点是化学性质稳定而不易分解，在生物体内积累不易排出。因此，生物的富集作用会随着食物链的延长而不断加强。

（2）湖泊污染

我国湖泊普遍遭到污染，尤其是重金属污染和富营养化问题十分突出。多数湖泊的水体以富营养化为特征，主要污染指标为总磷、总氮、化学需氧量和高锰酸盐指数。在几大湖泊中，75%以上的湖泊富营养化，尤以太湖、巢湖和滇池污染最为严重。太湖在20世纪80年代初期水质尚好，80年代后期开始出现轻污染，特别是1987年以后，污染趋势更为严重，水体中有机污染指标和水体富营养化指标升高。滇池在20世纪70年代水质良好，生物多样性丰富。到了90年代，出现严重的富营养化。

（3）地下水污染

全国195个城市监测结果表明，97%的城市地下水受到不同程度污染，40%的城市地下水污染有逐年加重趋势。地下水超采与污染互相影响，形成恶性循环。水污染造成的水质型缺水，加剧了对地下水的开采，使地下水漏斗面积不断扩大，地下水水位大幅度下降；地下水位的下降又改变了原有的地下水动力条件，引起地面污水向地下水的倒灌，浅层污水不断向深层流动，地下水水污染向更深层发展，使地下水污染的程度不断加重。

（4）海洋水污染

全国近岸海域水质总体为轻度污染，与上年相比，水质略有上升。近海大部分海域为清洁海域；远海海域水质保持良好。四大海区近岸海域中，黄海、南海近岸海域水质良，渤海水质一般，东海水质差。北部湾海域水质优，黄河口海域水质良。海洋水污染情况对我国海上渔业有很大影响。据不完全统计，我国沿海自1980年以来，共发生赤潮300多次，其中1989年发生的一次持续达72d的赤潮，造成经济损失4亿元，仅河北黄骅一地6 666.67hm²对虾就减产上万吨。1997年10月至1998年4月发生在珠江口和香港海面范围达数千平方千米大赤潮，给海上渔业生产造成的损失也是数以亿计。

（5）工业污染

工业生产所排放的污水是水环境中污染物的主要来源之一，虽然其排放量要比生活污水少，但是其危害要比生活污水大得多，如果这些废水不经处理直接排到自然水体中，将对生态环境造成严重破坏。工业污染主要集中在少数几个行业，造纸、化工、钢铁、电力、食品、采掘、纺织等7个行业的废水排放量占总量的4/5。造纸和食品业的COD排放量占COD排放总量的2/3，有色冶金业的重金属排放量占重金属排放总量的近1/2。工业污染是指工业企业在生产过程中，对包括人在内的生物赖以生存和繁衍的自然环境的侵害。污染主要是由生产中的"三废"（废水、废气、废渣）及各种噪声造成的，可分为废水污染、废气污染、废渣污染、噪声污染。

2. 水污染治理

（1）水体自净

水体中污染物浓度自然逐渐降低的现象称为水体自净。水体自净机制有三种。一是物理净化。物理净化是由于水体的稀释、混合、扩散、沉积、冲刷、再悬浮等作用而使污染物浓度降低的过程。二是化学净化。化学净化是由于化学吸附、化学沉淀、氧化还原、水解等过程而使污染物浓度降低。三是生物净化。生物净化是由于水生生物特别是微生物的降解作用使污染物浓度降低。

水体自净的三种机制往往是同时发生，并相互交织在一起，哪一方面起主导作用取决于污染物性质和水体的水文学和生物学特征。水体污染恶化过程和水体自净过程是同时产生和存在的。但在某一水体的部分区域或一定的时间内，这两种过程总有一种过程是相对主要的过程。它决定着水体污染的总特征。因此，当污染物排入清洁水体之后，水体一般呈现出三个不同水质区，即水质恶化区、水质恢复区和水质清洁区。

（2）采取防治措施

推行清洁生产。清洁生产包括清洁的生产过程和清洁的产品两个方面。清洁生产是国内外二十多年环境保护工作经验的总结，它着眼于全过程的控制，具有环境和经济双重效益。推行清洁生产，是深化中国水污染防治工作，实现可持续发展的重要途径。

坚持分散治理和集中控制相结合。在现实生活中，有些污染源，如家庭污染源的污染物种类基本相同，有些污染源的污染物种类又有很大区别，如造纸废水和电镀废水就大不一样。对家庭这样的污染源就应该采取集中治理的方法解决污染问题；而对于那些有特殊污染物的污染源，则必须采取分散治理的方法。当然，有些污染源，如造纸废水，如果几家造纸厂相距不远，就可以几家联合投资建设一个污水处理厂，实施由分散治理到相对集中治理。

提高废水处理技术水平。工业废水处理正向设备化、自动化的方向发展。传统的处理方法，包括用以进行沉淀和曝气的大型混凝系统也在不断地更新。近年来广泛发展起来的气浮、高梯度电磁过滤、臭氧氧化、离子交换等技术，都为工业废水处理提供了新的方法。特别是，目前废水处理装置自动化控制技术正在得到广泛应用和发展，这在提高废水处理装置的稳定性和改善出水水质等方面将起到重要作用。然而，中国对城市污水所采用的处理方法，大多是二级处理就近排放。此法不仅基建投入大，而且占地多，运行费用高，很多城市难以负担。因此，有效提高中国城市污水处理的技术水平，是一项紧迫而有意义的工作。

第 2 章　污染物的迁移过程

污染物在环境中的迁移是指其在环境中发生的空间位置相对移动及其所引起的污染物的富集、扩散和消失的过程。环境污染物的迁移性可使得局部污染引起区域性的污染，污染物在环境中迁移常伴随着形态的转化。以汞元素为例来说，如通过排放的"三废"、农药的施用以及汞矿床的扩散等各种途径进入水环境的汞（Hg），会在沉积物中富集。汞元素由于密度大，不易溶于水，在靠近排放处便沉淀下来。Hg^{2+}在迁移过程中能被底泥和悬浮物中的黏性物质所吸附，随同它们逐渐沉淀下来。富集于沉积物中的各种形态的汞又可能转化为二价汞。Hg^{2+}会在微生物的作用下甲基化，生成甲基汞（CH_3Hg^+）或者二甲基汞[$(CH_3)_2Hg$]。二甲基汞溶于水中，就会富集在藻类、鱼类和其他水生生物中。二甲基汞则会通过挥发作用扩散到大气中去。在大气中，二甲基汞不稳定，在酸性条件下和紫外线作用下将被分解。若转化为汞，又可能随降雨一起降落到水体中或陆地上，这样汞就可以进行全球性的迁移和循环。

2.1　污染物的迁移方式

污染物在环境中迁移有三种基本方式：机械迁移、物理化学迁移和生物迁移。污染物在环境中的迁移受到两方面因素的制约：一方面是污染物自身的物理化学性质；另一方面是外界环境的物理化学条件，其中包括区域自然地理条件。

2.1.1　机械迁移

机械迁移是污染物迁移过程中一种重要的迁移方式，在我们日常生活和工农业生产中是很常见的现象。不同性质的污染物可以借助不同的作用力发生机械迁移。例如，气体污染物的随风飘移，液体污染物随降雨、径流的移动和渗透，固体颗粒污染物发生的重力沉降等。根据机械搬运营力，机械迁移可分为以下几种：

1. 大气对污染物的机械迁移作用

大气对污染物的机械迁移作用主要是通过污染物的自由扩散和气体对流的搬运携带作用而实现，主要会受到地形地貌、气候条件、污染物的排放量和排放高度等因素的影响。

2. 污染土壤和水修复对污染物的机械迁移作用

水是污染物的重要载体，污染物在水中也会发生机械迁移。污染物在水中的迁移作用与在大气中有相似的过程，主要包括两个方面：污染物的自由扩散和水流的搬运作用。

污染物在水中的自由扩散作用主要取决于污染物的浓度，浓度越大，其扩散推动力越大，扩散范围越广，对水域的污染越严重。水流对污染物的搬运作用是污染物在水中的机械迁移的重要方式。例如，降水可以将污染物从大气中转移到地面、江、河、湖泊、海洋，甚至进入地下水中。

水对污染物的机械迁移作用除了受水文、气候等条件影响外，还受到污染物的排放浓度、距离污染源的远近等因素的影响。

3. 重力的机械迁移作用

污染物的重力迁移作用是指污染物及其载体借助重力的作用发生移动的过程。重力机械迁移是污染物的重要迁移形式。

2.1.2 物理化学迁移

污染物很少会在环境中进行单纯的机械迁移，大多数情况下是通过一系列的物理化学过程发生迁移。污染物进入土壤与地下水环境后的传质迁移过程主要为一系列物理过程，从基本原理大致可分为气固传质过程、液固传质过程、气液传质过程、液液传质过程。其中污染物在气固及液固两相间的传质迁移过程主要为气相或液榴中的污染物与土壤介质间的吸附与解吸作用，土壤介质特别是土壤中的胶体颗粒具有巨大的表面能，能够借助分子引力把周围气相和液相中的一些污染物质吸附在其表面上，这一过程称为解吸，反之污染物从土壤介质脱离的过程称为解吸；污染物在气液和液液两相间的传质迁移过程主要为挥发和溶解。当污染物进入土壤与地下水系统中后，通过发生挥发、溶解、吸附等作用分配到地下环境的气相、水相和土壤固相中。

对无机污染物而言，是以简单的离子、络离子或可溶性分子的形式在环境中通过一系列物理化学作用，如溶解-沉淀作用、氧化还原作用、水解作用、络合和螯合作用、吸附-解吸作用等所实现的迁移。

对有机污染物而言，除上述作用外，还有通过化学分解、光化学分解和生物化学分解等作用所实现的迁移。物理化学迁移又可分为：

（1）水迁移作用，即发生在水体中的物理化学迁移作用；

（2）大气迁移作用，即发生在大气中的物理-化学迁移作用。

物理化学迁移是污染物在环境中迁移的最重要的形式。这种迁移的结果决定了污染物在环境中的存在形式、富集状况和潜在危害程度。

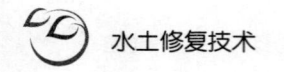

2.1.3 生物性迁移

生物迁移指污染物通过生物体的吸收、代谢、生长、死亡等过程所实现的迁移，是一种非常复杂的迁移形式，与各生物种属的生理、生化和遗传、变异等作用有关。某些生物体对环境污染物有选择吸取和积累作用（生物积累即生物通过吸附、吸收和吞食作用，从周围环境中摄入污染物并滞留体内，当摄入量超过消除量，污染物在体内的浓度会高于水体浓度。包括生物浓缩和生物放大），某些生物体对环境污染物有降解能力。生物通过食物链对某些污染物（如重金属和稳定的有毒有机物）的放大积累作用是生物迁移的一种重要表现形式。生物放大指某些在自然界不能降解或难降解的化学物质，在环境中通过食物链的延长和营养级的增加在生物体内逐级富集，浓度越来越大的现象。许多有机氯杀虫剂和多氯联苯都有明显的生物放大积累现象。

2.2 污染物的转化过程

污染物在土壤与地下水系统中的迁移转化是复杂的物理、化学及生物过程综合作用的结果。污染物经地表进入地下环境时，一般都要先经过表土层及包气带（包气带指地面以下潜水面以上的地带）。表土层和包气带也被称为天然的过滤层，它对污染物不仅有输送和储存功能，而且还有延续或衰减污染的效应。实际上，污染物经过表土层及包气带时会发生一系列的物理、化学和生物作用，一些污染物由于过滤吸附而被截留在土壤中；一些污染物由于氧化还原等化学反应作用转化和降解；还有一些污染物被植物吸收或微生物降解。当然，污染物在上述迁移过程中也可能发生相反的过程，即有些作用会增加污染物的迁移性能，使其浓度增加，或从一种污染物转化成另一种污染物。迁移过程如图2-1和图2-2所示。

影响有机污染物环境行为的因素较为复杂，既包括化合物自身的理化性质，如有机污染物的亲脂性、挥发性和化学稳定性，

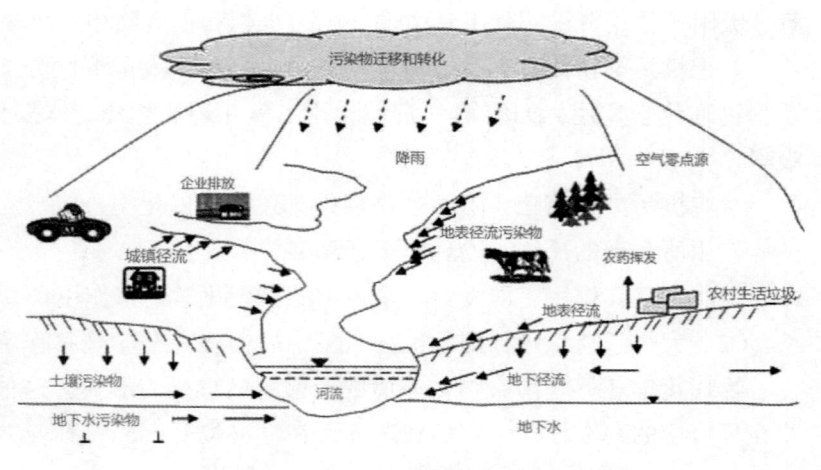

图 2-1 污染物在环境中的迁移过程

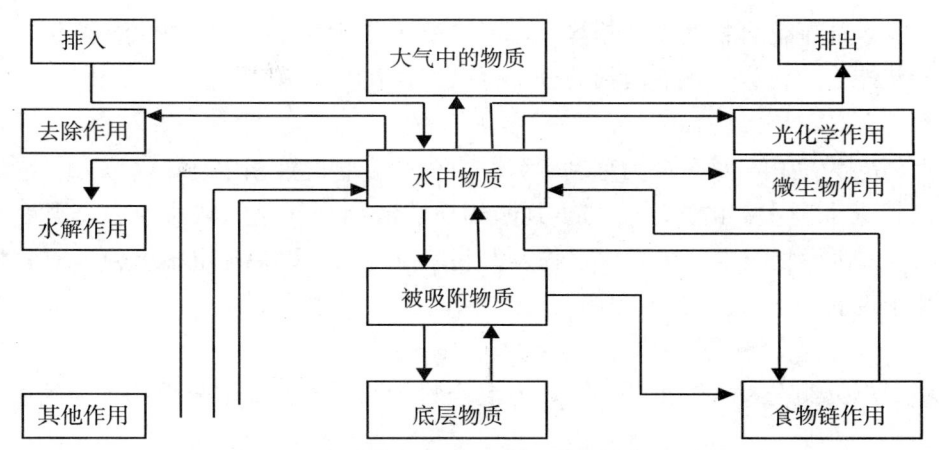

图 2-2 物质在环境中的相互作用和转移过程

也包括环境因素，如温度、降雨量、灌溉方式、地表植被状况等。

有机污染物的迁移转化过程主要有挥发、光解、水解、微生物降解、生物富集等。

本节将从挥发与溶解、吸附与解吸、化学反应、生物作用四个方面来介绍污染物在土壤与地下水系统迁移转化过程中的物理、化学和生物作用。

2.2.1 挥发与溶解

最常见的有机物污染土壤是地下储油罐和输运管道的破裂或泄漏。当有机污染物在储运过程中从破裂的地下储油罐或输油管道中流出后，进入土壤渗流区（渗透水流所占有的空间区域）。油相（通常也称作非水相液体，NAPL）在重力作用下向下运动，并有可能到达潜水面。"轻非水相液体"（LNAPL）（非水相液体密度比水的密度小）不再向水下渗透，呈透镜状或扁平状漂浮于潜水面上；"重非水相液体"（DNAPL）（非水相液体密度比水大）到达潜水面后，将会继续向下运移，造成地下水的污染。在下渗的过程中，污染物会在土壤地下水系统中发生挥发与溶解作用。

1. 挥发

挥发是污染物从液相到气相的一种传质过程，是污染物在土壤多介质环境中跨介质循环的重要环节之一。当溶解的污染物或非水相污染物与气相接触时，会发生挥发作用，在不饱和区可能形成气体污染物（污染物在环境介质中的迁移包括对流扩散、机械弥散和分子扩散等作用，在这些的共同作用下，污染物的分布往往呈由排放点发散的带状，这称为污染物）。要确定进入大气的污染物的量以及在地下水或者不饱和区中污染物浓度的变化，首先要确定挥发速率。污染物从土壤中的挥发会受到多种因素的影响，这些因素包括土壤性质，如土壤类型、团粒结构、孔隙率、含水量、土壤pH及有机质含量等；污染物性质，如污染物的蒸气压和在水中的溶解度等；环境条件，如温度、空气湿度、空气湍流和地形特征等。

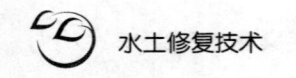

蒸气压表征了化合物蒸发的趋势，也可以说是有机溶剂在气体中的溶解度。平衡状态下，污染物气液两相的分率可以由亨利定律确定：

$$P_g = HC_t \tag{2-1}$$

式中，P_g 为气相分压，H 为亨利常数，C_t 为化合物的液相浓度。

可以根据亨利常数的大小，初步判断物质从液相到气相的转移速率。当地下存在 NPAL 相时，污染物很少为单一化合物，需利用拉乌尔定律来确定多组分 NAPL 相污染物的气相浓度。

$$P_i = y_i p_i^0 \tag{2-2}$$

式中，P_i 为组分 i 的气相分压，y_i 为混合物中组分 i 的摩尔分数；P_i^0 为纯组分 i 的蒸气压。

2. 溶解

当污染物渗入地下水时，将不断溶解进入地下水，直到达到溶解平衡。不能溶解的污染物会在水面上浮动，随地下水位波动。由于界面张力的作用，部分污染物呈液滴状而被多孔介质截留，从而造成在毛细区也存在一定的污染物。各种污染物在水中的溶解度不同，其中难溶于水的污染物会在地下环境中形成非水相液体。

不饱和区中残余的非混溶污染物及其气相污染羽流可能通过地面上降水流入地下水中，溶解进入水相，从而使地下水受到污染。浮在地下水面上的 LNAPL 在天然地下水流作用下或水位波动条件下，也不断进行溶解作用。地下水水质监测的资料表明，许多有机污染物的浓度即使是在污染源附近，也远低于其溶解度。分析影响溶解作用因素，是准确计算相间物质转移的基础。对于多组分的 NAPL 来说，影响某一组分溶解度的因素很多。孔隙率、NAPL 的饱和度、污染物的有效溶解度、地下水的流速、吸附作用、生物降解作用和化学作用等都会影响水中污染物的浓度。

2.2.2 吸附与解吸

当多孔介质中的流体与固体骨架相接触时，由于固体表面存在表面张力，流体中的某些污染物被固体所捕获，这种现象称为吸附。解吸则是吸附的反过程。

固体对溶质的亲和吸附作用主要分为三种基本作用力，通过静电引力和范德华力引起的吸附作用称为物理吸附；通过固体表面和溶质之间化学键力引起的吸附称为化学吸附，而介质对污染物的吸附往往是多种吸附共同作用的结果。

吸附作用包括机械过滤作用、物理吸附作用、化学吸附作用、离子交换吸附作用等。无论是物理吸附还是化学吸附及离子交换吸附，它们的共同特点是在污染物与固相介质一定的情况下，污染物质的吸附与解吸主要是与污染物在土壤和地下水中的液相浓度和污染物质被吸附在固体介质上的固相浓度有关。通过实验手段可以测定不同性质固体介质在不同压力和温度条件下对不同污染物的吸附容量。在相同温度下，吸附达到平衡时固相吸附容量与液相污染物浓度的关系曲线称为吸附等温线。如果吸附速率比流体的流动速率快，液相中的污染物与固相可达到吸附平衡，这种吸附称为平衡吸附。反之，如果吸附速率比流体的流动速率慢，吸附过程就不会达到平衡，这种吸附称为非平衡吸附或者动态吸附。

1. 机械过滤作用

由于介质孔隙大小不一，在小孔隙或"盲孔"中，地下水中的悬浮物、胶体物及乳状物被机械过滤而截留。

2. 物理吸附作用

土壤介质特别是土壤中的胶体颗粒具有巨大的表面能，它能够借助于分子引力把某些分子态的物质吸附在自己的表面上，称这种吸附为物理吸附。

物理吸附具有下列特征：

（1）吸附时土壤胶体颗粒的表面能降低，所以是放热反应；

（2）吸附基本上没有选择性；

（3）过程中不产生化学反应，因此不需要高温；

（4）由于该过程是热运动，被吸附的物质可以在胶体表面做某些移动，因而比较容易解吸。

3. 化学吸附作用

化学吸附则以类似于化学键的力相互吸引。土壤颗粒表面的物质与污染物质之间，由于化学键力发生了化学作用，使得污染物附着于土壤颗粒表面。因为在地下水中常含有大量的氯离子、硫酸根离子、重碳酸根离子等阴离子，原来在流体中的可溶性物质，经化学反应后转变为难溶性的沉淀物。所以一旦有重金属等污染物进入时，在一定的氧化、还原电位和pH等条件下，则可产生相应的氢氧化物、硫酸盐或碳酸盐等沉淀物而在土壤颗粒表面发生沉淀现象。当然，沉淀析出的盐类在pH和氧化还原电位发生改变时，还可能再溶解。

化学吸附的特点是吸附热大，相当于化学反应热；吸附有明显的选择性（类似于化学反应）；化学键力大时，解吸几乎是不可能的。

4. 离子交换吸附作用

环境中大部分胶体带一定的电荷，容易吸附带相反电荷的离子。胶体每吸附一部分带相反电荷离子，同时也放出等量的相异电荷的离子，这种作用称为离子交换吸附作用。

离子交换吸附分为阳离子交换吸附和阴离子交换吸附两种。

阳离子交换吸附：土壤胶体一般带负电，所以能够吸附保持阳离子，其扩散层的阳离子可被流体中的阳离子交换出来，因此称为阳离子交换吸附。它是土壤中可溶性有效阳离子的主要保存形式。

（1）土壤阳离子交换吸附作用主要有以下几个特征：第一达到平衡态时间短，且是可逆反应。离子交换的速率随胶体的种类不同而不同，但是一般都能在几分钟内达到平衡。第二阳离子的交换关系是等量交换原则，如一个 Al^{3+} 可以交换三个 H^+。

（2）离子交换能力是指一种阳离子将另一种阳离子从胶体上取代出来的能力。各种阳离子交换能力的强弱取决于电荷数、离子半径和离子浓度，一般情况下离子的电荷数越高、离子半径越大及离子浓度越大，离子的交换能力越强。土壤中阳离子交换能力的大小排列顺序如下：

$$Fe^{3+} > Al^{3+} > H^+ > Ba^{2+} > Sr^{2+} > Ca^{2+} > Mg^{2+} > Cs^+ > Rb^+ > NH_4^+ > K^+ > Na^+ > Li^+$$

（3）土壤中阳离子的交换量（CEC）：单位质量土壤吸附保持阳离子的最大数量，称为阻离子交换量。土壤阳离子交换量的大小取决于土壤负电荷的多少，单位质量土壤负电荷越多，对阳离子的吸附量也越大。土壤胶体的数量、种类和土壤 pH 三者共同决定土壤负电荷的数量。土壤质地越黏，有机质含量越高，土壤的 pH 越大，土壤的负电荷数量就越大，阳离子的交换量也就越大。

（4）盐基饱和度是指土壤吸附交换性盐基总量的程度。土壤的交换性阳离子分为两类：一类是致酸离子，包括 H^+ 和 Al^{3+}；另一类是盐基离子，包括 Ca^{2+}、Mg^{2+}、K^+、Na^+ 等。当土壤胶体所吸附的阳离子基本上属于盐基离子时，称为盐基饱和土壤，呈中性、碱性、强碱性反应；反之，当非盐基离子占相当大比例时，称为盐基不饱和土壤，呈酸性或强酸性反应。盐基饱和度的大小，可用作施用石灰或磷灰石改良土壤的依据。在土壤交换性阳离子中盐基离子所占的百分数称为土壤盐基饱和度。

阳离子交换质量作用方程：按质量作用定律，阳离子交换反应可表示为：

$$aA + bB_x \leftrightarrow aA_x + bB \tag{2-3}$$

$$K_{A-B} = \frac{[B]^b [A_x]^a}{[A]^a [B_x]^b} \tag{2-4}$$

式中，K_{A-B} 是阳离子交换平衡常数，A、B 是水中的离子；A_x、B_x 是吸附在固体表面的离子；加上方括号代表离子活度。

以 Na-Mg 交换为例，其交换反应方程为：

$$2Na^+ + Mg_x \leftrightarrow aNa_x + Mg^{2+} \tag{2-5}$$

$$K_{Na-Mg} = \frac{[Mg^{2+}][Na_x]^2}{[Na^+]^2[Mg_x]} \tag{2-6}$$

式（2-5）表明，交换反应是个可逆反应过程，两个 Na^+ 交换一个 Mg^{2+}。如果水中的 Na^+ 与已被吸附在固体颗粒表面的 Mg^{2+} 交换，则反应向右进行；反之，则向左进行，那么，就 Mg^{2+} 而言，是个解吸过程；就 Na^+ 而言，是个吸附过程。所以，阳离子交换反应，实际上是一个吸附—解吸过程。

在水系统中，Na-Mg 交换是最常见的阳离子交换。例如，当海水入侵到淡水时，由于海水中 Na^+ 浓度远高于淡水，而淡水中含有的颗粒表面可交换性的阳离子主要是 Mg^{2+}，因此导致海水中的 Na^+ 与颗粒表面的 Mg^{2+} 产生交换，即 Na^+ 被吸附而 Mg^{2+} 被解吸，式（2-5）向右进行。

对 Na-Mg 交换反应方向的判断会影响对水系统化学成分和对土壤环境影响的判断，因此 Na-Mg 交换反应是水文地球化学及土壤学中一个非常重要的反应。

式（2-4）中使用活度，水中的 A 和 B 离子活度容易求得，而如何求得吸附的阳离子（A_x 和 B_x）的活度，可通过规定被吸附离子的摩尔分数等于其浓度。

摩尔分数的定义为：某溶质的摩尔分数等于某溶质的物质的量与溶液中所有溶质物质的量和溶剂物质的量总和之比。数学表达式如下：

$$x_B = \frac{n_B}{n_A + n_B + n_C + \cdots} \quad (2-7)$$

式中，x_B 是 B 组分的摩尔分数，量纲是 1；n_A 是溶剂的物质的量；n_B、n_C 分别是溶质 B、C 的物质的量。

按照上述摩尔分数的定义，A_x 和 B_x 的摩尔分数的数学表达式为：

$$x_A = \frac{n_{A_x}}{n_{A_x} + n_{B_x}} \text{ 和 } x_B = \frac{n_{B_x}}{n_{A_x} + n_{B_x}} \quad (2-8)$$

式中，x_A 和 x_B 是被吸附离子 A 和 B 的摩尔分数；n_{A_x} 和 n_{B_x} 是被吸附离子的物质的量。

以摩尔分数代替被吸附离子 A 和 B 的活度，则式（2-4）的交换平衡表达式可表示为：

$$\bar{K}_{A-B} = \frac{[B]^b x_A^a}{[A]^a x_B^b} \quad (2-9)$$

式中，$\bar{K}_{A-B}$ 是选择系数。

阳离子交换吸附：对于阴离子吸附起作用的是带正电的胶体，由于岩土颗粒表面多带负电荷，因此，它比阳离子交换吸附作用弱很多。但 pH 较小时，会使得颗粒表面带有正电荷，从而会吸附一定的阴离子。目前，表明，F^-、CrO_4^{2-}、SO_4^{2-}、PO_4^{3-}、$H_2BO_3^-$、HCO_3^-、NO_3^- 等，在一定条件下都有可能被吸附。关于阴离子的吸附可归纳为：

（1）PO_4^{3-} 易于被高岭土吸附。

（2）硅质胶体易吸附 PO_4^{3-}、AsO_4^{3-}、不吸附 SO_4^{2-}、Cl^- 和 NO_3^-。

（3）随着土壤中 Fe_2O_3、$Fe(OH)_3$ 等铁的氧化物及氢氧化物的增加，F^-、SO_4^{2-}、Cl^- 吸附增加。

（4）阴离子被吸附的顺序为 $F^- > PO_4^{3-} > HPO_4^{2-} > HCO_3^- > H_2BO_3^- > SO_4^{2-} > Cl^- > NO_3^-$，这个次序说明，$Cl^-$ 和 NO_3^- 最不易被吸附。

阴离子交换吸附作用也是可逆的反应，能很快达到平衡。土壤中阴离子交换吸附常与化学吸附作用同时发生，亮着不易区别清楚；因此相互代替的例子之间没有明显的当量关系。各种不同的阴离子，其交换能力也有差别。

5. 有机物的吸附作用

许多有机污染物都能被固体有机碳所吸附。当微量有机物在水溶液中的平衡浓度小于其溶解度的一半时，非极性有机污染物和中性有机污染物在固相和液相间很快达到吸附平衡，且吸附是可逆的，可以用线性等温吸附模式描述。即使水中存在多种微量有机物，各种有机物的吸附行为也是相对独立的。它们的分配系数随着固相吸附剂中有机碳含量的增加而增大。可以用下面公式估算：

$$K_d = K_{oc} f_{oc} \tag{2-10}$$

式中，K_d 是有机物的分配系数；K_{oc} 是有机物再水和纯有机碳间的分配系数；f_{oc} 是介质中的有机碳含量，为单位质量多孔介质中的有机碳含量。

多孔介质中的有机碳的含量比较容易测得。在饱和水介质中，有机物的吸附作用主要发生在小颗粒上。在包气带中，有机碳的含量从地表向下逐渐降低，表层土壤中的有机碳含量最高。设介质中有机物含量为 f_{OM}，则可用下式估算 f_{oc}：

$$f_{oc} = f_{OM}/1.724 \tag{2-11}$$

如果土壤中的含氮量 f_N 已知，也可以用下式近似估算有机碳含量：

$$f_{oc} = 11 f_N \tag{2-12}$$

有机物的 K_{oc} 值通常由该有机物在疏水溶剂辛醇和水之间的分配系数来推算：

$$K_{oc} = a K_{ow}^b \tag{2-13}$$

或写成对数形式：

$$\lg K_{oc} = b \lg K_{ow} + \lg a \tag{2-14}$$

式中，K_{oc} 为有机物在辛醇和水之间的分配系数，为有机物在辛醇中的浓度与在水中浓度之比；a 和 b 为实验常数。

对于很多有机物而言，K_{oc} 是有机物在水中的溶解度的函数，所以可表示为：

$$K_{oc} = \alpha S_W^\beta \tag{2-15}$$

或取对数形式：

$$\lg K_{oc} = \beta \lg S_w + \lg \alpha \tag{2-16}$$

式中，S_W 为溶解度；α 和 β 为实验常数。

解吸脱附技术可分为常温解吸和热解吸，热解吸又称为热脱附技术，可根据解吸温度分为低温热脱附（土壤加热温度低于315℃）及高温热脱附（土壤加热温度高于315℃）。在国内工程应用时，常温解吸技术通常将污染土壤堆置成条形土垛，通过翻抛设备对土垛进行翻抛作业，使土壤中的挥发性污染物通过挥发作用去除。热解吸技术用到的处理系统及设备相对复杂，如滚筒式热脱附系统、流化床式热脱附系统、微波热脱附系统及远红外线热脱附系统。国内工程中应用的主要是滚筒式热脱附系统，该系统主要由进料系统、热解吸系统和尾气处理系统组成，加热方式可以选择直接加热或间接加热。一般情况下，直接加热处理土壤的温度范围为150～650℃，间接加热处理土壤温度为120～530℃。在国内工程应用中，为保证热脱附的效率和能耗，土壤进料前需进行一定的预处理，使其含水率低于25%，最大土壤粒径不超过50mm。

工程案例：

某化工厂搬迁后，经场地调查与风险评估发现，厂区内土壤均受到以VOCs和SVOCs为主的复合有机物污染，主要污染物为BTEX、有机磷农药、多环芳烃等，工程规模约20万m³。轻度污染土壤采用常温解吸技术，重度污染土壤采用滚筒式热脱附技术将污染土壤均匀加热到300～550℃，氧化焚烧室污染物去除率大于99.9%，修复后的污染土壤浓度达到修复目标，项目实际工程费用约为1 000元/m³。

6. 平衡吸附

无论是物理吸附还是化学吸附以及离子交换吸附等，它们的共同特点是在污染物质与固相介质一定的情况下，污染物质的吸附和解吸主要是与污染物在流体中的液相浓度和污染物质被吸附在固体介质上的固相浓度有关。液相浓度和固相浓度的数学表示式称为吸附模式，其相应的图示表达称为吸附等温线。有机污染土壤和地下水修复吸附模式可能是线性的，则其相应的吸附等温线为直线；吸附模式也可能是非线性的，则其相应的吸附等温线为曲线。在土壤与地下水系统中的研究中常采用Henry、Freundlich、Langmuir和Temkin四种吸附模式来描述污染物的吸附过程。

（1）线性（Henry）等温吸附模式

线性等温吸附模型是最简单的平衡模型。如果吸附到固相中的污染物浓度与液相中污染物的浓度成正比，则吸附等温线为一直线。这种吸附模式称为线性吸附模式，表示为：

$$C_s = K_d C \tag{2-17}$$

式中，K_d是分配系数，为吸附达到平衡时固相浓度与液相浓度的比值，$K_d = C_s/C_0$，吸附过程$K_d \geq 0$；解吸过程$K_d \leq 0$。

线性吸附方程可以很方便地应用数学方法求解，所以得到了广泛的应用，可以用来模拟有机污染物在环境中的行为和归宿，但在使用时，必须在模型所依据的液相中吸附质的浓度范围内。然而，线性吸附方程有其固有的缺点：首先，由方程可知，随着污染物浓度的不断增大，固体吸附量也不断增加，无上限存在，这显然与实际情况不符。固相物质无论是什么，都必然有一个最大的吸附量。其次，如果实验获得的数据有限，实际上吸附等温线为曲线，却很容易被概念化成直线，以此直线为基础确定的分配系数和外推的吸附量就可能完全是错误的。所以通过实验确定吸附等温线时，要尽量取得比较完整的数据系列，以便获得正确的吸附方程。在应用实验数据进行外推时更要小心，以防得到错误的结果。

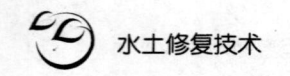

（2）Freundlich 等温吸附模式

Freundlich 等温吸附模式是一种非线性平衡吸附模式。可表示为：

$$C_s = K_f C^N \tag{2-18}$$

式中，K_f 为 Freundlich 常数；N 是衡量等温线线性与否的参数。

在式（2-18）两边取对数，得：

$$\lg C_s = \lg K_f + N \lg C \tag{2-19}$$

由式（2-19）可以看出 $\lg C_s$ 与 $\lg C$ 呈线性关系，直线的斜率为 N，截距为 $\lg K_f$，由此即可确定 N 和 K_f。N 的取值决定吸附等温线的形状，当 $N=1$ 时，Freundlich 模式退化为线性吸附模式。

Freundlich 模式具有与线性吸附模式类似的缺点，理论上吸附量可以无限，实际上是不可能的。Freundlich 模式的常数可以通过实验等温线加以确定。

（3）Langmuir 等温吸附模式

Langmuir 等温吸附模式是建立在固体表面吸附位有限这一概念上的。当所有的吸附位均被占满时，固体表面不再具有吸附能力。

Langmuir 吸附模式在使用时，有两条假设：各分子的吸附能相同且与其在吸附质表面的覆盖程度无关；有机物的吸附仅发生在吸附剂的固定位置并且吸附质之间没有相互作用。

（4）Temkin 平衡模型

Temkin 平衡模型的数学表达式为：

$$C_s = K \ln C_e + a \tag{2-20}$$

对 C_s 与 $\ln C_e$ 作图，可由直线关系确定参数 K 和 a。

7. 非平衡吸附

我们知道，平衡吸附是有条件的，需要液相中的污染物与固体骨架有充分的接触时间，能够达到吸附平衡。在很多情况下，吸附并不能达到平衡状态，这时必须应用非平衡吸附模式，也称动态吸附模式。常用的动态吸附模式包括线性不可逆动态吸附模式、线性可逆动态吸附模式、非线性可逆吸附模式等。

最简单的非平衡吸附模式是假设吸附速率与液相污染物的浓度成正比，污染物一旦被吸附到固体表面，便不再解吸下来，吸附过程是不可逆的。在此条件下的吸附过程可线性不可逆动态吸附模式描述，表示为：

$$\frac{\partial C_s}{\partial t} = \lambda_1 C \tag{2-21}$$

式中，λ_1 是反应速率常数。

若吸附速率还与吸附的污染物量有关，吸附过程就是可逆过程，可用线性可逆动态吸附模式描述，表示为：

$$\frac{\partial C_s}{\lambda t} = \lambda_2 C - \lambda_3 C_s \qquad (2-22)$$

式中，λ_2 为一级正反应速率常数；λ_3 为一级逆反应速率常数。

如果有足够的时间使反应达到平衡，则 C_s 不再随时间而发生变化，此时 $\partial C_s/\partial t = 0$，$C_s = \frac{\lambda_2}{\lambda_3} C = K_d C$ 即为线性等温吸附模式。

Frerndlich 类型的动态吸附模式假设吸附反应是线性的。表示为：

$$\frac{\partial C_s}{\partial t} = \lambda_4 C^N - \lambda_5 C_s \qquad (2-23)$$

式中，λ_4 和 λ_5 分别为正反应和逆反应速率常数。此模式在吸附达到平衡时退化为 Frerndlich 等温吸附模式，因为平衡条件下，$\partial C_s/\partial t = 0$，$C_s = \frac{\lambda_4}{\lambda_5} C^N = K_f C^N$。

Langmuir 类型的动态吸附模式具有双线性形式，表示为：

$$\frac{\partial C_s}{\partial t} = \lambda_6 C(\beta - C_s) - \lambda_7 C_s \qquad (2-24)$$

式中，β 为固体多能吸附的最大容量；λ_6 和 λ_7 分别为正反应和逆反应速率常数。

在土壤中的迁移转化机理，建立非平衡吸附作用下渗滤中有机污染物在土壤中迁移转化的动力学模型，给出了模型的数值解法，并模拟出渗滤液在非平衡吸附作用下的污染过程；同时还探讨了模型参数降雨量，垃圾土图层厚度和含水率等对有机污染物运移的影响。结果表明，在总的污染源一定的情况下，降雨量的增大和污染土层厚度的增大会使得下层土壤中有机物的浓度降低。

2.2.3 化学反应

在人们注意到土壤与地下水系统的人为污染物造成的后果之前，已经认识到天然地下水的水质变化是由于地下水在流动过程中经受地球化学和生物化学反应引起的。从这个意义上讲，地下水系统应被视为一个化学处理系统，其中，任意一点的水质是水沿流动途径运动至该点前所经历的一系列化学反应及综合作用的结果。

污染物在土壤与水系统迁移过程中的反应可以归结为六种基本类型：

一是相快速可逆反应；

二是多相快速可逆表面反应；

三是多相快速可逆经典反应；

四是单相慢速反应或不可逆反应；

五是多相慢速表面反应或不可逆表面反应；

六是多相慢速经典反应或不可逆经典反应。

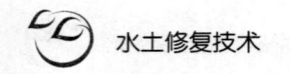

下面将介绍几种典型的反应过程：

1. 单相反应

单相反应（均匀系反应）：反应体系中只存在一个相的反应。例如，气相反应、某些液相反应均属单相反应。若反应能够快速完成且是可逆的，则可形成局部化学平衡；若反应没达到平衡或是不可逆的，则为单相平衡反应。

（1）化学平衡反应

假设液相中有两种物质 A 和 B 反应生成物质 C，同时 C 可分解为 A 和 B，则此反应是可逆反应，反应方程式为：

$$a\text{A} + b\text{B} \leftrightarrow c\text{C} \tag{2-25}$$

式中，a、b、c 分别为反应达到平衡时，物质 A、B、C 的化学计量数。当反应达到平衡时，正反应速率和逆反应速率相等，反应平衡常数 K_{eq} 为：

$$K_{eq} = \frac{[\text{C}]^c}{[\text{A}]^a [\text{B}]^b} \tag{2-26}$$

这就是单相快速反应的平衡方程。式中，[A]、[B] 为反应物的浓度，[C] 为生成物的浓度。

（2）动态化学反应

如果多孔介质中产生污染物的化学反应比较缓慢，在流动过程中没有充分的时间使反应达到平衡，那么平衡反应方程就不再适用了，而必须使用化学反应动力学的方法加以描述。对于方程（2-26）所表示的反应，化学反应速率可用反应物 A、B 的减少和生成物的增加来表示：

$$R_\text{A} = -\frac{d[\text{A}]}{dt} = \lambda [\text{A}]^p [\text{B}]^q \tag{2-27}$$

$$R_\text{B} = -\frac{d[\text{B}]}{dt} = \lambda_1 [\text{A}]^p [\text{B}]^q \tag{2-28}$$

$$R_\text{C} = -\frac{d[\text{C}]}{dt} = \lambda_2 [\text{C}]^r \tag{2-29}$$

式中，R_A、R_B 分别为反应物 A、B 的减少速率；R_C 为生成物 C 的生成速率；[A]、[B]、[C] 分别为 A、B、C 的浓度；λ、λ_1、λ_2 为反应速率常数；p、q、r 为反应级数。

2. 多组分快速反应

在多孔介质中运动的流体其中可能存在多种物质，如果这些物质是相互独立的，那么可以根据每种物质的特征，运用单组分化学动力学方法描述其化学反应过程。如果这些物质是互相关联的，则构成了多组分系统，必须在建立单组分化学动力学理论的基础之上，建立各组分之间的关系。实际上，多孔介质中的流体本身就可能包含有多种物质，构成了复杂的地球化学系统，污染物的加入在很多情况下会使这一系统更为复杂。

（1）二级反应

速率方程式：$-dc_A/dt = k_A c_A^2$

速率方程的积分式：$k_A t = 1/c_A - 1/c_{A,0}$

若速率方程为 $-dc_A/dt = k_A c_A c_B$，在任何时刻 c_A/c_B 皆为定值，速率方程的积分式为：

$$kt = 1/c_A - 1/c_{A,0} \tag{2-30}$$

上式中：k 值的大小与 c_A/c_B 的大小有关。当 $c_A/c_B = 1$ 时，$k = k_A$。

二级反应的半衰期：$t_{1/2} = 1/kc_{A,0}$

（2）n 级反应

速率方程式：$-dc_A/dt = k_A c_A^n$

速率方程的积分式：$(n-1)k_A t = 1/c_A^{n-1} - 1/c_{A,0}^{n-1}$

n 级反应的半衰期：$t_{1/2} = (2^{n-1} - 1)/(n-1)k_A c_{A,0}^{n-1}$

以上二式除一级反应之外，n 为其他任何值时皆可应用。

（3）k_p 与 k_c 的关系

恒温、恒容理想气体反应的速率，用压力表示与用浓度表示时的速率常数 k_p 和 k_c 之间的关系（设反应为 n 级）为 $-dp_A/dt = kp, Ap_A^n$

$$k_{p,A} = k_{c,A}(RT)^{1-n} \tag{2-31}$$

由 $p_A = c_A RT$ 可知，表示反应速率的压力的单位应为 Pa，反应物 A 的物质的量浓度 c_A 的单位应为 $mol \cdot m^{-3}$。上式适用于任何级数的恒温、恒容反应。

（4）阿累尼乌斯方程的三种形式

① 微分式：$d\ln(k/[k])/dt = E_a/RT^2$

② 指数形式：$k = k_0 e^{-E_a/RT}$

③ 定积分式：$\ln(k_2/k_1) = E_a(T_2-T_1)/RT_1T_2$

式中：k 为温度 T 时的速率常数，$[k]$ 表示 k 的单位；k_0 称为指（数）前因子，其单位与 k 相同；E_a 称为化学反应的活化能，其单位为 $J \cdot mol^{-1}$。上述三式主要用于说明温度对反应速率的影响，活化能及不同温度下反应速率常数的计算。上式适用于所有基元反应，某些非基元反应，甚至有些多相反应也符合阿仑尼乌斯方程。

相关定律公示如下：

（1）拉乌尔定律 $\quad\quad\quad p_A = p_A^* x_A$

式中 p_A^* 是与溶液在同一温度下纯 A 液体的饱和蒸气压。此式适用于理想液态混合物中的任一组分或理想稀溶液中的溶剂 A。

（2）亨利定律 $\quad\quad\quad p_B = k_{x,B} x_B$

式中 $k_{x,B}$ 为溶液的组成用摩尔分数 x 表示时溶质 B 的亨利系数，其值与溶质、溶剂的性质及温度有关。亨利定律也可以 c_B、b_B 等表示，但相应的亨利系数的大小和单位皆不相同。此式只适用于理想稀溶液中的性质。

（3）理想液态混合物中任一组分 B 的化学势表示式 $\mu_B = \mu_B^\theta + RT\ln x_B$

在理想液态混合物的温度下，$p = p^\theta = 100\text{kPa}$ 的纯 B（l）的状态定为 B 的标准态，相应的化学势 μ_B^θ 称为 B 的标准化学势。

（4）理想稀溶液化学势的表示式

1）溶剂 A $\qquad\qquad\qquad \mu_A = \mu_A^\theta + RT\ln x_A$

温度为 T、$p = p^\theta = 100\text{kPa}$ 下，纯（A）的状态定为溶剂的标准状态。

2）溶质 B $\qquad \mu_B = \mu_{B,x}^\theta + RT\ln x_B = \mu_{B,c}^\theta + RT\ln(c_B/c^\theta) = \mu_{B,b}^\theta + RT\ln(b_B/b^\theta)$

同一种溶质 B 在温度 T、$p = p^\theta = 100\text{kPa}$ 下，用不同的组成表示化学势时，标准状态不同，μ_B^θ 不同，但 μ_B 为定值。

（5）稀溶液的依数性

1）蒸气压降低 $\qquad\qquad \Delta p_A / p_A^* = (p_A^* - p_A)/p_A^* = x_B$

式中 x_B 为溶质 B 的摩尔分数。此式适用于只有 A 和 B 两个组分形成的理想液态混合物或稀溶液中的溶剂。

2）凝固点降低 $\qquad\qquad \Delta T_f = K_f b_B$

式中 $K_f = R(T_f^*)^2 M_A / \Delta_{fus} H_{m,A}^\theta$，称为溶剂 A 的凝固点降低常数，它只与溶剂 A 的性质有关。此式适用于稀溶液且凝固时析出的为纯 A（s），即无固溶体生成。

3）沸点升高 $\qquad\qquad \Delta T_b = K_b b_B$

式中 $K_b = R(T_b^*)^2 M_A / \Delta_{vap} H_{m,A}^\theta$，称为沸点升高常数，它只与溶剂的性质有关。此式适用于溶质不挥发的稀溶液。

4）渗透压 $\qquad\qquad\qquad \pi = c_B RT$

此式称为范特霍夫渗透压公式，适用于在一定温度下，稀溶液与纯溶剂之间达到渗透压平衡时溶液的渗透压 π 及溶质的物质的量浓度 c_B 的计算。

（6）真实液态混合物中任一组分 B 活度 a_B 及活度系数 f_B 的定义

在常压下 $\qquad \mu_B = \mu_B^\theta(T) + RT\ln a_B$； $\mu_B = \mu_B^\theta + RT\ln f_B x_B$

在常压下气体为理想气体时，可采用下式计算真实液态混合物中任一组分 B 的活度及活度系数，即 $\qquad\qquad a_B = p_B/p_B^*, f_B = a_B/x_B = p_B/(p_B^* x_B)$

（7）真实溶液的活度、活度系数

1）溶剂 A（同 6） $\qquad a_A = p_A/p_A^*, f_A = a_A/x_A$

2）溶质 B

① 组成用 b_B 表示，$b^\theta = 1\text{ mol·kg}^{-1}$

$$a_{b,B} = p_B/(k_{b,B} b^\theta)；\gamma_B = p_B/(k_{b,B} b_B) = a_{b,B}/(b_B/b^\theta)$$

② 组成用 c_B 表示，$c^\theta = 1\ \text{mol}\cdot\text{dm}^{-3}$
$$a_{c,B} = p_B / (k_{c,B} c^\theta)\ ;\ \gamma_B = p_B / (k_{c,B} b_B) = a_{c,B} / (b_B / c^\theta)$$

③ 组成用 x_B 表示，$x_B = 1$，纯 B（l）为标准态
$$a_{x,B} = p_B / k_{x,B}\ ;\ \gamma_B = p_B / (k_{x,B} x_B) = a_{x,B} / x_B$$

（8）分配定律
$$K_c = c_B(\alpha) / c_B(\beta)$$

此式适用于常压下的稀溶液两相平衡，并要求溶质 B 在 α、β 两相中具有相同的分子形式。

（9）吉布斯相律
$$F = C - p + 2\ ;\ C = S - R - R'$$

式中：C 称为组分数；S 为化学物种数；R 为独立的化学平衡方程式数；R' 为独立的浓度限制条件数，即除了任一相中 $\sum x_B = 1$、任一种物质在各相中的浓度受各相化学势相等的限制以及 R 个独立化学反应的平衡常数 K^θ 对浓度的限制之外，其他上述三种未考虑的浓度限制关系式的个数皆包含在 R' 之中；P 为平衡系统的相数；F 为自由度数，即系统独立变量的个数。此式适用于受 T、p 影响的平衡系统。

（10）克拉佩龙方程式
$$dp / dT = \Delta_\alpha^\beta H_m^* / (T \Delta_\alpha^\beta V_m^*)$$

式中：$\Delta_\alpha^\beta H_m^*$ 及 $\Delta_\alpha^\beta V_m^*$ 表示任一纯物质 $\alpha \rightleftharpoons \beta$ 两相平衡时过程的摩尔相变焓和摩尔相变体积。此式适用于任一纯物质的任意两相平衡的系统。

（11）克劳修斯—克拉佩龙方程
$$\ln(p_2 / p_1) = \Delta_{vap} H_m^* (T_2 - T_1) / RT_1 T_2\ \text{或}\ \ln(p / [p]) = -\Delta_{vap} H_m^* / RT + C$$

式中 $[p]$ 代表压力 p 的单位。上式适用的条件为：纯物质气—液两相平衡；$V_m^*(g) \gg V_m^*(l)$，两者相比较，$V_m^*(l)$ 可忽略不计；气体为理想气体；$\Delta_{vap} H_m^*$ 为常数（或相变过程的 $\Delta C_{p,m} = 0$）。

2.2.4 生物作用

有机污染物在土壤与地下水系统迁移转化过程中的生物作用主要包括生物降解、生物积累和植物摄取。生物降解是指复杂的有机物（大分子有机物），通过微生物活动使其变成为简单的产物等。例如，糖类物质在好氧条件下降解为 CO_2 和 H_2O。生物降解基本包括氧化性的、还原性的、水解性的或者综合性的。

生物积累是指生物通过吸附、吸收和吞食作用，从周围环境中摄入污染物并滞留体内，当摄入量超过消除量，污染物在体内的浓度会高于水体浓度。包括生物浓缩和生物放大。但是，如果生物中积累的污染物超过一定浓度时，则可能会对微生物产生毒害作用，而使生物从繁殖生长状态转化为死亡状态，于是，原先积累在生物体中的物质则有可能重新释放出来。例如，在水生态系统中，单细胞的浮游植物能从水中很快地积累重金属和有机卤素化合物。其摄取主要是通过吸附作用。因此，摄取量是表面积的函数，而不是生物量的函数。同等生物量的生物，其细胞较小者所积累的物质多于细胞较大

者。在生态系统的水生食物链中，对重金属和有机卤素化合物积累得最多的通常是单细胞植物，其次是植食性动物。鱼类既能从水中，也能从食物中进行生物积累。陆地环境中的生物积累速率通常不如水环境中高。就生物积累的速率而言，土壤无脊椎动物传递系统较高。人们之所以更重视植物传递系统，是因为植物的生物量比土壤无脊椎动物大得多。在大型野生动物中，生物积累的水平相对来说是较低的。

植物摄取是指某些污染物可作为植物的养分被植物根系吸收。其中生物降解在污染物迁移转化过程中起到主要影响作用。

进入多孔介质中的有机物在微生物的作用下发生生物降解，部分形成微生物组织、部分被矿化，只有不能被微生物利用的部分残留下来。有机物中的生物降解有好氧降解和厌氧降解之分。简单地说，在需氧条件下进行的降解为好氧生物降解；在厌氧条件下的降解为厌氧生物降解。可造成土壤与地下水污染的有机物种类繁多，性质各异。这里将不讨论有机物的降解机理，而侧重研究降解过程的动力学规律，且主要研究碳氢化合物的降解，它是微生物生长的基质。

有机物在微生物的催化作用下发生降解的反应称有机物的生化降解反应。水体中的生物，特别是微生物能使许多物质进行生化反应，绝大多数有机物因此而降解成为更简单的化合物。如石油中烷烃，一般经过醇、醛、酮、脂肪酸等生化氧化阶段，最后降解为二氧化碳和水。其中甲烷降解的主要途径为：

$$CH_4 \rightarrow CH_3OH \rightarrow HCHO \rightarrow HCOOH \rightarrow CO_2 + H_2O$$

较高级烷烃降解的主要途径有三种，通过单端氧化，或双端氧化，或次末端氧化变成脂肪酸；脂肪酸再经过其他有关生化反应，最后分解为二氧化碳和水。能引起烷烃降解的微生物有解油极毛杆菌、脉状菌状杆菌、奇异菌状杆菌、解皂菌状杆菌、不透明诺卡氏菌、红色诺卡氏菌等。

有机物生化降解的基本反应可分为两大类，即水解反应和氧化反应。对于有机农药等，在降解过程中除了上述两种基本反应外，还可以发生脱氯、脱烷基等反应。

1. 生化水解反应

生化水解反应是指有机物在水解酶的作用下与水发生的反应。例如，多糖在水解酶的作用下逐渐水解成二糖、单糖、丙酮酸。在有氧条件下，丙酮酸能被乙酰辅酶 A 进一步氧化为 CO_2 和 H_2O；在无氧条件下，丙酮酸往往不能氧化到底，只氧化成各种酸、醇、酮等，这一过程称为发酵。

$$C_6H_5O \rightarrow C_{12}H_{22}O_{11} \rightarrow C_6H_{12}O_6 \rightarrow 丙酮酸 \begin{array}{l} \rightarrow CO_2 + H_2O \\ \rightarrow ROH、RCOR、RCOOH \end{array}$$

烯烃的水解反应可表示如下：

$$RCH = CHR + H_2O \rightarrow RCH_2C(OH)HR$$

蛋白质在水中的降解分两步进行；第一步是蛋白质先在肽键上断裂、脱羧、脱氨并逐步氧化，有机氮转化为无机氮；第二步是氮的亚硝化、硝化等使无机氮逐渐转化。可示意如下：

$$蛋白质 \rightarrow 多肽 \rightarrow 氨基酸 \rightarrow NH_3 + 有机酸 \rightarrow NH_3^- + CO_2 + H_2O$$

其中氨基酸的水解脱氨反应如下：

$$CH_3C(NH_2)CHCOOH + H_2O \rightarrow CH_3C(OH)CHCOOH + NH_3$$

许多酰胺类农药和无机酸酯农药如对硫磷、马拉硫磷等，在微生物的作用下，其分子中的酰胺和酯键也容易发生水解。

2. 生化氧化反应

在微生物作用下，发生有机物的氧化反应称为生化氧化反应。有机物在水环境中的生物氧化降解，一部分是被生物同化，给生物提供碳源和能量，转化成生物代谢物质；另一部分则被生物活动所产生的酶催化分解。自然水体中能分解有机物的微生物菌种很多。对特定的有机物有特定的优势菌种，这类微生物可分为两组：一组是能在缺氧条件下分解有机物的，称为厌氧微生物；另一组是能在氧气存在下分解有机物的，称为好氧微生物。受有机物严重污染的水体往往缺氧，在这种情况下有机物的分解主要靠厌氧微生物进行。有机物生物降解过程研究得较多，许多研究成果已用于废水处理技术的开发。有机物的生化氧化大多数是脱氢氧化。脱氢氧化时可从 $-CHOH-$ 或 $-CH_2-CH_2-$ 基团上脱氢：

$$RC(OH)HCOOH \rightarrow RC(O)COOH$$
$$RCH_2CH_2COOH \rightarrow RCH=CHCOOH$$

脱去的氢转给受氢体，若氧分子作为受氢体，则该脱氢氧化称有氧氧化过程；若以化合氧（如 CO_2、SO_3^-、NO_3^- 等）作为受氢体，即为无氧氧化过程。在微生物作用下脱氢氧化时，从有机物分子上脱落下来的氢原子往往不是直接把氢交给受氢体，而是首先将氢原子传递给氢载体 NAD：

$$有机物 + NAD \rightarrow 有机氧化物 + NADH_2$$

然后在有氧氧化时，氢原子经过一系列载氢体的传递，最后与受氢体氧分子结合形成水分子。无氧氧化的大多数情况是，$NADH_2$ 直接把氢传递给含氧的有机物或其他受氢体。如在甲烷细菌作用下，CO_2 作为受氢体接受氢原子形成甲烷。

$$CO_2 + 4NADH_2 \rightarrow CH_4 + 2H_2O + 4NAD$$

硫酸盐还原菌对有机物实行无氧氧化时，可以把 SO_4^{2-} 作为受氢体，接受氢原子最终形成硫化氢：

$$SO_4^{2-} + 10H \rightarrow H_2S + 4H_2O$$

水体中各类有机物氧化时按照一定的程序演变，形成某种固定的格式。下面以饱和烃、有机酸的氧化为例，做一简单的介绍。

饱和烃的氧化按醇、醛、酸的程序进行：

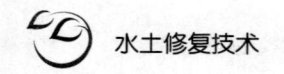

$$RCH_2CH_3 \rightarrow RCH=CH_2 \rightarrow RCH_2CHOH \rightarrow RCH_2CHO \rightarrow RCH_2COOH$$

有机酸的 β- 氧化：有机酸在含有巯基（-SH）的辅酶 A（以 HSCoA 表示）作用下发生 β- 氧化：

$$RCH_2CH_2COOH + HSCoA \rightarrow RCH_2CH_2COSCoA \rightarrow RCH(OH)CH_2COSCoA \rightarrow$$
$$RCH(O)CH_2COSCoA \rightarrow RCOSCoA + CH_3COSCoA$$

RCOSCoA 可进一步发生 β- 氧化使碳链不断缩短。若有机酸的碳原子总数为偶数，则最终产物为醋酸，若碳原子总数为奇数，则最终脱去醋酸后，同时生成甲酰辅酶 A（HCOSCoA）。甲酰辅酶 A 立即水解成甲酸，并进一步脱氢氧化生成二氧化碳：

$$HCOSCoA + H_2O = HCOOH + HSCoA$$
$$HCOOH \rightarrow CO_2$$

酶催化剂 HSCoA 继续起催化作用。同样，反应中生成的乙酰辅酶 A 也可水解生成醋酸，最后氧化为二氧化碳和水。

3. 脱氯反应

脱氯反应是指有机氯农药脱去氯原子的反应。六六六、DDT、2,4-D、多氯联苯等在微生物的作用下均能发生脱氯反应。

4. 脱烷基反应

脱烷基反应指有机物分子中脱去烷基的反应。例如，氟乐灵等农药在微生物作用下均能发生脱烷基反应。

连接在氮、氧或硫原子上的烷基，在微生物作用下能发生脱烷基反应，连在碳原子上的烷基一般容易被降解。

5. 生化还原反应

生化还原反应是在厌氧条件下，由于微生物的作用发生脱氧加氢的反应。如氟乐灵在厌氧条件下可发生生化还原反应。有机物的生化降解对水体自净是最为重要的。而不同有机物的生化降解情况也有较大的差别。总地来说，直链烃易被生物降解，有支链的烃降解较难，芳香烃降解更难，环烷烃降解最为困难。

不利于微生物对有机物生化降解的因素有以下几个方面：（1）有机物沉积在一微小环境中，接触不到微生物。（2）微生物缺乏生长的基本条件（碳源及其必需营养物），不能存在。（3）微生物受到环境毒害（不合适的 pH 值等因素），不能生长。（4）在生化反应中起催化作用的酶被抑制或失去活性。（5）分子本身具有阻碍酶作用的化学结构，致使有机物难以被生化降解，甚至几乎不能进行生化反应。目前，关于金属离子对生物降解过程的影响已经引起人们的重视。（6）有机物的生化降解不仅与其特征有关，而且还受最低浓度的限制，即可能存在一个"极限浓度"。

综上所述，水体中有机物的降解过程主要有化学降解、生物降解和光化学降解，其中生物降解最为重要。在某些情况下，这三个降解过程之间也存在互相依赖关系。一部分有机物只有先经过生物氧化分解，才能进行化学氧化分解，反之亦然。

有机物降解，若通过氧化路线，最终降解为二氧化碳、硫酸盐、硝酸盐、磷酸盐等；若通过还原路线，最终降解为甲烷、硫化氢、氨、磷化氢等；但在变成最终产物之前，还会出现一系列中间产物或生物代谢产物。有机物降解的难易取决于其组成和结构；降解程度则取决于水体条件和降解路线。地下水体中基本上没有微生物活动，也不能发生光化学降解，一旦受到有机物污染，将难以净化。自然水体中有机物的化学降解过程一般较为缓慢，除依赖于水中溶解氧水平外，还受到悬浮颗粒物或胶体物质表面上的吸附/解吸过程等因素的影响。难降解有机物在水环境中基本上不发生降解，它从水相中消除的途径主要是吸附在悬浮颗粒物表面，然后随之一起沉降到底泥中，或者被浮游生物摄取、吸收，再沿食物链（网）富集传递或者随浮游生物（如藻类）尸体一起沉积到底泥中。

第 3 章 污染物迁移的流体力学

3.1 土壤和地下水中污染物迁移的流体力学

关于土壤和地下水中污染物的迁移过程，其主要研究内容为流体和污染物在多孔介质中运动和迁移的基本规律。研究的对象是流体和随流体运动的污染物，物质运动的载体是具有互相连通空隙的多孔介质。流体运动研究的理论基础是 Darcy 定律，污染物迁移研究的理论基础是 Fick 定律。多孔介质中污染物迁移动力学是环境科学、水文地质学、工程地质学、土壤水力学、石油工程等学科的重要理论基础，在环境污染治理、水利工程、石油工程、地下水资源开发和管理、土壤环境治理等多方面得到了广泛的应用。近年来，土壤和地下水污染日趋加重，已经对生态环境质量构成了严重威胁，不但影响了国民经济的可持续发展，甚至已威胁到人类的健康、智力乃至生存。关于土壤和地下水中污染物迁移过程的研究为揭示污染物在介质中的迁移规律奠定了基础，同时也为被污染土壤和地下水的修复提供了理论指导。

3.1.1 土壤、含水层及地下水

1. 土壤

土壤是有固体、液体和气体三相共同组成的多相体系。土壤固相由土壤矿物质和土壤有机质两部分组成，占总质量的 90%～95%。土壤液相是指土壤中的水分及其可溶物，土壤水分及其可溶物合称为土壤溶液。土壤气相是指土壤间隙中的气体，其中大部分是空气和水汽。土壤中还有数量众多的生物（如细菌和微生物等），一般情况，作为土壤有机物而被看成是土壤固相物质。土壤的多孔性是在土壤形成过程中逐渐发展而形成起来的。土壤中土粒按照一定的方式排列，土壤颗粒和颗粒之间、结构体与结构体之间通过点、面结合，形成大小不等的空间，这些空间称为土壤孔隙。土壤孔隙是复杂多样的。

2. 含水层

（1）含水层

含水层是指能透过并给出相当数量水的岩层。含水层是具有下述两种性质的地层或岩层：一是含有水，二是在一般的野外条件下允许大量的水在其中运动。一个地层要作

为含水层，通常要有三个基本条件：第一，有充分的补水来源。如降雨补给、含水层间的越流补给、地表水补给、人工补给等。当大量开采或排泄含水层中的地下水时，含水层能够得到充分的补给，以保持其含水层的性质。第二，有一定的含水空间和透水能力，大量的含水空间保证了含水层能够给赢土补出相当数量的水；好的透水能力保证了其中的水可以发生大量运动。第三，有隔水或相对隔水的层位，保证含水层中的水能够保持在含水层中，而不至于全部漏掉。分布范围广、厚度大、饱含水的砾石层、砂层、部分粉砂层、节理裂缝发育的碳酸盐层等都构成了含水层。含水层可以根据潜水面是否存在划分为无压含水层和承压含水层两大类。

（2）隔水层

隔水层是指重力水流不能透过并给出水或者能透过和给出水的量微不足道的岩层。例如，黏土、重亚黏土以及致密完整的页岩、火成岩、变质岩等。隔水层本身可以含水，甚至可以大量含水，但在一般野外条件下，不能大量传导水。致密的黏土层就是隔水层的例子，其中虽然可以含水，但其给水和透水的能力很弱，通常构成隔水层。

（3）透水层

透水层是能够透过一定数量水但又不构成含水层的岩层。透水层有强弱之分。如果岩层的渗透能力很强，但含水容量很小，则构成强透水层。这样的层位如果沟通了含水层或地表水体等强补给源，则构成了导水通道。如果岩层的渗透能力相对含水层而言较差，水在其中的渗透速率比较缓慢，则构成弱透水层。只有透水层才有可能成为含水层。透水层要成为含水层，必须在透水层下部有不透水层成弱透水层存在的储水构造，才能保证渗入透水层中的水聚集和储存起来。

（4）饱和带和包气带

饱和带是充满地下水的岩层带，通常是潜水面以下的部分。饱和带中的重力水呈连续分布，能够传递水压力，在水头压的作用下，可以发生连续运动。饱和带中的重力水是多孔介质污染物迁移动力学研究的重点之一。包气带也称非饱和带，是位于地表以下、潜水面以上的岩层带。例如，挖井时常见到井壁的上部往往是干的，含水很少。往下挖，井壁逐渐变湿，但井中仍然无水。再向下挖，井壁和井底有水渗出，井中很快形成水面，这便是地下水面。地下水面以上便是包气带，以下是饱和带。在包气带的孔隙中，孔隙壁吸附有结合水，在细小的孔隙中保持着毛细水，未被液态水占据的部分包括孔隙及气态水。孔隙中的水超过吸附力和毛细力所能支持的量时，就将以重力水形式下渗。包气带自上而下可分为三个带，即土壤带、中间带和毛细带。包气带中以各种形式存在的水（结合水、毛细水、气态水）统称为包气带水。

包气带水来源于大气降水及灌溉水的入渗，地表水体的渗漏，由地下水面通过毛细上升输送的水分，以及地下水蒸发形成的气态水。包气带是饱和带与大气圈、地表水圈联系必经的通道。饱和带通过包气带获得大气降水和地表水的补给，又通过包气带蒸发与蒸腾排到大气圈。所以包气带的含水量及其水盐运动受气象因素影响极为显著，地面上的天然和人工植被也对其起很大的作用。特别应该指出的是，人类生产与生活活动对包气带水的影响已经越来越强烈，由此而直接或间接地影响着饱和带水的形成与变化。研究污染物在地下水系统中的运移与转化，应重视对包气带水形成及其运动规律的研究。

（5）上层滞水

上层滞水简称上滞水，是指包气带内局部隔水层之上积聚的具有自由水面的重力水。上层滞水是地下水的一种，位于包气带。当包气带具有局部隔水层或者弱透水层时，在其上积聚的重力水称为上层滞水。上层滞水分布最接近地表，由雨水、融雪水等渗入时被局部隔水层阻滞而形成，消耗于蒸发及沿隔水层边缘下渗。由于接近地表和分布局限，上层滞水的季节性变化剧烈，一般多在雨季存在，旱季消失。上层滞水仅能用作季节性的小型供水，但容易受到污染。由于上层滞水离地表最近，因此比较容易受到污染。

（6）潜水

潜水是饱和带含水层中具有自由表面的地下水。潜水没有连续的隔水顶板。潜水的水面为自由水面，称为潜水面。从潜水面到隔水底板的距离为潜水含水层的厚度。潜水面到地表面的距离为潜水的埋藏厚度。潜水含水层厚度与潜水面埋藏深度随潜水面的升降而发生相应的变化。由于潜水直接与包气带相连，所以可以通过包气带接受降水或地表水的补给，水位波动较大，通过蒸发或向下部含水层越流排泄。潜水在重力作用下，由高水位向低水位处径流。潜水的排泄，除了流入其他含水层外，还径流到地形低洼处，以泉、泄流等形式向地表或地表水体排泄；或是通过地表蒸发或植物蒸腾的形式排入大气。潜水的水质主要取决于气候、地形及岩性的条件。另外，潜水很容易受到人为作用的污染，因此应对潜水水源加强保护。

（7）承压水

承压水是充满于两个隔水层或弱透水层之间含水层的水。在适宜的地形条件下，当钻孔打到含水层时，水便喷出地表，形成自喷水流，因此又称自流水。人们利用这种自流水作为供水水源和农田灌溉。在中国，承压水的发现和利用始于2000多年前。汉朝初，中国四川省自贡市开始打自流井取卤水生产食盐，井深可达100多丈（1丈=3.33m）。

承压水含水层上部的隔水层称为隔水顶板，下部的隔水层称为隔水底板。顶、底板间的距离为含水层的厚度。承压性是承压水的重要特征。典型的承压含水层可分为补给区、承压区及排泄区三部分。承压水由于受到隔水层或弱透水层的阻隔，与大气圈和地表水的联系较弱，主要通过含水层出露地表的补给区或相邻水层的越流得到补给。在水头差作用下从高水头向低水头区运动，向地表水或相邻含水层排泄。承压含水层接受其他水体补给时必须具备两个条件：一是补给水体的水位必须高于承压含水层的水头；二是水体与含水层间存在水力联系。

承压水主要来源于大气降水与地表水的入渗补给，补给区主要是含水层露出地表的范围，而以泉或其他径流方式向地表或地表水体排泄。在一定的条件下，当含水层顶、底板为弱透水层时，它还可以从上、下含水层获得越流补给，也可以向上、下部含水层进行越流排泄。承压水的水质取决于它的成因、埋藏条件以及其与外界联系的程度，可以是淡水，也可以是含水量较高的卤水。一般情况下，它与外界联系越密切，参与水循环越积极，承压水的水质就越接近于入渗的大气降水与地表水，通常为含盐量低的淡水。反之，承压水的含盐量较高。

总之，由于承压水与大气圈、地表水圈的联系较差，水循环缓慢，所以承压水不像潜水那样容易受到污染。但是，一旦被污染则很难使其净化。例如：调查区处于冲洪积扇地与丘陵交接部位，富水性属于水量不均区域（<1 000m^3/d）。地下水类型主要为松散岩类孔隙水、基岩裂隙水、碳酸盐岩类裂隙岩溶水。本次工作的主要目的含水层为松散岩类孔隙水，加之区域内构造、裂隙溶隙不发育，其富水性不均匀，且区内无勘察资料和开采井，故不对碳酸岩类裂隙岩溶水和基岩裂隙水进行论述。

3. 地下水

（1）地下水赋存条件

1）包气带特征

调查区内包气带岩性为粉土、粉质黏土，表层连续分布杂填土。

A）杂填土：黄褐色、杂色，松散～稍密，稍湿，主要由粉土、碎石及建筑垃圾组成，厚度 0.5～3m。

B）粉土：黄色、黄褐色，稍湿，稍密～中密，厚度 1.2～10m，分布不连续。

C）质黏土：黄褐色，可塑，含铁锰结核，厚度 1.4～10.5m，分布连续。

2）含水层特征

A）第四系全新统杂填土和冲洪积粉土、粉质黏土、砂砾卵石层构成的含水层。分布在丘陵、坡洪积裙的北部，厚度不均匀，总体趋势向北逐渐增厚，砂砾卵石埋深 3～12.1m，厚度为 3.3～16.8m。含水层的渗透系数 90～200m/d，单井出水量小于 1 000m^3/d。

B）坡洪积砂碎石孔隙水，分布在丘陵区边缘，为水量极贫区。含水层呈透镜状或夹层，分布不连续，富水性差，单井出水量一般小于 50m^3/d。

C）基岩风化裂隙水，分布于裸露丘陵区，为水量极贫区，单井出水量一般小于 50m^3/d。

（2）地下水补给条件

1）大气降水入渗补给

调查区大气降水较为丰富，据市气象局多年平均降水量资料：年平均降水量为 645.86mm。天然条件下，大气降水为地下水主要补给来源。

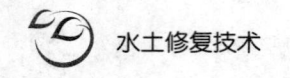

2）地下水径流补给

调查区内的地下水径流补给主要指上游松散岩类孔隙水和丘陵区裂隙岩溶水、对地下水进行侧向径流补给。上游松散岩类孔隙水径流断面连续，含水层稳定，使得上游的松散岩类孔隙水自南向北源源不断地流入本区。厂区内含水层在南部与基岩接触，接受丘陵区裂隙岩溶水的侧向补给。

（3）地下水径流条件

由等水位线图可知，含水层地下水流向西北方向，水力坡度6‰。

（4）地下水排泄条件

调查区内地下水主要排泄方式为潜水蒸发排泄和地下径流排泄。

1）潜水蒸发排泄

潜水蒸发强度受表层岩性和地下水位埋深控制，包气带岩性为粉质黏土，厚度较大，潜水埋深大于极限蒸发深度，潜水蒸发微弱。

2）地下径流排泄

在厂区北部，区内含水层延伸到区外，地下水流向区外，形成向区外径流排泄。

（5）地下水化学类型

由水质分析结果可知调查区地下水化学类型为 $HCO_3-Ca·Mg$ 和 $HCO_3·SO_4-Ca·Mg$ 型。

3.1.2 多孔介质

1. 多孔介质的含义

自然界中许多流体运动问题发生在多孔介质中，如地下水和油气在岩石孔隙中运动，污水在砂过滤器中流动等。

多孔介质是含有固相的多相体系，其他相可以是液相或气相，固相部分称为固体骨架，其他部分为孔隙；固体遍布整个多孔介质，具有较大的比表面；孔隙中的许多孔洞互相连通。简单来说，多孔介质是指含有大量孔隙的固体。也就是说，是指固体材料中含有孔隙、微裂缝等各种类型的毛细管体系的介质。概括起来，多孔介质可以用以下几点来描述：

（1）多孔介质是多相介质要占据一块空间。

（2）固相和孔隙都应遍布整个介质。就是说如果在介质中取一适合大小的体元，该体元内必须有一定比例的固体颗粒和孔隙。

（3）孔隙空间包含有效孔隙空间和无效孔隙空间两部分。有效孔隙空间是指其中一部分或大部分空间是相互连通的，且流体可在其中流动，而不连通的孔隙空间或虽然连通但属于死端孔隙的这部分空间成为无效空隙空间。对于流体通过孔隙的流动而言，无效孔隙空间实际上可视为固体骨架。

2. 多孔介质的类型

多孔介质有多种类型。按成因划分，可分为天然多孔介质和人造多孔介质。多孔介质按照是否为地质介质又可分为地质介质和非地质介质两类，其中地质介质是最主要的多孔介质，也是我们讨论和研究的重点；非地质介质有多种类型，如固体废物填埋介质、人造过滤介质、人造吸附介质和其他人造介质等。

地质介质按结构特点分为三大类型，即孔隙介质、裂隙介质和岩溶介质。孔隙介质是松散沉积物构成的介质，如土壤层、沙层、黏土层等。孔隙介质的性质受到固体骨架的物质成分、颗粒大小、分选情况、磨圆程度、颗粒级配等多种因素的影响。对流体渗透能力影响较大的因素是颗粒大小、分选磨圆和级配情况。通常颗粒大、分选磨圆好、单一级别颗粒构成的介质具有更好的渗透性，如砾石和砂比粉砂和黏土的渗透性好。对污染物迁移过程的影响因素除了上述影响流体渗透能力的因素外，还有黏土矿物含量、有机物含量、物质结构等因素，它们影响污染物的弥散、吸附/解吸和化学生物反应过程。裂隙介质是由发育有裂隙的基岩构成，如砂岩、玄武岩、花岗岩、硫酸岩等，如果发育了裂隙则构成了裂隙介质。岩溶介质是由发育有岩溶的岩基所构成的介质，如发育有溶隙的硫酸岩等。

3. 多孔介质的性质

多孔介质的性质包括孔隙性、比表面、多相性、压缩性和渗透性等。

（1）孔隙性

多孔介质具有孔隙的宏观性质称为孔隙性。孔隙分为有效孔隙和死端孔隙。多孔介质中互相连通的孔隙多少的指标是孔隙率，定义为多孔介质的体积孔隙率，或称为总孔隙率；AV是以P点为中心的多孔介质的体积；AV_v是以P点为中心的多孔介质的孔隙体积。

因为从流体流动角度来看，只有互相连通的孔隙才有意义，因此，一般流体运动研究中的孔隙率采用有效孔隙率。但是在扩散和弥散等问题中死端孔隙也要考虑在内。

（2）比表面

多孔介质的比表面是单位多孔介质体积内所有颗粒的总表面积，比表面受孔隙率、颗粒排列方式、粒径和颗粒形状影响。

（3）多相性

多孔介质具有多相性，包括固相、液相和气相。液相中还可包括可溶相流体和非可溶相流体（NAPL），非可溶相流体又有轻质非可溶相流体（LNAPL）和重质非可溶相流体（DNAPL）之分，非可溶相流体主要由一些农药和石油烃类的有机污染物组成。多相性可表现为固相和液相、固相和气相以及固、液、气三相，固相是必不可少的。

（4）压缩性

压缩性是多孔介质的体积随着压强的增加而减少的性质。多孔介质承受着介质内部

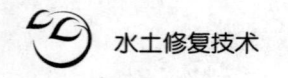

流体施加的内力和上覆介质本身施加的外力。一般情况下外力保持不变，所以采用与流体压强有关的压缩系数描述。

（5）渗透性

渗透性是多孔介质传导流体的性能。流体的渗透性能不仅与骨架的性质有关，一般来说，渗透率不随时间变化；特殊情况下，如在外部载荷作用下，发生骨架的沉降与固结作用、骨架的溶解作用、黏土的膨胀作用及生物活动堵塞孔隙作用等改变骨架结构会导致渗透率随时间变化。

3.2 多孔介质中流体的运动过程

3.2.1 流体

流体是液体和气体的总称，如水、石油、空气等都是典型的流体。有些常温下的非流体在高温等特殊条件下也具有流体特征。流体是由大量不断地做热运动而且无固定平衡位置的分子构成的，它的基本特征是没有一定的形状和具有流动性。流体都有一定的可压缩性，液体可压缩性很小，而气体的可压缩性较大，在流体的形状改变时，流体各层之间也存在一定的运动阻力（即黏滞性）。当流体的黏滞性和可压缩性很小时，可近似看作理想流体，它是人们为研究流体的运动和状态而引入的一个理想模型。流体的主要物理性质包括密度、容重、黏滞性、压缩性、表面张力、导热性等。

3.2.2 渗流

渗流是流体通过多孔介质的一种流动过程。渗流现象普遍存在于自然界和人造材料中。渗流是一种假想的流体，它充满了既包括多孔介质的孔隙，又包括含骨架的整个研究空间，作为真实流体的宏观代表。渗流所占据的空间区域称为渗流区或渗流场，简称流场。显然渗流场包括了孔隙和固体骨架所占据的全部空间。

渗流的特点在于：第一，由于多孔介质单位体积孔隙的表面积比较大，表面作用明显，因此在任何时候黏性作用都不能忽略；第二，在地下渗流中往往压力较大，高压下，流体的体积会发生变化，因而通常要考虑流体的压缩性；第三，多孔介质孔道形状复杂、阻力大、毛细管作用较明显，有时还要考虑分子力的影响；第四，渗流的过程往往伴随有复杂的物理化学变化。

就渗流力学的应用范围而言，渗流研究划分为地下渗流、工程渗流和生物渗流。

地下渗流是指土壤、岩石和地表堆积物中流体的渗流。它包含地下流体资源开发、地球物理渗流以及地下工程渗流的部分。地下渗流理论不仅广泛应用于石油资源开采，还应用于农田水利、土壤改良、排灌工程、水库蓄水、地下污水处理对周围地区的影响和水库诱发地震、地面沉降控制等问题上。工程渗流是指各种人造多孔材料和工程装置中的流体渗流。在国民经济和国防建设部门的诸多工程技术中广泛使用各种类型的人造多孔材料，出现各式各样的多孔体技术，因此研究流体在这些多孔材料中运动规律是非常重要的。工程渗流涉及领域广泛，包括化学工业、冶金工业、机械工业、建筑业、环境保护、原子能工业以及轻工食品等领域。工程渗流问题一般都比较复杂，涉及多相渗流、非牛顿流体渗流、物理化学渗流和非等温渗流等。

生物渗流是指动植物体内的流体流动，是流体力学与生物学、生理学交叉渗透而发展起来的，大致可分为动物体内的渗流和植物体内的渗流。

3.2.3　流体流动的描述方法

描述流体在多孔介质中运动有两种观点。一种是欧拉（Euler）观点，另一种是拉格朗日（Lagrange）观点。前者着眼于空间的各个固定点，从而了解流体在整个空间里的运动情况。后者着眼于流场中各个流体质点的历史，从而进一步了解整个流体的运动情况。下面介绍这两种观点的实质及数学表示方法。

1. 欧拉观点

欧拉观点的方法是在某个确定的参考坐标流场中选定任一固定空间点，然后研究此固定点在一定时间段内各个物理量的情况，可以是压力、密度、速度或饱和度等。由于流体是运动的，所以，对于某一固定的空间点，在不同的时间，其中的流体质点一般是不同的；而对于某个特定的时间，在不同的空间所选定的固定点，里面的流体质点也是不同的。也就是说，选取的衡算控制体，它的体积、位置是固定的，输入和输出控制体的物理量是随时间变化的。

2. 拉格朗日观点

与欧拉观点不同，拉格朗日观点的着眼点不是流体空间上的固定点，而是流体运动的质点或微团，研究每个质点自始至终的运动过程。由于流体质点是连续分布的，要研究某个质点的运动，首先必须有表征这个质点的方法。

3. 两种表述的互相变换

欧拉观点的表述方法和拉格朗日观点的表述方法是完全等效的。可以从一种表述方法转换到另一种表述方法。在分析问题过程中，两种观点均可采用，但选择哪一种观点合适，则因哪种分析问题更简单而定。

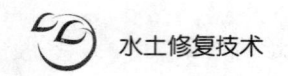

3.3 多孔介质中溶质的运移过程

污染物在多孔介质中运移的基本理论一般分为四个方面：一是对流作用，即污染物在水流的带动下，向下游的运动；二是分子扩散，在浓度差或其他推动力的作用下，由于分子、原子等的热运动所引起的物质在空间的迁移现象；三是机械弥散，又称水力弥散，它是由于多孔介质骨架的存在，使得污染物的微观迁移速度无论大小还是方向都与平均水流速度不同而引起的污染物范围的扩展；四是水动力弥散，又称弥散迁移，一般将机械弥散和分子扩散合称为水动力弥散。下面将对这四个基本的溶质运移理论和理想模型进行简要的介绍。

3.3.1 对流迁移

对流是指流体运动时把自己所含有的污染物一起从一个区域带到另一个区域，即空间位置的转移。多孔介质中的污染物会随着流体的运动而发生流动，这个过程就是对流迁移，简称对流，引起对流迁移的作用称为对流作用。

对流作用是污染物在多孔介质中迁移的重要动力，只要有流体的流动，就会有对流作用的存在。在渗流性能好、水流速度快的含水层中，对流通常是污染物迁移的主要动力。在此条件下，可以根据对流情况近似估算污染物的迁移距离和范围，从而对污染的影响范围有一个比较直观的判断。

3.3.2 扩散迁移

在多孔介质中溶质的分子扩散没有水中的快，因为溶质是在多孔介质的孔隙中扩散的，由于受到固体骨架的阻隔，物质需要更长的扩散距离。

3.3.3 机械弥散

除对流迁移和分子扩散之外，污染物在介质中迁移的另一重要机制是机械弥散。机械弥散是由于多孔介质孔隙和固体骨架的存在而造成流体的微观速度在孔隙中的分布无论是大小还是方向都不均一的现象。其中多孔介质除了具有微观尺度的不均匀性以外，还有宏观尺度的不均匀性，流动区域的不同部分渗透性可能不一样，这种宏观尺度的不均匀性也是造成机械弥散的一个因素。机械弥散既可以存在于层流状态，也可以存在于紊流状态。Darcy流速是在渗流假设条件下流体运动的宏观表示，是代表单元体上的平均值，但这并不表示流体在微观尺度上的流动真是如此。实际上，由于受到孔隙形状和大小的影响，流体在微观尺度上的运动是相当复杂的。在流速大小上，既可能高于代表性单元体上的平均速度，也可能低于平均速度；在速度方向上，既可能与代表性单元体上的平均速度方向一致，也可能不一致，在一个代表性单元体上就可能有多种变化。流速的微观变化必然造成随流体运动的污染物的迁移变化，从而造成污染物在多孔介质中迁移的机械弥散现象。

机械弥散可以在微观尺度上归结为三种基本机制：① 同一孔道中心速度大，由于受到流体与固体颗粒表面的摩擦阻力作用，当流体在孔隙中流动时，孔隙中心处的流速会大于边界处的流速；② 不同孔道流速不一，由于较大孔道比较小孔道对流体运动的阻力小，流体在较大孔道中的流速会比在较小孔道中的流速大；③ 与平均流速方向不一，受到孔隙大小和形状的影响，流体在不同孔隙中的流动方向并不相同，从而使孔隙中的流速与平均流速方向不一。

机械弥散作用使污染物在沿着平均水流方向上的迁移距离更远，因为平均水流速度代表了孔隙通道中快速流和慢速流的平均值，而快速流携带污染物的迁移距离显然比平均速度迁移的距离远。机械弥散作用同样使污染物在垂直水流方向上的扩展范围不断增大，因为流体的微观尺度方向各异，偏离平均流速方向的流体携带污染物运动，造成了污染物迁移范围的横向扩展。我们把由于机械弥散作用而使污染物沿平行于平均水流方向上的扩展称为纵向机械弥散；把由于机械弥散作用而使污染物沿垂直平均水流方向上的扩展称为横向机械弥散。纵向机械弥散作用使污染物的迁移速度比平均水流速度有快有慢，从而形成沿流动方向的污染范围扩散；横向机械弥散作用则形成污染范围的横向扩展。

3.3.4 水动力弥散

在流体携带污染物的迁移过程中，机械弥散和分子扩散往往同时发生，两者在土壤中都引起溶质浓度的混合和分散，而且微观流速不易测定，弥散与扩散结果也不易区分，所以在实际应用中常将两者联合起来，我们将机械弥散和分子扩散合称为水动力弥散，有时也称为对流—弥散。

水动力弥散包括了机械弥散和分子扩散两部分。在进行污染物水动力弥散计算时，可以将两者合并，也可以分开。由于污染物的分子扩散能力本身就较弱，又受到介质骨架的阻挡，在流体运动速度不是非常缓慢的情况下，分子扩散系数远小于机械弥散系数，从而可以忽略。在介质的渗透性很差或流体运动速度非常缓慢的情况下，分子扩散作用的比例将明显增大而不应忽略。

3.3.5 多孔介质中溶质运移的理想模型

在研究复杂系统中的现象时，最有效的工具之一是理想模型法。下面将简单介绍和描述多孔介质中溶质运移的几种理想模型。通过研究理想模型可以使得对弥散的机理和各种参数有更为深入的了解。

理想模型法是对复杂实际系统的一种简化处理方法，即用某些假想的、能够进行数学处理的、比较简单的系统来代替难以进行数学处理的复杂实际系统。通过对假想系统，即对理想模型的数学分析，揭示出系统中各个变量直接的相互关系，并用物理定律或数学方程的形式确切地表达出来。对于同一个系统或现象，可以有许多种不同的简化方式，也就是说存在许多种不同的理想模型。不同的模型中往往包含着不同的参数，可导出不同的结果。因此，理想模型的正确性必须通过实验来验证。在建立理想模型时，一方面要注意使模型尽量简单，忽略各种相对次要的因素，以便于进行数学处理；另一方面要抓住实际系统或现象中最本质的属性，把它反映到理想模型中以避免理想模型的严重失真。

建立理想模型通常包括三个步骤：

1. 设计模型。把实际的复杂现象或系统简化到能够进行数学处理的程度，同时保留所研究现象的基本特征。

2. 分析模型。对已设计的理想模型进行分析，导出所研究现象的数学关系式，即定律。

3. 检验模型。在实验室进行控制实验或在野外场地对现象进行观察，以检验所得定律的正确性，并确定其中的数值系数。

在应用理想模型研究气体运动、流体流动、热传导、分子扩散等现象时，由于实际上多孔介质中发生的溶质运移过程非常复杂，不可能在微观水平上对它进行精确的数学处理，因此就需要用某种大大简化了的但仍能保留弥散现象基本特征的理想模型来代替它。例如，把多孔介质设想为互相连通的毛细管系统，把流体质点在多孔介质中的运动设想为微粒的随机游动等，对这些简化了的模型就有可能进行精确的数学描述。包括Darcy定律、Fick定律以及各种守恒定律均可在理想模型的基础上用数学方法推导出来，并能揭示出各个参数之间的内在联系。

第4章 地下水污染修复

4.1 地下水污染修复

随着工业的发展和城市化进程的加快,大气污染、水体污染和固体废物污染严重,地表水体恶化,淡水资源缺乏,对地下水的过度开采,导致地下水污染问题日益突出。因此,研究地下水水体污染状况,监测地下水的水质变化,采用合理经济的污染处理与防治技术,对保护地下水资源,实现经济社会可持续发展有重要意义。

1. 工业污染源

工业的"三废"是地下水污染的最主要因素之一。工业废水通过水循环直接污染地下水。工业废水若不经过处理而直接排入地表水或地下水,都是导致地下水化学污染的主要原因。工业废气,如 H_2S、CO_2、CO、SO_2、氮氧化物、工业粉尘、苯并芘等物质随降雨沉降,通过地表径流进入水循环中,对地表水和地下水造成二次污染。

工业废渣包括各类矿渣、粉煤灰、选矿场尾矿及污水处理厂的污泥等。这些废物中的污染物由于降水等的淋滤作用,进入水体,造成污染。

例如,取得某贮灰厂的库区灰水和距厂区最近的下游村庄(取样点位于贮灰厂东北处的汤庙子村,距离贮灰厂约800m,该区域坐落在冲洪积平原上,地下水接受贮灰厂范围内的基岩裂隙水补给)水样,见表4-1。

表4-1 贮灰厂水质样品对照表

位置	主要污染因子								
	硝酸盐 (标准值 ≤20mg/L)		亚硝酸盐 (标准值 ≤0.02mg/L)		石油类 (标准值 ≤0.05mg/L)		COD (标准值 ≤3mg/L)		pH值 (5~9)
	实测值 (mg/L)	超标 倍数	实测值 (mg/L)	超标 倍数	实测值 (mg/L)	超标 倍数	实测值 (mg/L)	超标 倍数	实测值 (mg/L)
库区灰水	77.2	2.86	<0.01	—	<0.05	—	3.4	0.13	9.26

续表

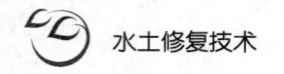

位置	主要污染因子									
	硝酸盐 （标准值 ≤ 20mg/L）		亚硝酸盐 （标准值 ≤ 0.02mg/L）		石油类 （标准值 ≤ 0.05mg/L）		COD （标准值 ≤ 3mg/L）		pH 值 (5～9)
	实测值 (mg/L)	超标 倍数	实测值 (mg/L)	超标 倍数	实测值 (mg/L)	超标 倍数	实测值 (mg/L)	超标 倍数	实测值 (mg/L)
下游村庄	56.6	1.83	1.5	74.0	<0.05	-	0.66	-	7.34
	39.3	0.97	0.01	-	0.19	2.8	0.51	-	7.53

注："-"表示实测值未超标

由表 4-1 可以看出，下游村庄地下水污染的主要因子硝酸盐、亚硝酸盐和石油类，是该区域地下水环境背景。

2. 城市污染源

城市生活污水和生活垃圾是污染地下水的两大重要因素。生活污水主要污染指标是 SS、BOD、NH_3-N、P、Cl、细菌学指标等，生活污水一般是直排地表水，通过水循环对地下水产生污染。目前，生活垃圾多采用埋填法处理，通过淋滤作用渗滤液会慢慢渗入地下，污染地下水。

3. 农业污染源

由于农业活动而造成的地下水污染主要指畜禽养殖、土壤中剩余农药、化肥、动植物遗体的分解以及不合理的污水灌溉等，它们能够大量进入浅层地下，其中最主要的是畜禽养殖、农药、化肥的污染。

4. 其他

其他人类活动和自然灾害也会影响地下水水质，如修建地铁、开凿运河引水、采矿等活动会改变地下水的水位，影响地下水的流动，进而影响地下水中污染的扩散降解。地震火山等自然灾害会将地壳深处的某些有害物质带入地下水，污染水体。

5. 地下水污染危害

地下水污染是指人类活动使地下水的物理、化学和生物性质发生了改变，从而限制了人们对地下水的应用。受工业污染的地下水中含有大量有毒有害的物质，如某些重金属会引起生理上的病变，比如镉中毒之类的疾病。其他有机污染物大多有致畸致癌致突变的作用。城市生活污水及垃圾渗滤液中含有大量细菌，饮用被污染的地下水会极易感染，引起大量疾病；污染严重的地下水有恶臭，甚至影响工业应用。地下水污染也会一定程度上引起土壤污染。

4.1.1 地下水资源现状及污染状况

1. 地下水资源现状

地下水约占地球上整个淡水资源的30%，是我国水资源的重要组成部分，全国地下淡水的天然补给资源约为每年8 840亿 m³，占水资源总量的三分之一；地下淡水可开采资源为每年3 530亿 m³。按赋存介质划分，地下水主要有孔隙水、岩溶水和裂隙水三种类型。

总体上，中国地下水资源地域分布差异明显，南方地下水资源丰富，北方相对缺乏，南、北方地下淡水天然资源分别约占全国地下淡水总量的70%和30%。北方地区70%生活用水、60%工业用水和45%农业灌溉用水来自地下水，据统计，全国181个大中城市，有61个城市主要以地下水作为供水水源，40个城市以地表水、地下水共同作为供水水源，全国城市总供水量中，地下水的供水量占30%。因此，地下水对我国的经济生活与社会发展有着重要的影响。

2. 地下水污染状况

凡是在人类活动的影响下，地下水水质变化朝着水质恶化方向发展的现象称为地下水污染。从概念我们也可以得出，产生地下水污染的原因是人类活动，尽管天然地质过程也可导致地下水水质恶化，但它是人类所不可防止的、必然的，我们称其为"地质成因异常"。地下水污染的结果或标志是向水质不断恶化方向发展，不是只有超过水质标准才算污染，有达到或超过水质标准趋势的情况也算污染。另外，此定义是为了强调水质恶化过程，强调防治。地下水污染具有隐蔽性和难以逆转性的特点。即使地下水已受某些组分严重污染，但它往往还是无色、无味的，不易从颜色、气味、鱼类死亡等鉴别出来。即使人类饮用了受有毒或有害组分污染的地下水，对人体的影响也只是慢性的长期效应，不易觉察。并且地下水一旦受到污染，就很难治理和恢复。主要是因为其流速极其缓慢，切断污染源后仅靠含水层本身的自然净化，所需时间长达数十年、甚至上百年。另一个原因是某些污染物被介质和有机质吸附之后，会发生解吸—再吸附的反复交替。因此，地下水污染防治是环境污染防治中的重点也是难点。

随着人类工业化的进展，地下水的污染情况日益严重。在我国，90%城市地下水不同程度遭受有机和无机有毒有害污染物的污染，已呈现由点向面、由浅到深、由城市到农村不断扩展和污染程度日益严重的趋势。除了地表污水下渗外，许多矿山、农场、油田、化工厂、垃圾填埋场等形成了地下水的污染源，威胁着地下水的安全。

我国存在大量的地下水污染场地，这些场地给地下水资源带来了严重的威胁，急需开展场地污染治理研究。我国地下水污染的场地数量巨大，仅就城市生活垃圾填埋场渗滤液泄漏导致的地下水污染问题就十分严重，几乎所有的城市都被垃圾填埋场"包围"，而以前建设的垃圾填埋场大多没有有效的卫生防护措施，造成了浅层地下水污染的普遍

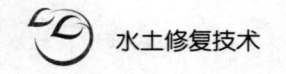

问题。又如城市众多的加油站地下储油罐泄漏,以及污水排放管线的泄漏等问题也比较普遍,造成了地下水的污染,形成了众多的污染场地。

案例:某炼油厂区地下水污染现状

(一)厂区污染物

厂区内的生产系统共分为炼油厂、芳烃厂、烯烃厂、尼龙厂、聚酯厂、硝酸厂、涤纶厂,其中辅助生产厂包括动力厂、热电厂。两个分厂的废水处理均依托现有污水处理场处理,且污染物总量核定在总量中。厂区内产生的污染源分为废气、废水、固废,其中废水、固废对地下水环境影响较大,但是厂区内产生的固体废物采取综合利用、送有资质单位处置等处理方式。

各分厂废水产生量及主要污染因子如下:

1. 炼油厂

炼油厂废水产生量为 269.1m³/h,其中含硫污水排放量为 47.1m³/h、含油/含盐污水 116.1m³/h、清净下水 53m³/h、生活污水 52.9m³/h,主要污染因子为 COD、石油类、挥发酚、硫化物、氨氮。

2. 芳烃厂

芳烃厂废水产生量共为 618m³/h,主要为含硫污水、含碱污水、含油污水及生活污水,主要污染因子为 COD、石油类、挥发酚、硫化物、氨氮、苯类。

3. 烯烃厂

烯烃厂废水产生量为 703.3m³/h,主要为含油污水、废碱液、生活污水等,主要污染因子为 COD、石油类、挥发酚、硫化物、氨氮。

4. 聚酯厂

聚酯厂废水产生量为 42.9m³/h,主要为含油污水、含醇污水、生活废水,主要污染因子为 COD、石油类、氨氮。

5. 尼龙厂

尼龙厂废水产生量为 356m³/h,主要为含油污水、含酸污水、生活污水,主要污染因子为 COD、石油类、挥发酚、氨氮。

6. 硝酸厂

硝酸装置产生的废水主要为气包排污水 0.6m³/h 作为循环水场补水,循环排污水 25m³/h 去冲灰,生活污水 1.5m³/h。主要污染因子为 COD、氨氮。

7. 涤纶厂

聚酯装置产生的废水共 22.5m³/h,主要为含醇废水、含油废水及生活污水,主要污染因子为 COD、石油类、氨氮。

8. 热电厂

热电厂产生的废水主要为锅炉排污河循环水场产生的清净下水、生活污水,主要污染因子为 COD、氨氮。

9. 动力厂

动力厂废水产生量为 442.3m³/h,废水性质主要为清净下水和生活污水,主要污染因子为 COD、氨氮。

石化公司现状污染物汇总见表 4-2 所示。

表 4-2　石化公司废水污染物排放量（m³/h）

名称	废水排放量	进 440 #	进 94 #	进 450 #	回用量
炼油厂	276	193.8	53.2	–	29
芳烃厂	618	–	–	618	–
烯烃厂	703.3	–	353.3	–	350
聚酯厂	42.9	–	–	42.9	–
尼龙厂	356	–	165	–	191
硝酸厂	27.1	–	1.5	–	25.6
涤纶厂	22.5	–	–	22.5	–
热电厂	147.4	–	147.4	–	–
动力厂	57.2	–	57.2	–	–

（二）厂区废水处理方式

生产装置污水处理分为预处理和二级处理两级处理,现将处理设施介绍如下:

1. 污水预处理设施

① 炼油厂含油污水预处理设施;

② 炼油厂酸性水汽提装置;

③ 芳烃厂 PTA 污水预处理装置;

④ 烯烃厂含油污水预处理设施;

⑤ 聚乙烯装置上浮分离系统;

⑥ 二元酸废水处理装置。

2. 污水二级处理设施

现有四座二级污水处理装置,分别为 94# 污水处理场、440# 污水处理场、450# 污水处理场和 320# 污水处理场。考虑到废水产生量和废水总处理能力,2008 年底公司将进入320#污水处理场处理的废水经隔油池隔油后并入94#污水处理场进行处理。

产生的生产废水和生活污水经三个污水处理场处理后排入河流。

（三）厂区污染源分布特征

厂区污染源从空间分布规律上可分为点污染源和面污染源。

1. 点污染源

厂区内的点污染源主要是指厂区内的装置及各种管线的跑冒滴漏造成的局部污染。厂区内的管线主要指各类地上架空、地下掩埋的生活污水、生产污水和原料及成品运输管线。厂区内管线密布，纵横交错，如果破损，或发生跑冒滴漏情况均存在污染地下水的风险。

2. 面污染源

厂区内是生产、生活密集的区域，未被及时处理的工业、生活污染物被雨水冲刷、携带通过补给地下水进入地下水循环系统，造成地下水的污染。大气中的污染物质，通过大气降水入渗补给地下水，造成地下水的污染。

（四）厂区土壤污染状况

通过井探在厂区内的污水管线集中或主干线埋设处取得土样92个，其中，挥发性酚、氰、六价铬、苯均未检出，其他评价因子检出浓度见表4-3所示。

表4-3　厂区井探土样分析成果统计表

取样深度 (m)	检测项目（mg·Kg^{-1}）							
	石油类	砷	汞	铅	氟	镉	pH值
0.8～1.2	7.8～37.7	6.61～11.35	0.016～0.098	15.38～27.33	150～450	0.075～0.131	7.69～7.89
1.8～2.2	3.7～27.9	6.9～11.89	0.018～0.099	16.15～28.76	50～425	0.064～0.131	7.65～7.91
2.6～3.0	0.1～16.2	7.1～10.32	0.022～0.095	15.49～28.74	75～245	0.075～0.131	7.65～7.90
土壤标准限值	300	≤40	≤1.5	≤500	2 000	≤1.0	>6.5

由表4-3可见，所有土样的各项评价因子均远低于评价标准限值，浅层土壤总体质量良好。

厂区在钻孔中的粉质黏土层中，共采集土样90个，取样深度根据所揭露的粉质黏土层厚度平均分布，每个钻孔取2～3个土样。所取样品中，挥发性酚、氰、六价铬、苯均未检出，其他各项评价因子均低于评价标准值，说明厂区深部土壤的质量良好，并未受到污染。

厂区内共采集水样23个，均为第四系全新统杂填土和冲洪积粉土、粉质黏土、砂砾卵石层构成的冲洪积含水层的松散盐类孔隙水。水样分析结果显示,厂区地下水已经受到污染,主要污染因子为石油类、亚硝酸盐、苯、硝酸盐、氨氮,其他因子均未超标,石油类是厂区内分布最广泛、污染最严重的污染物之一,超标率为96%,检出浓度0.07～2.18mg/L,超标倍数为0.32～42.6倍;亚硝酸盐超标率为70%,检出浓度0.01～0.95mg/L,超标倍数为1.5～46.5倍;苯超标率为17%,检出浓度0.009～0.025mg/L,超标倍数为0.4～1.5倍;硝酸盐超标率为13%,检出浓度1.5～258mg/L,超标倍数为0.28～11.9倍;氨氮超标率为22%,检出浓度0.06～1.5mg/L,超标倍数为2.75～6.5倍。

4.1.2　地下水污染修复技术

近年来,地下水污染治理特别是治理技术(以下称修复技术)研究逐渐引起国内相关专家的重视。因此,地下水污染修复技术已成为当前国内外的研究热点。

目前,随着地下水污染事件的不断发生及科研人员的不断努力,地下水污染修复技术在大量的实践应用中得到了不断的改进和创新,较典型的地下水污染修复技术已经有十多种。值得注意的是,各种污染修复技术的名称是不同的使用者、管理者于不同的时间、背景命名的,既不利于推广使用,也不利于研究、检索和管理,为便于表述和研究的需要,本书初步将所涉及到的污染修复技术根据其主要工作原理归并为四大类,即物理法修复技术、化学法修复技术、生物法修复技术和复合修复技术(复合修复技术是兼有以上两种或多种技术属性的污染处理技术)。本书依据四类划分法和已有命名将各种修复技术的工作原理、运作流程、优缺点和适用范围做一阐释。

1. 物理法修复技术

物理法修复技术指技术的核心原理或关键部分是以物理规律起主导作用的技术,主要包括以下几种方法:水动力控制法、流线控制法、屏蔽法、被动收集法、水力破裂处理法等。

(1) 水动力控制修复技术

水动力控制修复技术原理是建立井群控制系统,通过人工抽取地下水或向含水层内注水的方式,改变地下水原来的水力梯度,进而将受污染的地下水体与未受污染的清洁水体隔开。井群的布置可以根据当地的具体水文地质条件确定。因此,又可分为上游分水岭法和下游分水岭法。上游分水岭法是在受污染水体的上游布置一排注水井,通过注水井向含水层注入清水,使得在该注水井处形成一个地下分水岭,从而阻止上游清洁水体向下补给已被污染水体;同时,在下游布置一排抽水井将受污染水体抽出处理。而下游分水岭法则是在受污染水体下游布置一排注水井注水,在下游形成一个分水岭以阻止污染水向下游扩散,同时在上游布置一排抽水井,将初期抽出的清洁水送到下游注入,最后将抽出的污染水体进行处理。

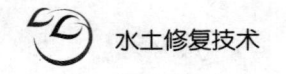

（2）流线控制法

流线控制法设有一个抽水廊道、一个抽油廊道（设在污染范围的中心位置）、两个注水廊道分布在抽油廊道两侧。首先从上面的抽水廊道中抽取地下水，然后把抽出的地下水注入相邻的注水廊道内，以确保最大限度地保持水力梯度。同时在抽油廊道中抽取污染物质，但要注意抽油速度不能高，但要略大于抽水速度。

（3）屏蔽法、被动收集法

屏蔽法是在地下建立各种物理屏障，将受污染水体圈闭起来，以防止污染物进一步扩散蔓延。常用的灰浆帷幕法是用压力向地下灌注灰浆，在受污染水体周围形成一道帷幕，从而将受污染水体圈闭起来。

被动收集法是在地下水流的下游挖一条足够深的沟道，在沟内布置收集系统，将水面漂浮的污染物质如油类污染物等收集起来，或将所有受污染的地下水收集起来以便处理的一种方法。

2. 化学法修复技术

地下水污染的化学修复技术指技术的核心流程使用化学原理的技术，归纳起来主要有两种方式。

（1）有机黏土法

这是一种新发展起来的处理污染地下水的化学方法，可以利用人工合成的有机黏土有效去除有毒化合物。利用土壤和蓄水层物质中含有的黏土，在现场注入季铵盐阳离子表面活性剂，使其形成有机黏土矿物，用来截住和固定有机污染物，防止地下水进一步污染，并配合生物降解等手段，永久地消除地下水污染。有机黏土法修复过程：通过向蓄水层注入季铵盐阳离子表面活性剂，使其在现场形成有机污染物的吸附区，可以显著增加蓄水层对地下水中有机污染物的吸附能力；适当分布这样的吸附区，可以截住流动的有机污染物，将有机污染物固定在一定的吸附区域内。利用现场的微生物，降解富集在吸附区的有机污染物，从而彻底消除地下水的有机污染物。

（2）电化学动力修复技术

电化学动力修复技术是利用土壤、地下水和污染电动力学性质对环境进行修复的新技术。它的基本原理：将电极插入受污染的地下水及土壤区域，通直流电后，在此区域形成电场。在电场的作用下水中的离子和颗粒物质沿电力场方向定向移动，迁移至设定的处理区进行集中处理；同时在电极表面发生电解反应，阳极电解产生氢气和氢氧根离子，阴极电解产生氢离子和氧气。

近年来电化学动力修复技术开始用以去除地下水中的有机污染物，这种方法用于去除吸附性较强的有机物效果也比较好。最新的发展趋势是将电化学动力修复技术与现场生物修复技术优化组合，来克服各自的缺点，从而提高有机污染物的降解效率。

3. 生物法修复技术

所谓生物修复是指利用天然存在的或特别培养的生物（植物、微生物和原生动物）在可调控环境条件下将有毒污染物转化为无毒物质的处理技术。现在发展起来的主要是原位生物修复技术。

经过多年的发展，生物修复技术已经由细菌修复拓展到真菌修复、植物修复、动物修复，由有机污染物的生物修复拓展到无机污染物的生物修复。目前使用比较成熟的当属 BS 技术，该方法于 20 世纪 80 年代中期最早应用在德国。由于生物降解在该技术中作为主导控制因素，因此定义为生物修复技术（简称 BS 技术）。该技术通常用来治理地下饱和带（饱水带及毛细饱和带）的有机污染，是处理地下水及包气带土层有机污染的最新方法，也是最有前途的方法。其原理：利用微生物弱化污染物的毒性或把污染物转变成无毒性物质的处理方法。微生物消解有机化合物，提供自身所需养分和能量，将污染物分解为二氧化碳和水，随着微生物数量增长，污染物被消解并逐渐减少，微生物也因食物短缺逐渐减少进而消失。此种方法在美国曾对四氯乙烯、三氯乙烯等污染物处理做过现场试验。在荷兰，也曾用此方法处理含油污、苯、甲苯、含氯溶剂等污染物。

目前污染土壤的异位生物修复技术包括：堆肥式处理法、预制床法、厌氧处理法、生物反应器法等几大类。地下水的异位生物修复技术还没有真正发展起来，相信能够在土壤异位修复技术的基础上加以改进，最终得以发展起来。

4. 复合法修复技术

复合法修复技术是兼有以上两种或多种技术属性的污染处理技术，其关键技术同时使用了物理法、化学法和生物法中的两种或全部。如渗透性反应屏修复技术同时涉及物理吸附、氧化——还原反应、生物降解等几种技术；抽出处理修复技术在处理抽出水时同时使用了物理法、化学法和生物法；注气——土壤气相抽提技术则同时使用了气体分压和微生物降解两种技术。一般认为，几种原理并列性较强的技术才能被称为复合技术。

（1）渗透性反应屏修复技术

渗透性反应屏修复技术简称 PRB 技术，PRB 技术也是目前最为广泛应用的修复技术之一。PRB 是一个就地安装反应材料的反应修复区，反应材料应满足降解和滞留流经该屏障体的地下水中污染物组分的目的。

PRB 技术的修复原理：顺着地下水的流动方向，在污染场址的下游安装渗透性反应屏，使含有污染物质的地下水流经渗透屏的反应区，水中污染物通过沉淀、吸附、氧化、还原和生物降解反应得以去除，同时 PRB 物理屏障可以阻止污染羽状体向下游进一步扩散。

PRB 技术一般根据不同污染场地特点，在反应墙中添加相应的化学试剂。通常情况下，Fe 是最为广泛应用的反应剂，其对常见的有机污染物及无机污染物去除效果较好。

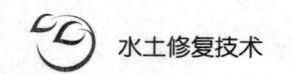

另外，国外许多研究机构还针对一些特殊污染物进行 PRB 技术添加剂的实验研究。例如，采用 Fe^{2+}、Fe^{3+} 或不含 Fe 的添加剂进行放射性污染物、重金属、采矿酸水治理等。由此可见，针对 PRB 技术所采用的反应剂种类，其修复过程的控制机理也不同。在采用 PRB 技术修复过程中，控制因素包括：化学脱氯、pH 值控制、氧化还原反应、吸附过程及生物增强控制。

PRB 技术的工程设施较简单，安装操作可一次完成，大大降低了修复后期的运转及维护费用。

并且，可根据污染物场地特点及治理目标选择相应的修复设计方案，优化修复过程，提高修复效率。但是，该技术也存在一些局限性。与 P&T 技术相比较，工程设施投资较大。抽出处理工程所采用的钻井等设备在污染治理完毕以后还可以用于其他方面，如地下供水、人工回灌等，而渗透性反应墙设施则不具备这一条件。另外，渗透性反应墙修复工程一经投入，其设施就已固定在地下，很难再对治理方案做出修改或改动。

（2）抽出处理修复技术

抽出处理技术，简称 P&T 技术，是最常规的污染地下水治理方法。该方法是根据多数有机物由于密度小而浮于地下水面附近，根据地下水被污染的大致范围，通过抽取含水层中地下水面附近的地下水，把水中的有机污染物质带回地表，然后用地表污水处理技术处理抽取出的被污染的地下水。处理方法与地表水的处理相同，大致可分为三类：① 物理法，包括：吸附法、重力分离法、过滤法、反渗透法、气吹法和焚烧法。② 化学法，包括：混凝沉淀法、氧化还原法、离子交换法、中和法。③ 生物法，包括：活性污泥法、生物膜法、厌氧消化法和土壤处置法等。为了防止由于大量抽取地下水而导致地面沉降，或海（咸）水入侵，还要把处理后的水注入地下水中，同时可以加速地下水的循环流动，从而缩短地下水的修复时间。

其适用范围广和修复周期短的优点最为突出，一个很典型的例子就是某市运输粗苯的车辆侧翻，造成粗苯泄漏污染了附近两口灌溉井，现场采取了抽水处理法，井内水污染很快得到控制，并在短时间内水质恢复到受污染前的水平。由于液体的物理化学性质各异，P&T 技术只对有机污染物中的轻非水相液体去除效果很明显，而对于重非水相液体来说，治理耗时长而且效果不明显。

（3）注气——土壤气相抽提（SEV）技术

注气——土壤气相抽提技术，简称 SVE 技术，实验过程中抽气压力为 0.9 个大气压，为了防止污染性气体在地下水中的迁移，注气——抽气气压比应在 4∶1～10∶1 之间。McCray 等也对注气——土壤气相抽提修复技术进行数值模拟。早期 SVE 技术主要用于非水相液体污染物的去除，目前也陆续应用于挥发性农药污染物充分分散等不含 NAPL 的土壤体系。

目前，发达国家已经将其与相关的修复技术结合起来，形成了互补的 SEV 增强技术。国内研究起步较晚，实验室土柱通风实验的研究目前已做了不少工作，但对场址调查、现场试验性测试、中试研究工作做得不够。

（4）问题与建议

地下水污染与防治中存在如下问题：相关的法律法规机制不健全，不完善；政府的管理责任不明确，缺乏协调机制；缺少地下水污染监测体系；地下水污染与防治的技术多种理论研究，相关经济实用技术研究不足。

建议：完善地下水保护法律法规，明确责任，实现不同行政区域协调防治污染；共同治理污染，建设完善的全国或地区地下水监测网络，为地下水污染与防治提供科学的数据；加强对地下水污染实用技术的研究，并积极推广应用；地下水修复技术以及其他多种修复技术的联合应用已成为当前地下水污染治理发展的主要趋势。

目前我国地下水污染治理形势不容乐观，地下水水质呈下降趋势，全国约有7 000万人仍在饮用不符合饮用标准的地下水。中国地下水资源紧缺和资源浪费的状况同时并存，我国有关地下水污染治理研究应用还处于起步阶段，还有待于更进一步加强，地下水的污染修复问题将越来越受到重视。

4.1.3 地下水污染修复技术发展趋势

地下水修复是一项十分有意义的污染治理技术，但目前应用方面还存在大量需要解决的问题。在国内外学者不断深入研究开发下，相关技术都得到了改进。

然而，许多技术都多数集中在实验室理论与实验的基础上，尤其在我国，还缺乏大量的现场示范。有关地下水污染修复技术的发展主要有以下几个方面：

（1）目前，单一的修复技术已经不能达到满意的修复效果，往往是多种修复技术的结合使用。例如，渗透墙技术中的渗透墙材料可以加入化学药剂等，提高修复效果。

（2）地下水修复机理和污染物迁移机理的复杂性、多样性，给修复模型的准确描述带来很大的困难，应加强对其机理性的研究，建立更加完善的模型，为制订修复计划提供可靠的依据。

（3）地下水环境复杂，与周围土壤环境相接触、与地上环境的交互作用使得地下水修复后容易产生二次污染。因此应综合考虑地下水与周边环境的整体修复，确定技术配置导致的地球化学条件的改变，可能造成的影响和后果。

（4）今后的工作要强调技术的可持续发展。

（5）需要克服不利环境下技术的应用。修复技术的设计参数如处理能力、抽水率、抽水/注入井的位置和数量以及间隔等。然而，在不利环境条件下，如基岩裂隙含水层，修复技术的应用则存在许多约束条件，参数的确定存在很多不定因素。专业人员必须继续在处理技术的开发中进行创造性的实践，而且要认识到所有新的处理技术都要经过反复的实验。

（6）环境修复技术是一项庞大的系统工程，应与其他学科交叉研究，这样能大大促进环境修复技术的发展。

（7）有的专家也提出了研发高效安全且能适用于不同特征污染物的地下水污染原位修复技术体系。但由于地下水系统的复杂性、污染场地条件的差异性等原因，地下水污染修复是一项技术含量高、需因地制宜、综合研发并顺从自然和谐状态的治理技术，很难得到"放之四海而皆准"的理论、技术和方法。"预防"在我国地下水污染治理方面依然是重中之重。

4.2 典型地下水污染修复技术

本节将主要介绍几种典型的有发展趋势的地下水修复技术，包括技术概述、技术实施影响因素、设计参数、适用场合以及工业应用实例等。这些技术包括原位曝气、生物修复、可渗透反应隔栅、高级氧化技术、抽出—处理技术、监测自然衰减技术等。

4.2.1 原位曝气

1. 概述

原位曝气技术（AS）是一种有效地去除饱和土壤和地下水中可挥发有机污染物的原位修复技术（AS）是与土壤气相抽提（SVE）互补的一种技术，将空气注进污染区域以下，将挥发性有机污染物从饱和土壤和地下水中解吸至空气流并引至地面上处理的原位修复技术。该技术被认为是去除饱和区土壤和地下水中挥发性有机污染物的最有效方法。另外，曝入的空气能为饱和土壤和地下水中的好氧生物提供足够的氧气，促进本土微生物的降解作用。

原位曝气技术是在一定压力条件下，将一定体积的压缩空气注入含水层中，通过吹脱、挥发、溶解、吸附—解吸和生物降解等作用去除饱水带土壤和地下水中可挥发性或半挥发性有机物的一种有效的原位修复技术。在相对可渗透的条件下，当饱和带中同时存在挥发性有机污染物和可被好氧生物降解的有机污染物，或存在上述一种污染物时，可以应用原位曝气法对被污染水体进行修复治理。轻质石油烃大多为低链的烷烃，挥发性很高，因此该技术可以有效地去除大部分石油烃污染。而且，该项技术与其他修复技术抽出—处理、水力截获、化学氧化等相比，具有成本低、效率高和原位操作的显著优势。

从结构系统上来说，原位曝气系统包括以下几部分：曝气井、抽提井、监测井、发动机等。从机理上分析，地下水曝气过程中污染物去除机制包括三个主要方面：① 对可溶挥发性有机污染物的吹脱；② 加速存在于地下水位以下和毛细管边缘的残留态和吸附态有机污染物的挥发；③ 氧气的注入使得溶解态和吸附态有机污染物发生好氧生物降解。

在石油烃污染区域进行的原位曝气表明，在系统运行前期（刚开始的几周或几个月里），吹脱和挥发作用去除石油烃的速率和总量远大于生物降解的作用；当原位曝气系统长期运行时（一年或几年后），生物降解的作用才会变得显著，并在后期逐渐占据主导地位。

AS 技术可以修复的污染物范围非常广泛，适用于去除所有挥发性有机物及可以好氧生物降解的污染物，见表 4-4。

表 4-4　AS 系统应用的优势与缺点

优势	缺点
1. 设备易于安装和使用，操作成本低 2. 操作对现场产生的破坏较小 3. 修复效率高，处理时间短，在适宜条件下少于 1～3 年 4. 对地下水无须进行抽出、储藏和回灌处理 5. 可以提高 SVE 对土壤修复的去除效果 6. 更适于消除地下水中难移动处理的污染物	1. 对于非挥发性的污染物不适用 2. 受地质条件限制，不适合在低渗透率或高黏土含量的地区使用 3. 若操作条件控制不当，可能引起污染物的迁移

为保证曝气效率，曝气的场地条件必须保证注入气流与污染物充分接触，因此要求岩层渗透性、均质性较好。

2. AS 修复影响因素

在采用 AS 技术修复污染场址之前，首先需要对现场条件及污染状况进行调查。由于 AS 去除污染物的过程是一个多组分多相流的传质过程，因而其影响因素很多。研究这些复杂因素的影响作用对于优化现场的 AS 操作具有重要意义。AS 的影响因素主要有下述几方面，下面分别予以介绍。

（1）土壤及地下水的环境因素

土壤及地下水的环境因素主要有土壤的非均匀性和各向异性、土壤粒径及渗透率、地下水的流动等。

1）环境地质条件

通常情况下，当土体粒径较小（<0.75mm）时，气体以微通道方式运动。当粒径较大（>4mm）时，气体以独立气泡方式运动，由于此方式增大了气—液两相间的接触面积，从而可以获得较高的修复效率。事实上，有效粒径越小气体在土体中的水平运移能力越强，对于粒径特别细小的砂土（<0.21mm），曝气过程中空气运动甚至表现为槽室流，此时气流覆盖区边界为明显不规则形状。

2）污染物特征

AS 过程中首先被去除的是具有高挥发性和高溶解性的非水相流体 NAPLs 化合物，低挥发性和溶解性的化合物较难去除因而会出现修复"拖尾"现象。NAPLs 饱和蒸汽

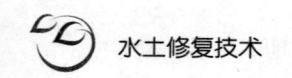

压高于 0.5mm Hg 时可以初步判定其具有一定挥发性，适于地下水曝气修复处理。污染物的亨利常数越高，污染物越容易通过挥发作用去除，亨利常数越低，所需曝气流量越大，修复时间也越长。

3）曝气压力及曝气量

最小可曝气压力取决于曝气点附近静水压力和毛细管力，谁的粒径越大毛细管阻力越小，最小曝气压力也越小。土体的气相饱和度以及微通道密度会随着曝气压力的增大而增大，AS 的影响半径也越大。为避免曝气点附近造成不必要的土体扰动破坏和产生永久性气体通道，曝气压力不宜超过有效上覆应力。曝气流量增加可使气流通道密度增大、水相饱和度降低，影响半径增大，还会提高地下水含氧量，从而强化有机污染物降解去除效果，但提高曝气流量会使气体在土体中的分布不均匀，若形成局部优先流还会降低 AS 总体修复效果，且易造成原位土体的扰动破坏。

4）曝气井口深度及几何结构

曝气井口宜安装于略深于污染土体，使曝入的空气既可到达整个污染区又不致操作成本过高，AS 过程中位于曝气点下方含水层中的溶解态污染物较难挥发去除。曝气井越深，空气向上运动时水平迁移范围越大，这有利于污染物的去除。但随着曝气井深度的增加，饱和土体中气体的相对渗透率不断下降，对污染物的去除不利。此外，通过离心模型试验还发现，曝气井口几何结构对空气流动形态和流速亦有明显影响。

5）曝气方式

曝气方式主要分为连续和脉冲曝气两种类型，连续曝气过程地下水中气流分布相对稳定，脉冲曝气方式包含相态重分配过程，这在一定程度上有利于污染物的去除。

6）土壤的非均匀性和各向异性

天然土壤一般都含有大小不同的颗粒，具有非均匀性，而且在水平和垂直方向都存在不同的粒径分布和渗透性。因此，AS 过程中曝入的空气可能会沿阻力较小的路径通过饱和土壤到达地下水位，造成曝入的空气根本不经过渗透率较低的土壤区域，从而影响污染物的去除。无论何种空气流动方式，其流动区域都是通过曝气点垂直轴对称的。而非均质土壤，空气流动不是轴对称的，而这种非对称性是因土壤中渗透率的细微改变和空气曝入土壤时遇到的毛细阻力所致，表明 AS 过程对土壤的非均匀性是很敏感的。

7）土壤粒径及渗透性

内部渗透率是衡量土壤传送流体能力的一个标准，它直接影响着空气在地表面以下的传递，所以它是决定 AS 效果的重要土壤特性。另外，渗透率的大小直接影响着氧气在地表面以下的传递。好氧碳氢化合物降解菌通过消耗氧气代谢有机物质，生成 CO_2 和水。为了充分降解石油产品，需要丰富的细菌群，也需要满足代谢过程和细菌量增加的氧气。

表 4-5 为土壤渗透率和 AS 修复效果之间的关系。表中的数据可以推断土壤的渗透率是否在 AS 有效范围之内。

表 4-5　土壤渗透率和 AS 修复效果

渗透率（k）/cm³	AS 修复效果
K>10⁻⁹	普遍有效
$10^{-9} \geqslant K \geqslant 10^{-10}$	或许有效，需要进一步推断
K<10⁻¹⁰	边缘效果到无效

8）地下水的流动

在渗透率较高的土壤中，如粗砂和沙砾，地下水的流速一般也较高。如果可溶的有机污染物尤其是溶解度很大的 MTBE 滞留在这样的土壤中，地下水的流动将使污染物突破原来的污染区，而扩大污染的范围。在 AS 过程中，地下水的流动影响空气的流动，从而影响空气通道的形状和大小。空气和水这两种迁移流体的相互作用可能对 AS 过程产生不利的影响。一方面，流动的空气可能造成污染地下水的迁移，从而使污染区域扩大；另一方面，带有污染物的喷射空气可能与以前未被污染的水接触，扩大了污染的范围。地下水的流动对于空气影响区的形状和大小的作用很小。空气的流动降低了影响区的水力传导率，减弱了地下水的流动，会降低污染物迁移的梯度。同时，AS 能有效地阻止污染物随地下水的迁移。

（2）曝气操作条件

在影响地下水原位曝气技术的条件中，曝气操作条件对该技术影响较大，需根据地质条件通过现场曝气实验确定。主要的曝气操作条件包括曝气的压力和流量、气体流型以及影响半径等（见表 4-6）。

表 4-6　现场空气渗透性测试的优点和局限性

优点	局限性
提供最精确的透气性测量	测试出的土壤中空气渗透率可能偏低，导致随后 SVE 或 BV 操作系统水去除显著
允许测量几个地质地层的空气渗透率	只提供了地层的一种近似的平衡渗透率，只提供点的非均匀性的间接信息
测量测试点周边的影响半径	需要一个健康和安全计划，可能需要特殊保护设备
加上分析测量时，提供初始污染物的去除率的信息	在非 NAPL 点可能需要空气注入
提供设计中试规模实验的信息	不能用于测量包河区域中的透气性，这种区域在应用该技术之前需脱水

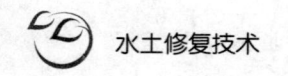

1）曝气的压力和流量

空气曝入地下水中需要一定的压力，压力的大小对于 AS 去除污染物的效率有一定程度的影响。一般来说，曝气压力越大，所形成的空气通道就越密。AS 的影响半径越大。AS 所需的最小压力为水的静压力与毛细压力之和。水的静压力是由曝气点之上的地下水高度决定的，而土壤的存在则造成了一定的毛细压力。另外，为了避免在曝气点附近造成不必要的土壤迁移，曝气压力不能超过原位有效压力，包括垂直方向的有效压力和水平方向的有效压力。

曝气流量的影响主要有两方面。一方面，空气流量的大小将直接影响土壤中水和空气的饱和度，改变气液传质界面的面积，影响气液两相间的传质，从而影响土壤中有机污染物的去除。另一方面，空气流量的大小决定了可向土壤提供的氧含量，从而影响有机物的有氧生物降解过程。空气流量的增加使空气通道的密度增加，同时，空气的影响半径也有所增加。许多研究者用间歇曝气来代替连续曝气，获得了良好的效果。这是因为间歇操作促进了多孔介质孔内流体的混合以及污染物向空气通道的对流传质。

2）气体流型

曝气过程中抑制污染物去除的主要机制是污染物挥发及污染物有氧生物降解。而这两种作用的大小很大程度上依赖于空气流型。在浮力作用下，注入空气由饱和带向包气带迁移，饱和带中的液相、吸附相污染物通过相间传质转化为气态，并随注入空气迁移至包气带。曝气能提高地下水环境中溶解氧的含量，从而促进污染物的有氧生物降解。空气流型的范围、形成的通道类型，都能极大地影响曝气效率。

3）影响半径

影响半径（ROI）就是从曝气井到影响区域外边缘的径向距离。影响半径是野外实地修复项目的关键设计参数。如果对 ROI 估计过大，就会造成污染修复不充分；如果估计过小，就需要过多的曝气井来覆盖污染区域，从而造成资源浪费。

（3）微生物的降解作用

原位曝气技术与地下水生物修复相联合，称为原位生物曝气技术（BS）。其影响因素就要考虑微生物的生长环境了。AS 过程中空气的曝入增强了微生物的活性，促进了污染物的生物降解。对照 AS 与 BS 的修复效果，结果表明，在初始污染物浓度相同的情况下，微生物数量的增加直接导致了污染物总去除量的增加，降解率和降解量均得到提高。有生物降解条件下 AS 应用中，污染物由水相向空气孔道中气相的挥发是主要的传质机理，但好氧降解微生物的存在，使得通过曝气不能去除的较低浓度的污染物修复得更为彻底。

3. AS 修复过程

在土壤和地下水的修复过程中，由地下储油罐的泄漏以及管线渗漏等产生的污染物绝大多数属于可挥发性有机物（VOC）。这些可挥发有机污染物主要是石油烃和有机氯溶剂，它们是现代工业化国家普遍使用的工业原料。由于石油烃和有机氯溶剂都以液态存在，并且难溶于水，被称为非水相液体（NAPL）。

污染物从储罐泄漏后在重力的作用下，在非饱和区将垂直向下迁移。当到达水位附近时，由于NAPL密度的差异，密度比水小的LNAPL（轻非水相液体）会沿毛细区的上边缘横向扩散，在地下水面上形成漂浮的LNAPL透镜体；而密度比水大的DNAPL（重非水相液体）则会穿透含水层，直到遇到不透水层或弱透水层时才开始横向扩展开来。不论是LNAPL还是DNAPL，在其流经的所有区域，都会因吸附、溶解以及毛细截留等作用，使部分污染物残留在多孔介质中。地层中的污染物由于挥发和溶解作用在非饱和区形成一个气态分布区，而在饱和区形成污染物羽状体。

AS修复由于有机污染物泄漏而引起的地下水污染是一个多组分多相流的复杂动力学过程，这个复杂多相系统污染物可能存在的状态以及污染物迁移转化的途径。AS过程包括以下几个主要过程：① 对流、分子扩散和机械弥散；② 相间传质；③ 生物转化。

4. AS技术的优缺点

AS技术通过曝气还能为饱和土壤中的好氧微生物提供氧气，促进了污染物的生物降解，该技术与其他修复技术相比，具有易安装、低成本、高效率和原位操作的显著优势。因此，虽然曝气技术的运用仅仅二十余年，就一定程度上代替了抽出—处理技术，成为地下水有机污染处理技术的首选。

但是AS技术开展应用很大程度上还依赖于工程经验，这就导致了曝气系统设计的主观性较强，修复效率不高，在一定程度上增加了系统运行的成本。

5. AS技术的适用

（1）适用范围

通常，AS应用于挥发性、半挥发性、可生物降解的不挥发性有机物造成地下水和饱和土壤污染的地方，也可应用于脱水作用（在残留受污土壤中的气体提取）不可行的地方，包括高含水层以及厚的沾污带。

（2）不适用条件

污染物存在自由基。曝气能够产生地下水丘，有可能导致自由基迁移以及污染的扩散。附近有地下室、地下管道或其他地下建筑。除非有气体提取系统来控制气体的迁移，否则在这些地方实施AS，很可能会导致潜在的浓度聚集危险。受污染的地下水位于封闭的含水层里。AS不能用于处理封闭含水层，是因为注入的空气会被该层截留，不能扩散到不饱和带。

4.2.2 原位生物修复技术

1. 概述

大量研究表明地下水及其土壤环境均含有可降解有机物的微生物，但在通常条件下，由于土壤深处及地下水中溶解氧不足、营养成分缺乏，致使微生物生长缓慢，从而导致微生物对有机污染的自然净化速率很慢。为达到迅速去除有机物污染的目的，需要采用各种方法强化这一过程，其中最重要的就是提供氧或其他电子受体。此外，必要时可添加 N、P 等营养元素，接种驯化高效微生物等。

生物修复（bioremediation）技术是指利用天然存在的或特别培养的生物（植物、微生物和原生动物）在可调控环境条件下将有毒污染物转化为无毒物质的处理技术。与传统的物理、化学修复技术相比，生物修复具有以下优点：① 生物修复可以现场进行，这样减少了运输费用和人类直接接触污染物的机会；② 生物修复经常以原位方式进行，这样可使对污染位点的干扰或破坏达到最小；③ 生物修复通常能将大分子有机物分解为小分子物质，直至分解为二氧化碳和水，对周围环境影响小；④ 生物修复可与其他处理技术结合使用，处理复合污染；⑤ 投资小，维护费用低，操作简便。

生物修复的缺点是对于容易降解的污染物效果比较明显，但不能降解所有的污染物。绝大多数的微生物原位处理采用的是好氧模式（不排除特殊情况下的厌氧处理方法）。地下水中虽然具有氧气含量，但远未达到微生物处理的需求。例如，氧化 1mg 的汽油污染物质在理论上需要 2.5mg 的氧气，因此这一处理方法需要把氧气和营养物质注入地下。微生物原位处理的原理与其他微生物处理方法完全一致，最主要的区别就是微生物原位处理是在地下，环境条件比较复杂且难以控制，而一般的微生物处理是在地上的处理容器或处理池中进行的，相对容易控制。

生物修复是在人为僵化工程条件下，利用生物（特别是微生物）的生命代谢活动对环境中的污染物进行吸收或氧化降解，从而使污染的环境能部分地或完全地恢复到初始状态的受控制或自发过程。用于生物修复的微生物有很多，其中主要包括细菌和真菌两大类，可降解的有机污染物种类大致分为石油及石化类、农药、氯代物、多氯酚（PCP）、多环芳烃（PAH）和多氯联苯（PCB）类化合物等微生物在对有机污染物进行生物降解时，首先需要使微生物处于这种污染物的可扩散范围之内，然后紧密吸附在污染物上开始分泌胞外酶，胞外酶可以将大分子的多聚体水解成小分子的可溶物，最后污染物通过跨膜运输在细胞内与降解酶结合发生酶促反应，有机污染物最终会被分解为 CO_2 和 H_2O，同时微生物在代谢过程中获得生长代谢所需的能量。

微生物自然降解的速率一般比较缓慢，工程上的生物修复一般采用下列两种手段来加强：① 生物刺激技术（biostimulation），满足土著微生物生长所需要的条件，以适当的方法加入电子受体、供体氧以及营养物等，从而达到降解污染物的目的。② 生物强化技术（bioaugmentation），需要不断地向污染环境投入外源微生物、酶、氮、磷、无机盐等，接种外来菌种可以使微生物最快最彻底地降解污染物。外源微生物最好直接从需要修复的污染场地中进行筛选得到，这样可以避免微环境因素对接入菌种的影响，外源微生物可以是一种高效降解菌或者几种菌种的混合，使用该方法时常会受到土著微生物的竞争，因此，在应用时需要接种大量的外源微生物形成优势菌群，以便迅速开始生物降解过程。

2. 生物修复技术影响因素

（1）环境因素

1）土壤渗透率

土壤渗透率是衡量土壤传送流体能力的一个标准，它直接影响着氧气在地表面以下的传递，所以它是决定生物修复效果的重要土壤特性。

2）地下水的温度

细菌生长率是温度的一个函数，已经被证实在低于10℃时，地下微生物的活力极大降低，在低于5℃时，活性几乎停止，超过45℃时，活性也减少。在10～45℃，温度每升高10℃，微生物的活性提高1倍。

3）地下水的pH

微生物所处环境的pH需保持在6.5～8.5之间。如果地下水的pH在这个范围之外，要加强生物的降解作用，应调整pH。但是，调整pH效果常不明显，且调整pH过程可能给细菌的活力带来害处。

（2）微生物

生物修复的前提必须有微生物。目前可以作为生物修复菌种的微生物分为三大类型：土著微生物、外来微生物和基因工程菌。对于生物修复的研究就是寻找污染物的高效生物降解菌，并对这些降解菌降解污染物所需的碳源、能源、电子受体等降解条件进行优化。

（3）碳源和能源

在代谢过程中，有些有机物既作为微生物的碳源，又可作为能源。微生物分解这些有机化合物，同时获得生长、繁殖所需的碳及能量。也有些有机污染物不能作为微生物的唯一碳源和能源，当存在另外一些能被微生物利用的化合物时，这些化合物能同时被降解，但微生物不能从这类化合物的降解中获得碳源和能源，这种代谢方式称为共代谢。

共代谢作用最初定义为：当培养基中存在一种或多种用于微生物生长的烃类时，微生物对作为辅助物质的、非用于生长的烃类的氧化作用。把用于生长的物质称为一级基质，非用于生长的物质称为二级基质。随后共代谢（co-metabolism）的定义得到了更广泛的描述。

共代谢具有以下特点：① 二级基质的代谢产物不能用于微生物的生长，有些代谢产物甚至对微生物有毒害作用；② 共代谢是需能的，需一级基质代谢提供碳源和能源；代谢二级基质的酶来自微生物对一级基质的利用，一级基质和二级基质之间存在竞争性抑制。

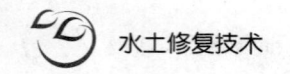

共代谢研究中共代谢基质的选择是最重要的，相对毒性较低、价格便宜、较容易获得、能用来维持多环芳烃降解菌生长、不容易被其他非乡环芳烃降解菌消耗的物质可以用作多环芳烃的共代谢底物，和目标底物相似或是其代谢的中间产物，能够明显提高降解率的物质可以作为多环芳烃的共代谢底物。

（4）营养物质

一般来说，地下水是寡营养的，为了达到完全降解，适当添加营养物常比接种特殊的微生物更为重要。最常见的无机营养物质是 N、P、S 及一些金属元素等。这些营养元素的主要作用有以下几点：1）组成菌体成分；2）作为某些微生等代谢的能源：3）作为酶的组成成分或维持酶的活性。在地下水环境中，这些物质一般可以通过矿物溶解获得。但如果有机污染物质量浓度过高，在完全降解之前这些元素可能就已耗尽。因而人为地添加一些营养物质对于彻底降解污染物并达到更快的净化速率有时是必要的。添加营养物以增加生物降解的方法通常称为生物刺激。为了避免产生二次污染，加入前应先通过实验确定营养物质的形式、最佳浓度和比例。

（5）电子受体

限制生物修复的最关键因素是缺乏合适的电子受体，电子受体的种类和浓度不仅影响污染物的降解速率，也决定着一些污染物的最终降解产物形式。通常分为三大类：溶解氧、有机物分解的中间产物和无机酸根（如硝酸根、硫酸根、碳酸根等）。最普遍使用电子受体的是氧，因为氧能提供给微生物的能量最高，几乎是硝酸盐的两倍，比硫酸盐、二氧化碳和有机碳所释放的能量多一个数量级，而且土壤环境中利用氧的微生物非常普遍。因此有必要保持足够的氧气供微生物利用。

为了提高地下环境中的生物修复氧气量，主要包括以下几个方面。

1）生物曝气（Biospanging，BS）

生物曝气是 AS 的衍生技术。该技术利用本土微生物降解饱和区中的可生物降解有机成分。将空气（或氧气）和营养物注射进饱和区以增加本土微生物的生物活性。BS 系统与 AS 系统的组成部分完全相同，但 BS 系统强化了有机污染物的生物降解。为了保证处理区能充分氧化，同时又能具有较高的好氧生物降解速率，与 AS 系统相比较而言，BS 系统曝气速率相对较低。在实际应用中，不论 AS 还是 BS 都有不同程度的挥发和生物降解发生。AS 系统一般与 SVE 系统联合使用，而 BS 系统一般并不需要 SVE 系统来处理土壤气相。

2）微泡法

微泡法是利用混合的表面活性剂水溶液和空气在高速旋转的容器里生成空气—水—表面活性剂的微气泡，其直径为 10～120um，体积 60% 以上是气相。微气泡具有很高的比表面积和溶氧量。从而大大降低有机污染物与水之间的表面张力，使有机物更容易黏附于气泡表面并向内部扩散，并对有机物的氧化降解有潜在的利用价值。研究人员将含有 125mg/L 表面活性剂的微泡（大约只有 55mL）注入污染的地下水环境中，它可集中地将氧气和营养物送往生物有机体，从而有效地将厌氧环境转变为好氧环境，提高微生物代谢速率。该法具有效率高、经济实用等优点。

3）过氧化氢和臭氧

臭氧和过氧化氢的输入可以极大地提高地下水中的溶解氧含量，当所加 H_2O_2 的量合适时，土壤样品中烃类污染物的生物降解速率较加之前增加 3 倍。但其最大缺点在于对微生物的毒性和自身的不稳定性。

4）固态释氧化合物

固态释氧化合物（ORC）是一种用于地下水原位生物修复的长效材料。在 ORC 注入点的下游某监测点处，总 BTEX 浓度降低了 75%，MTBE 降低了 20%，萘降低了 52%，三氧甲苯降低了 67%，生物降解效果显著。在整个治理期间，污染区域没有人为地加入外来微生物和营养物质。由此可见，对于天然存在的土著微生物，只需添加合适的电子受体，就可达到好氧生物降解有机污染物目的。它一般由过氧化物和其他的辅助成分组成，将其放入潮湿的地层中，过氧化物就会和水反应得到氧气，为微生物好氧降解石油烃提供最有效的电子受体（氧）。

反应方程式如下：

$$2MgO_2 + 2H_2O \longrightarrow 2Mg(OH)_2 + O_2$$
$$2CaO + 2H_2O \longrightarrow 2Ca(OH)_2 + O_2$$
$$2CaO(OH)_2 \longrightarrow 2Ca(OH)_2 + O_2 + 2H_2O$$

通过大量的室内和场地实验，证实其对石油烃的生物好氧降解有明显的促进作用，并在 1995 年正式投入地下水修复市场中。过氧化镁类的 ORC 控速效果很好，它是一种白色食品级的无毒细粒粉末状的固体，一般与水混合后用泵打入地下以修复污染；如果地下水位较浅，也可以直接挖掘填埋 ORC。由于添加了磷酸盐等物质，其有效释氧量约为 10%。反应后生成无毒可调节土壤酸度的氢氧化镁，有效作用时间超过 12 个月，最高可达 2~3 年。

ORC 是通过滤袋打井放入地下蓄水层，或先将 ORC 与水混合形成泥浆状后再注入地层。过氧化物在释氧过程中由于化学反应造成的水体 pH 升高，会抑制微生物的活性，进而影响污染物的有效去除。他的研究小组运用 ORC 注入的新形式，将混凝土、沙子、过氧化钙、粉煤灰、氯化铵、磷酸钾和水按一定比例混合制成 ORC 小块，其中过氧化钙为释氧的有效成分，粉煤灰调节 pH，氯化铵和磷酸钾为微生物提供营养源。该研究虽然在制块过程中会损失部分氧，但其释氧时间超过 3 个月，取得了较好的修复效果。

ORC 修复地下水的优势体现在其利用生物降解进行原位修复，产品不造成二次污染，能耗低，价格相对廉价，既可以独立作用也可和其他修复技术互补利用。修复过程几乎不影响其他作业，操作和后期监测简单，相对于其他技术更具可靠性和实用性（如抽出处理系统）；其劣势在于其修复时间较长，对微量污染物的修复效果差，对土壤和地下水中污染物要长期监测，可能需要注入微生物需要的营养，可能对石油烃中某些物质或产品添加剂效果不好，对高浓度的污染区域可能需要多次添加和辅助其他修复技术，可能明显改变含水层的一些性质，对地层性质需要有较为全面的了解，地层中的还原性物质（如亚铁离子）会消耗氧气。

释氧速率是影响 ORC 作用效果的最主要因素，包括 ORC 的初始释氧速率 V_a、平衡时的平均释氧速率 V_b、期释氧速率 V_c。

① V_a 的大小和作用时间直接影响着 ORC 的释氧周期，如果过大，会造成氧气的浪费、缩短释氧周期，同时会明显改变地下水中微生物的生长环境，造成微生物的氧中毒。

② V_b 的大小和作用时间更加重要，它不仅影响释氧周期，其大小直接决定 ORC 井的影响半径。当其太小时，不仅 ORC 井的影响半径小，同时微生物的修复效果将严重降低。当其太大时，虽然 ORC 井的影响半径变大，但是过高的氧浓度同样不适合微生物的好氧降解，大多时候还会造成不必要的氧浪费。

③ V_c 的大小同样影响着释氧周期，V_c 一般比 V_a、V_b 要小很多。当释氧进入后期，释氧速率明显变小，使得地层中的溶解氧浓度随之变小，影响修复效果。在研究 ORC 时，应尽量减少 L 和 K 的时间，降低 U、增大 t 的同时控制 V_b 在一个合理的范围。

为了 ORC 能够更好地发挥作用，有关 ORC 的释氧速率的控制和 pH 调控方面，研究者将水泥、沙、水、KH_2PO_4、K_2HPO_4、$NaNO_3$、CaO_2（10%～50%）混合得到 ORC，其中 KH_2PO_4 和 K_2HPO_4 主要起到调控 pH 的作用。当 CaO_2 含量为 40% 时，释氧速率最大 [0.25mg/（g·d）] 释氧周期约为 40d。周围环境 pH 保持在 6.5～8.5 才有助于微生物的新陈代谢，然而迄今为止过氧化物的研究多集中在工程应用上，其释氧特性的基础研究，尤其是如何调节 pH 很少有人提及，目前主要依靠微生物自身适应能力和现场土壤缓冲能力来解决，这必然引起修复时间的延长和费用的增加。在研究溶解氧于地下水中的扩散传质中引入 MgO_2 并未造成现场水体 pH 的明显升高，该地土壤具有缓冲 pH 的能力，但考虑到土壤缓冲能力的有限性和不同地区土质的异样性，如何有效降低 pH 依然是过氧化物研究必须解决的问题。

电气石对 pH 的作用滞后于 $(NH_4)_2SO_2$ 和 KH_2PO_4 的调节，表现为溶液。pH 迅速升至最大值后再逐渐降低。随着时间的延长溶液 pH 稳定地下降。在实验时间内，pH 降幅达到 2.5，结束时，溶液 pH 仍呈下降趋势，并向弱碱性乃至中性靠拢。在使用过氧化物作为微生物氧源进行的原位生物修复污染地下水时，电气石可以作为地下水环境 pH 的调节剂，其优势除了不会给地下水引入任何新的污染物质外，作为辅助调节手段，还可在一定条件下降低 $(NH_4)_2SO_2$ 和 KH_2PO_4 等缓冲剂的过量使用，避免地下水的二次污染。由于电气石存在永久性电极，理论上可以长期发挥调节 pH 的效能。

3. 生物质基活性炭吸附法

天然生物质材料主要成分为有机高分子，是炭质材料的重要前驱体，不仅数量巨大、污染小、可再生，而且本身具有丰富的活性官能团。制成活性炭后这些活性官能团仍可部分保留，赋予其表面亲水性，通过物理、化学作用，选择性地吸附溶液中的重金属离子。目前，生物质基活性炭吸附废水中重金属离子的技术仍处在实验研究阶段，如何通过优化制备工艺，充分利用活性炭表面的理化性质，进一步提高对重金属离子的吸附性能仍有待于深入研究。

4. 修复实例

在美国新泽西州迪克斯堡（Fort Dix，NewJersey）为美国军方的弹药库，含有氯乙烯等有机物的污染场地。研究者采用了绍尔环境集团公司的SDC-9高效降解微生物菌剂。示范实验除了对照以外采用了三种强化方案，生物强化剂主要含有乳酸、缓冲液（碳酸氢钠—碳酸钠）和营养物质（磷酸氢二铵和酵母提取物）以及不同用量的SDC-9高效降解微生物苗剂。每个实验构成了注入与抽提的循环区；每个循环区与地下水平行方向间隔7.6米，循环区内注入井与抽提井距离为9.1米左右；每一个注水井周围3~6米的位置安装2个监测井。2007年6—9月完成了示范井与设备的安装，2007年11月开始进行了持续14个月的生物强化技术的现场修复示范。示范实验进行了三个阶段：系统测试阶段、系统启动和示踪剂测试阶段以及生物强化、系统运行和性能监测阶段。结果表明，三氯乙烯在加有乳酸、缓冲液、营养液以及高浓度的SDC-9的实验中，表现出较高降解率，基本上在90%～100%，而在SDC-9较低浓度时以及对照中没有明显变化。而二氯乙烯除了在对照中不明显以外，在所有的实验中均表现出较高的去除率，基本在73%～99%。三个实验井中SDC-9高效降解微生物菌剂浓度均在1.8×10^7～2.0×10^9cells/L，存活性比较稳定。实验结束后，实验场地pH从5.0增加到6.0～7.1，对生态环境影响不大。据统计，该生物强化技术的应用成本基本在每立方米875美元左右。

4.2.3 可渗透反应格栅

1. 概述

根据美国国家环境保护局的定义，PRB是一个被动的填充有活性反应介质的原位处理区，当地下水中的污染组分流经该活性介质时能够被降解或固定，从而达到去除污染物的目的。通常情况下，PRB置于地下水污染羽状体的下游，一般与地下水流方向相垂直。污染地下水在天然水力梯度下进入预先设计好的反应介质，水中溶解的有机物、金属离子、放射性物质及其他污染物质被活性反应介质降解、吸附、沉淀等。PRB处理区可填充用于降解挥发性有机物的还原剂、固定金属的络（螯）合剂、微生物生长繁殖的营养物或用以强化处理效果的其他反应介质。可渗透反应格栅和可渗透反应墙统称为

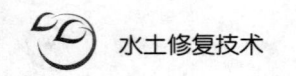

PRB 技术。此外，与 PRB 技术同义语的还有可渗透反应带技术。

PRB 技术的研究发展，其思想可追溯到美国国家环境保护局 1982 年发行的环境处理手册，但直到 1989 年，经加拿大 VVaterloo 大学对该技术进一步开发研究，并在实验基础上建立了完整的 PRB 系统后才引起人们的重视。之后，短短十几年内，该技术就在西方发达国家得到了广泛应用，目前在全世界已有上百个应用实例。国内在此方面的研究则刚刚开始。

与其他原位修复技术相比。PRB 技术优点在于：① 就地修复，工程设施较简单，不需要任何外加动力装置、地面处理设施；② 能够达到对多数污染物的去除作用，且活性反应介质消耗很慢，可长期有效地发挥修复效能；③ 经济成本低，PRB 技术除初期安装和长期监测以便观察修复效果外，几乎不需要任何费用；④ 可以根据含水层的类型、含水层的水力学参数、污染物种类、污染物浓度高低等选择合适的反应装置。其主要的缺点在于：① 设施全部安装在地下，更换修复方案很麻烦；② 反应材料需要定期清理、检查更换；③ 更换过程可能会产生二次污染。

PRB 技术的适用范围较广，可用于金属、非金属、卤化挥发性有机物、BTEX、杀虫剂、除草剂以及多环芳烃等多种污染物的治理。

2. PRB 的安装形式

按照 PRB 的安装形式，可分为垂直式和水平式两种。垂直式 PRB 系统是指在被修复地下水走向的下游区域内，垂直于水流方向安装该系统，从而截断整个污染羽状流。当污染地下水通过该系统时，污染组分与活性介质发生吸附、沉淀、降解等作用，达到治理污染地下水的目的。

在一些情况下，污染地下水水位于含水层的上部，如污染源为包气带的轻质非水相液体（LNAPL）或挥发性液体，那么 PRB 系统只需截断羽状体即可。在某些特殊情况下，重质非水相液体（DNAPL）穿过含水层后进入黏土层。由于黏土层中发育很多裂隙，使得 DNAPL 穿过黏土层继续向下迁移，此时若采取垂直式 PRB 系统显然无法截断污染羽状流，治理功能失效，为此可以在羽状流前端的裂隙黏土层中，采用水压致裂法修建一水平式 PRB 系统，就可达到与前者同样的治理效果。

3. PRB 的结构类型

通常情况下，PRB 分为两种结构类型：连续反应墙式和漏斗-导水式。具体采用何种结构修复污染的地下水，取决于施工现场的水文地质条件和污染羽状流的规模。

（1）连续反应墙式

连续反应墙是指在被修复的地下水走向的下游区域，采用挖填技术建造人工沟渠，沟渠内填充可与污染组分发生作用的活性材料。垂直于羽状流迁移途径的连续反应墙将切断整个污染羽状流的宽度和深度。需要指出的是，连续反应墙式 PRB 只适合潜水埋藏浅且污染羽状流规模较小的情况。渗透反应墙原理如图 4-1 所示：

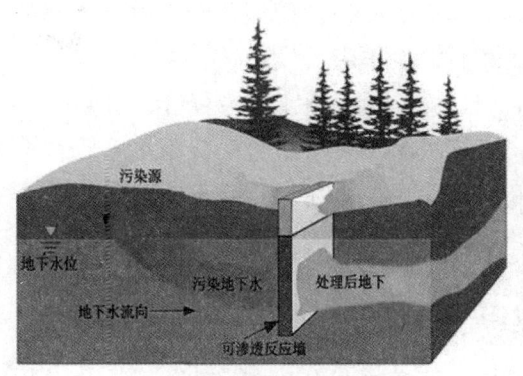

图 4-1 渗透反应墙原理

(2) 漏斗-导水式

当污染羽状流很宽或延伸很深时，采用连续反应处理则会造成大的资金消耗乃至技术不可行，为此可使用漏斗-导水式结构加以解决。漏斗-导水式系统由不透水的隔水墙（如封闭的片桩或泥浆格栅）、处理单元（活性材料）和导水门（如砾石）组成。此外，该结构还可以把分布不规则的污染物引入 PRB 系统处理区后，实现浓度均质化的作用。在漏斗-导水式 PRB 设计时，应充分考虑污染羽状体的规模、流向，以便确定隔水墙与导水门的倾角，防止污染羽状体从旁边迂回流出。在世界许多国家申请了该结构的 PRB 系统专利。

根据要修复地下水的实际情况，漏斗-导水式系统可以分为单处理单元系统和多处理单元系统。多处理单元系统又有串联和并联之分。如被修复的污染羽状流很宽时，可采用并联的多处理单元系统；而对于污染组分复杂多样的情况，则可采用串联的多处理单元系统，针对不同的污染组分，串联系统中每个处理单元可填充不同的活性材料。

上述两种结构只适合于潜水埋藏浅的污染地下水的修复治理，而对于水位较深的情况，则可采用灌注处理带式的 PRB 技术。它是把活性材料通过注入井注入含水层，利用活性材料在含水层中的迁移并包裹在含水层固体颗粒表面形成处理带，从而使得污染地下水流过处理带时产生反应，达到净化地下水的目的。

4. PRB 的修复机理

按照 PRB 的修复机理，可分为生物和非生物两种，主要包括吸附、化学沉淀、氧化还原和生物降解等。根据地下水污染组分的不同，选择不同的修复机理并使用装填不同活性材料的 PRB 技术。

(1) 吸附反应 PRB

格栅内填充的介质为吸附剂，主要包括活性炭颗粒、草炭土、沸石、膨润土、粉煤灰、铁的氢氧化物、铝硅酸盐等。其中应用较多的沸石既可吸附金属阳离子，也可通过改性吸附一些带负电的阴离子，如硫酸根、铬酸根等。这类介质反应机理为主要利用介

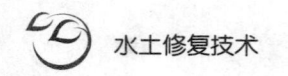

质材料的吸附性，通过吸附和离子交换作用而达到去除污染物的目的。这种吸附型介质材料对氨氮和重金属有很好的去除作用。

因为吸附剂受到其自身吸附容量的限制，一旦达到饱和吸附量就会造成 PRB 的修复功能失去作用。另外，由于吸附了污染组分的吸附剂会降低格栅的导水率，因此格栅内的活性反应材料需要及时清除更换，而被更换下来的反应介质如何进行处理也是一个需要解决的问题，如果处理不当，有可能对环境造成二次污染。因而实际运用中在吸附性介质中加入铁，通过铁的还原作用将复杂的大分子有机物转化为易生物降解的简单有机物，从而满足吸附条件。

ORC-GAC-Fe⁰ 修复技术就是将 ORC（释氧化合物，如 Mg、CaO 等与水反应能生成氧气的化合物）、GAC（活性炭颗粒）和 Fe⁰ 与 PRB 联合起来使用。该技术的优势在于能使温度、压力和二氧化碳的浓度保持一定的稳定性，不易形成沉淀，可防止"生物堵塞"。ORC-GAC-Fe⁰ 修复技术是比较新的技术，现处于实验摸索阶段，但有很好的研究前景。

（2）化学沉淀反应 PRB

格栅内填充的介质为沉淀剂。此类格栅主要以沉淀形式去除地下水中的微量重金属和 NH_4^+。使用的沉淀剂有羟基磷酸盐、石灰石（$CaCO_3$）等。反应机理如下：

$$3Ca^{2+} + 3HCO_3^- + PO_4^{3-} \rightarrow Ca_3(HCO_3)_3PO_4$$

$$2Ca^{2+} + HPO_4^{2-} + 2OH^- \rightarrow Ca_2HPO_4(OH)_2$$

$$5Ca^{2+} + 3PO_4^{3-} + OH^- \rightarrow Ca_5(PO_4)_3OH$$

$$Ca^{2+} + HPO_4^{3-} + 2H_2O \rightarrow CaHPO_4 \cdot 2H_2O$$

$$Mg^{2+} + NH_4^+ + HPO_4^{2-} + 6H_2O \rightarrow MgNH_4PO_4 \cdot 6H_2O + H^+$$

该系统要求所要去除的金属离子的磷酸盐或碳酸盐的溶度积必须小于沉淀剂在水中的溶度积。采用化学沉淀 PRB 修复污染的地下水时，沉淀物会随着反应时间的进行而在系统中不断积累，造成格栅导水率的降低、活性介质失活。其次，更换下来的反应介质有必要作为有害物质加以处理或采用其他方式予以封存，以防止造成二次污染。

（3）氧化还原反应 PRB

格栅内填充的介质为还原剂，如零价铁、二价铁（Fe^{2+}）和双金属等。它们可使一些无机污染物还原为低价态并产生沉淀；也可与含氯烃（如三氯乙烯、四氯乙烯）产生反应，其本身被氧化，同时使含氯烃产生还原性脱氯，如脱氯完全，最终产物为乙烷和乙烯。目前研究最多的还原剂是零价铁。零价铁是一种最廉价的还原剂，可取材于工厂生产过程的废弃物（铁屑、铁粉末等），实验室则常用电解铁颗粒作为活性填料，主要用于去除无机离子以及卤代有机物等。

1）去除无机离子

重金属是地下水重要的污染物之一，在过去的十几年里受到了广泛重视。零价铁与无机离子发生氧化还原反应,可将重金属以不溶性化合物或单质形式从水中去除。当前实验报道的可以被零价铁去除的重金属污染物有铬、镍、铅、铀、碲、锰、硒、铜、钴、镉、砷、锌等。例如,砷(As)和硒(Se)在零价铁存在下可被迅速去除,2h 内 As 的浓度从 1 000μg/L 降至 3μg/L 以下,Se 的浓度则从 1 500μg/L 降至更低水平。

零价铁与一些无机离子之间的化学反应如下:

$$Fe(s) + UO_2^{2+}(aq) - Fe^{2+} + UO_2^{2+}(s)$$

$$Fe(s) + CrO_4^{2-}(aq) + 8H^+ - Fe^{3+} + Cr^{3+} + 4H_2O$$

零价铁对一些无机阴离子,如硝酸根、硫酸根、磷酸根、溴酸根和氯酸根也有一定的还原作用,以零价铁、活性炭和沸石为活性介质,对被垃圾渗滤液污染的地下水进行了研究。

实验结果表明,氨氮去除率可达到 78%~91%,总氮从 50mg/L 降到 10mg/L 以下。在零价铁强还原作用下,$2NO_3^-$ 的可能转化形式如下:

$$2NO_3^- + 5Fe + 6H_2O \rightarrow 5Fe^{2+} + N_2 + 12OH^-$$

$$2NO_3^- + 4Fe + 7H_2O \rightarrow 4Fe^{2+} + NH_4 + 10OH^-$$

$$NO_3^- + Fe + H_2O \rightarrow Fe^{2+} + NO_2^- + 2OH^-$$

2)去除卤代有机物

自 20 世纪 90 年代初零价铁被用于 PRB 技术后,国外兴起了一股"铁"研究热。当前利用 PRB 技术去除地下水中的有机污染物多集中在对卤代烃、卤代芳烃的脱卤降解作用上。在降解过程中,零价铁失去电子发生氧化反应,而有机污染物为电子受体,还原后变为无毒物质。其主要反应如下所述。

当地下水中溶解氧含量较高时:

$$2Fe + O_2 + 2H_2O \rightarrow 2Fe^{2+} + 4OH^-$$

$$4Fe^{2+} + 4H^+ + O_2 \rightarrow 4Fe^{3+} + 2H_2O$$

当地下水中缺氧时:

$$Fe + 2H_2O \rightarrow 2OH^- + Fe^{2+} + H_2$$

通过电子转移,卤素原子被氢原子取代或被氢氧根取代而发生脱卤或氢解反应:

$$Fe + H_2O + RCl \rightarrow RH + Fe^{2+} + OH^- + Cl^-$$

$$Fe + 2H_2O + 2RCl \rightarrow 2ROH + Fe^{2+} + H_2 + 2Cl^-$$

上述几个反应都产生 OH,从而引起水体 pH 升高,其结果是:无论是在缺氧还是富氧条件下,零价铁作为活性介质,都有不可避免的缺点。例如,形成的 $Fe(OH)_2$、$Fe(OH)_3$ 或 $FeCO_3$ 由于沉淀和吸附作用,会在零价铁的表面形成一层保护膜,从而阻止有机污染物的进一步降解,降低铁的活性和反应处理单元的导水性能。

对于多组分共存的污染地下水,利用零价铁作为反应介质可以起到很好的修复效果。例如,1996 年在美国北卡罗来纳州伊丽莎白城受到铬和三氯乙烯(TCE)严重污染的某地，修建安装了长 46m、深 7.3m、宽 0.6m 的连续 PRB 系统，其中格栅内填充 450t 铁屑。通过近 6 年的监测发现该系统运行状况良好，格栅上下游的地下水中，铬和 TCE 的浓度由 10mg/L、6mg/L 分别降为 0.01g/L 和 0.005mg/L，且该系统预计还可有效运行几十年。

双金属系统是在零价铁基础上发展起来的，目前此研究主要停留在实验室研究阶段。双金属是指在零价铁颗粒表面镀上第二种金属，如镍、钯，称为 Ni/Fe、Pd/Fe 双金属系统。研究发现，双金属系统可以使某些有机物的脱氯速率提高近 10 倍，且可以降解多氯联苯等非常难降解的有机物。然而，由于镍、钯金属的高成本、对环境潜在的新污染以及由于镍、钯金属的钝化而导致整个系统反应性能降低等问题，使得双金属系统很难用于污染现场修复。

（4）生物降解反应 PRB

在自然条件下，由于受到电子给体、电子受体和氮磷等营养物质的限制，土著微生物处于微活或失活状态，因而对地下水中的污染组分没有明显的降解作用。生物降解 PRB 的基本机理就是消除上述这些限制，利用有机物作为电子给体，并为微生物提供必要的电子受体和营养物质，从而促进地下水中有机污染物的好氧或厌氧生物降解。生物降解反应 PRB 中作为电子受体的活性材料一般有两种：一是释氧化合物（ORC）或含 ORC 的混凝土颗粒，如 MgO_2、CaO_2 等。此类过氧化合物与水反应释放出氧气，为微生物提供氧源，使有机污染物产生好氧生物降解。二是含 NO_3^- 混凝土颗粒。该活性材料向地下水中提供 NO_3 作为电子受体，使有机污染物产生厌氧生物降解。

1）好氧生物降解

石油烃类是地下水中常见的污染物，利用好氧生物降解 PRB 技术可以有效地降解 BTEX、氯代烃、有机氯农药等有机污染物。用体积分率为 20% 的泥炭和 80% 的砂作为渗透格栅的反应材料，对受到杂酚油污染的地下水进行了研究。实验模拟地下水流速为 600mL/ 天，在 2 个月的时间内多环芳烃（PAH）的降解率达到 94% ～ 100%，而含 N/S/O 的杂环芳烃的降解率也达到了 93% ～ 98% 此外，水中溶解氧含量由最初的 8.8 ～ 10.3mg/L 降至 2.3 ～ 5.7mg/L，表明对于好氧生物降解，提供足够的电子受体是发生生物降解的必要前提。

生物格栅系统来修复受到四氯乙烯（PCE）污染的地下水。PCE 在该系统中的去除过程由厌氧和好氧降解两个阶段组成。PCE 在厌氧降解阶段发生脱氯反应，产物为三氯乙烯（TCE）、二氯乙烯异构体（DCE）和氯乙烯（vc）等；在好氧降解阶段，脱氯产物进一步完全降解，最终产物为乙烯。PCE 在此生物格栅系统中的去除率高达 98.9%。

一种由释氧格栅和生物降解格栅组成的双层生物 PRB 系统结构，用以强化处理受到 MTBE 污染的地下水。该 PRB 系统中，第一层释氧格栅填充一定配比的粗砂、CaO_2、$(NH_4)_2SO_4$、KH_2PO_4 及其他微量无机盐，其作用除为后续格栅中的微生物提供充足的氧气和生长所需营养元素外，还可在一定程度上保证微生物处于较为适宜的 pH 生长环境；第二层降解格栅装填固定化了的微生物，用以将微生物固定在限制空间，避免有效菌的流失，从而保证有机污染物在该格栅内的好氧降解。生物格栅系统原理图如图 4-3 所示：

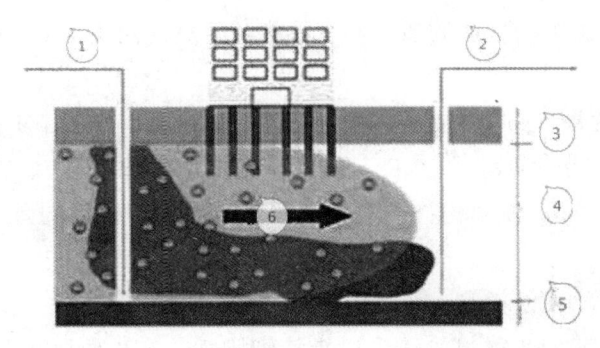

1. 营养剂注入管线　2. 抽出管线　3. 包气带　4. 饱和带　5. 隔水层　6. 地下水流向

图 4-3　生物格栅系统原理图

2）厌氧生物降解

对于受到氮素污染的地下水，可以直接利用 NO 作为电子受体进行污染物的生物降解，而不需外加其他电子受体。在受 NO_3^--N 污染的地下水中，加入培养分离后的硝酸盐还原细菌，在厌氧条件下生物降解硝酸氮。研究结果发现，加入不同试剂作为微生物生长所需的碳源，NO_3^--N 的去除率有很大差别：以乙酸钠为营养碳源的脱氮效果较好，地下水中 NO 的浓度由初始的 96.53mg/L 降至 1.94mg/L，去除率可达 98%，且有效降解时间很长；而以食品白糖为营养碳源的厌氧降解，最大去除率仅为 18.8%。

5. PRB 修复效果影响因素

由于 PRB 去除污染物的过程涉及物理化学反应、生物降解、多孔介质流体动力学等多学科领域，因此在设计 PRB 时需要考虑的因素很多。研究这些复杂的影响因素对于 PRB 的现场安装、稳定运行等具有重要意义。总结已有文献和应用实例，PRB 的影响因素可归纳为下述主要几个方面：

（1）现场水文地质特征

现场水文地质特征主要包括含水层地质结构和类型、地下水温度、pH、营养物质的类型及地下水微生物的种群数量等。

1）含水层地质结构和类型

天然土壤一般都含有大小不同的颗粒，具有非均匀性，而且在水平和垂直方向都存在不同的粒径分布和渗透性。含水层的这种各向异性可能会造成 PRB 各部分的承受能力不同，影响其最终修复效果。含水层的类型关系到 PRB 结构形式的选取：如果是比较深的承压层，采用灌注处理带式 PRB 最为合适；如果是浅层潜水，则 PRB 的形式可灵活多样。

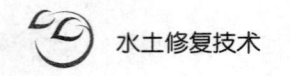

2）地下水温度

微生物生长率是温度的一个函数，已经证实在低于10℃时，地下微生物的活力极大降低，在低于5℃时，活性几乎停止。大多数对石油烃降解起重要作用的菌种在温度超过45℃时，其降解也减少。在10～45℃，温度每升高10℃，微生物的活性提高1倍，对于利用生物降解的PRB，微生物生活的地下环境可能经历只有轻微季节变化的固定水温。

3）地下水的pH

适合微生物生长的最佳pH大约是6.5～8.5。如果地下水的pH在这个范围之外，如使用金属过氧化物作为供氧源的PRB，则应调整pH。同时在这个过程中，由于地下水系统的自然缓冲能力，pH调整也许会有意料不到的结果，因此对地下水的pH要不断地进行调整和监测。

（2）地下水中营养物质的类型

微生物需要无机营养液（如氮、磷）以维持细胞生长和生物降解过程，在地下含水层，经常需要加入营养液以维持充分的细菌群。然而过多数量的特定营养液（如磷和硫）可能抑制新陈代谢。C、N、P的比例在100∶10∶1到100∶1∶0.5的范围之内，对于增强生物降解是非常有效的，这主要是由生物降解过程中的组分和微生物所决定。

（3）微生物的种群

土壤中的微生物种类繁多、数量巨大、很多受污染地点本身就存在具有降解能力的微生物种群。另外，在长时间与污染物接触后，土著微生物能够适应环境的改变而进行选择性的富集和遗传改变产生降解作用。土著微生物对当地环境适应性好，具有较大的降解潜力，目前已在多数原位生物修复地下水工程中得到应用。但是土著微生物存在着生长速度慢、代谢活性低的弱点，因此在一些特定场所可以通过接种优势外来菌加以解决。

（4）活性反应介质

活性反应介质的选择是关系PRB修复成败的关键因素。一般认为，活性反应介质应具有以下特征：① 活性反应介质与地下水中的污染组分之间有一定的物理、化学或生化作用，从而保证污染物流经原位处理区时能够被有效去除。要确定PRB系统的处理能力，必须进行实验室的相关研究。实验的目的就是了解反应过程产物、污染物的半衰期和反应速率、反应动力学方程、污染物在介质与水体间的分配系数以及影响反应的地球化学因素，如地下水中的溶解氧、pH、温度等。② 活性反应介质的水力特征，即渗透性能。为使活性材料能与现场的水文地质条件相匹配，介质要选取合适的粒径，使处理区的导水率至少是周围含水层的5倍。对于零价铁来讲，一般选用0.25～2.0mm的铁屑填充于处理区，其渗透性能不仅可以通过掺混粗砂提高，也可在处理区的上下游位置增加砾石层得到改善。③ 活性反应介质在地下水环境中的活性及稳定性。PRB是一个相对持久的地下水污染处理系统，一经实施，其位置和结构很难改变，因此介质活性的长效性、稳定性（如变形小）和抗腐蚀性等是非常重要的考虑因素。

目前，PRB 介质材料主要有零价铁、铁的氧化物和氢氧化物、双金属、活性炭、沸石、黏土矿物、离子交换树脂、硅酸盐、磷酸盐、高锰酸钾晶粒、石灰石、轮胎碎片、泥煤、稻草、锯末、树叶、黑麦籽、堆肥以及泥炭和砂的混合物等。最常用的是零价铁，由于它能有效还原和降解多种重金属和有机污染物，且容易获取，已经得到了广泛重视和实际应用。由于具有资源丰富、价格低廉、污染少等优点，沸石、石灰石、磷灰石等矿物材料作为介质材料也在被广泛研究。稻草、锯末、树叶、黑麦籽、堆肥等是农业残、废料或低廉农产品，由于它们的使用达到了废品再生利用的目的，同时也在工程上得到了应用。

除上述影响因素外，对现场地下水中污染物种类和浓度、污染羽状体规模及范围的调查也是 PRB 设计的基础。污染物种类和浓度决定了活性反应介质的选择和系统停留时间的长短。另外考虑到地面建筑影响，对于较宽的污染羽状体可采用分段的连续墙式 PRB 或并联的漏斗－导水式 PRB 系统。

6. 修复实例

早在 1982 年，采用可渗透反应墙处理水中污染组分的思想就由美国国家环境保护局发行的《环境处理手册》上的图示反映出来。但是整个 20 世纪 80 年代，如此全新的地下水处理技术并没有得到进一步发展。1989 年，加拿大滑铁卢大学认识到了该方法的巨大潜能，并对其进行了进一步开发。他们通过大量的实验，最后在加拿大安大略省的保登（Borden）成功地进行了该方法原位处理污染地下水的现场演示。此后该方法在欧美得到了广泛应用。PRB 成为 20 世纪 90 年代新兴的一种地下水污染原位处理方法，欧美利用该方法进行了大量的现场实验，如加拿大安大略省镍污染场地、美国北卡罗来纳海岸防卫支持中心场地、北爱尔兰工业场地、密苏里堪萨斯城场地、佐治亚 MaⅡone Inc./Chevron 化学公司场地、新泽西考德威尔运输场地、加利福尼亚前 Intersil 股份有限公司场地等 16 个场地。其经济性和实用性非常显著。

1997 年 12 月，在澳大利亚东南部一个企业发生了石油溶剂油的泄漏事件，约 3 000L 石油溶剂油渗漏到企业附近的土壤中。被污染的地下水是采用隔水漏斗－导水式渗透反应格栅来处理的，主要的污染物是溶解甲苯、乙苯、二甲苯和 C6～C36 的烷烃。经过 10 个月的处理操作后，发现隔水漏斗－导水式渗透反应格栅处理溶解相石油烃是非常有效的。对单环芳烃其处理效率在 63%～96%。C6～C9、C10～C14、C15～C28 烃类的平均去除效率分别是 69.2%、77.6%、79.5%，而最低的去除效率是 C29～C36 烃的平均去除效率，也达到了 54%。

在加拿大安大略省 Borden 空军基地实验场下强透水层位置建立一个长期运行的 PRB。此 PRB 由 22% 的铁屑和 78% 的粗砂组成。实验场地的地下水主要被 TCE 污染，浓度为 268mg/L。PRB 建立后，90% 的 TCE 被去除，而且在运行 5 年后去除率没有明显降低。

加拿大有一个工业地点，因储存硫化物精矿，导致了地下水广泛的重金属污染，利用灰泥硫酸盐 PRB。运行 21 个月后，Cu、Cd、Co、Ni、Zn 的质量浓度分别从 3 630μg/L、

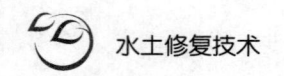

153μg/L、53μg/L、131μg/L 和 2 410μg/L 降到 10.5μg/L、0.2μg/L、1.1μg/L、33.0μg/L 和 136 μg/L，取得了较好的效果。

4.2.4 原位化学氧化技术

原位化学氧化修复（ISCO）是指在污染土地的现场加入化学修复剂与土壤或地下水中的污染物发生各种化学反应，从而使污染物得以降解或通过化学转化机制去除污染物的毒性，使其活性或生物有效性下降的方法。

该技术能够有效地去除挥发性有机物，以及苯、甲苯、二甲苯、乙苯等苯系物；对于一些半挥发性的有机化学物质如农药等也有一定的效果。对含有非饱和碳键的化合物，如石蜡、氯代芳香族化合物等处理十分高效，并且有助于生物修复作用。与其他技术相比较，ISCO 具有所需周期短、见效快、成本低和处理效果好等优点，因此正发展成为土壤和地下水污染原位修复的新技术。原位化学氧化原理如图 4-4 所示。

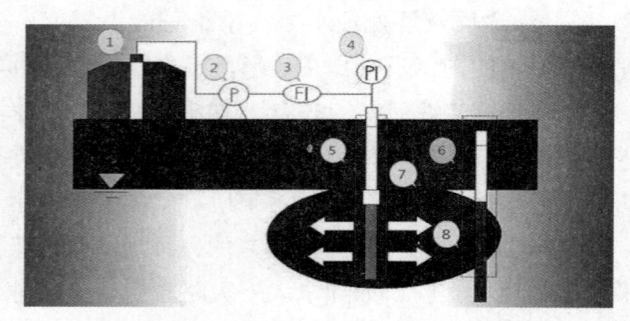

1.净化剂储存罐　2.注入泵　3.流量计　4.压力计　5.注入管道　6.观察口　7.净化剂注入口　8.污染区

图 4-4　原位化学氧化原理图

原位化学氧化技术的优点有：

一是化学氧化修复适用于多种污染场地的修复，包括木材厂、加油站等；

二是可修复的污染物类型丰富，包括 BTEX、PAHs、TCE、DCE 及 PCP 等；

三是可用于单一污染物场地修复也适用于多种污染物的复合污染场地修复；

四是修复可采用单一氧化剂，也可采用多种氧化剂联合修复。因此，在对国内有机污染场地进行修复时，美国案例具有一定的参考价值，修复工程设计具有一定指导作用。

ISCO 主要包括以下几种技术：

1. Fenton 高级氧化技术

Fenton 试剂是一种通过 Fe^{2+} 和 H_2O_2 之间的反应，催化生成羟基自由基（HO·）的试剂，后人将 Fe^{2+}/H_2O_2，命名为传统 FenLon 试剂。Fenton 试剂介导的反应称为 Fenton 反应。

H_2O_2 在催化剂 Fe^{3+}/Fe^{2+} 存在下，能高效率地分解生成具有强氧化能力和高负电性或亲电子性（电子亲和能为569.3kJ）的羟基自由基HO·（电极电位为+2.73V，仅次于氟）；HO·可通过脱氢反应、不饱和烃加成反应、芳香环加成反应及与杂原子氮、磷、硫的反应等方式，与烷烃、烯烃和芳香烃等有机物进行氧化反应，从而可以氧化降解土壤和水体中的有机污染物，使其最终矿化为 CO_2、H_2O 及无机盐类等小分子物质。

Fenton 试剂降解的基本反应方程式：

$$Fe^{2+} + H_2O_2 = Fe^{3+} + OH^- + HO·$$

$$HO· + 目标污染物 = 反应副产物$$

$$H_2O_2 = 2H_2O + O_2$$

Fenton 反应的研究主要用于有机合成、酶促反应以及细胞损伤机理和应用。在证实了 Fenton 氧化法可作为一种高级氧化技术应用于环境污染物处理领域后，尤其是在土壤和地下水有机污染领域，引起了国内外科学家的极大关注。

Fenton 试剂在降解土壤和地下水有机污染物取得了一定的效果，但由于反应控制在 pH=3 的条件下，使得 Fe^{2+} 不易控制，极易被氧化为 Fe^{3+}，且由于反应条件为酸性，易破坏生态系统，不能应用于工程实验。

目前，Fenton 试剂在国外已经应用于野外现场修复，在 ESTCP（environmemal secumy technology certification program）中 42 处地下水和土壤现场修复中有 37 处采用的是 Fenton 氧化法。Fenton 试剂对四氯乙烯（PCE）和三氯乙烯（TCE）难降解有机污染物的野外现场修复证实，向地下 10m 深处 275m² 面积注入 H_2O_2 和 $FeSO_4$ 原位修复中，PCE 和 TCE 难降解有机污染物（约 300kg）降解了 40%。在美国洛杉矶一服务站处的野外修复中，用 Fenton 试剂降解汽油污染，经过处理后 BTEX（苯、甲苯、乙苯、二甲苯）由 2 000μg/L 降至 240μg/L，降解了 88%。而 TPH（总石油烃）由 62 000μg/L 降至 4 300μg/L，降解了 93%。而且 6 个检测井显示 BTEX 平均降解了 96%，TPH 平均降解了 93%。在现场应用中，需要考虑周围环境、氧化剂/催化剂投加量、处理的成本费用和中间产物对环境微生态的影响等因素。Fenton 试剂降解的中间产物主要是氧气、热量和有机副产物等。产生的氧气会在一定程度上造成土壤的渗透性下降，氧气和热量可以促进土壤和地下水中有机物挥发。若有机物进入大气中，会对环境造成影响。但是，反应中产生的氧气和热量同时对 Fenton 试剂降解有机污染物起着正面的效应。产生的热量能使周围环境温度升高，而高温度可提高土壤中有机物的去除率；氧气可以作为周围环境中微生物生长的电子受体，促进微生物的生长。如果能将 Fenton 试剂的降解与微生物的降解结合起来，理论上应能大幅度地提升有机污染物的降解效率，这需要从机理上做深入的探讨。因此，Fenton 试剂高级化学氧化法与微生物法的结合技术会成为今后研究的热点之一。目前对 Fenton 试剂降解难降解有机污染物的初始自由基机理仍缺乏系统的研究，尤其是在近自然条件下。因此，将 Fenton 试剂应用于野外现场修复的理论还不是很成熟，有待进一步的研究。

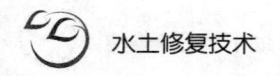

工程案例：Fenton 试剂化学氧化法

场地位置：洛杉矶，加利福尼亚

主要污染物苯系物（BTEX）、石油烃（TPH）

氧化剂：Fenton 试剂（$H_2O_2 + Fe^{2+}$）

（1）场地概况

主要污染源为原加油站界外，距加油站西南面 45m 处的汽油井，横穿两条交通道路。地下水缓流梯度为 0.008m/m，流速为 1.2cm/d；蓄水层沉积物主要为粉土，少量低渗透性黏土；Fe 的背景值为 6～338mg/L，总有机碳含量为 17～35mg/L。下游有一中学校园，为主要敏感区。

（2）污染特征

主要污染物为 BTEX 和 TPH，没有 MTBE。污染水位于浅层冲积蓄水层，深度为地表下 9～12m，预估污染区域范围为 656m²，蓄水层体积 3 976m³，最大污染浓度为 BTEX 2 000μg/L、TPH 65 000μg/L。

（3）修复设计

通过建立一个包含污染场地地球化学及水文地质特征参数的模型，确定现场修复工程所需氧化剂的合适用量。此外，天然氧化剂需要量、土壤氧化剂需求量及天然有机质的需求量虽不通过模型直接模拟获得，但也间接受模型的模拟结果所影响。

共设置 21 个注射井（深度：9.5～14.0m），在全过程中使用。基于前期对低渗透性土壤的小试试验结果，注射井的有效半径为 4.6m。各注射井的间隔约 7.6m，交错排列用于获得重叠的修复半径，并覆盖场址外的污染水。

场地的地下水需预先注射催化剂（$FeSO_4+HCl$），本案例中每注射井添加 189L 催化剂。H_2O_2 氧化剂通过重力投加，不用泵也不加压，在添加的同时监测井下温度，以此调节 H_2O_2 的添加速度，确保地下水温不超过 82℃。这个步骤进行 4 周后，H_2O_2 的总投加量为 32 555L，平均投加量为 1 628L/井。

（4）修复结果

本场地采用 Fenton 试剂氧化，对污染物进行有效去除：BTEX 的浓度由 2 000μg/L 降至 240μg/L，去除率达 88%；TPH 的浓度由 62 000μg/L 降至 4 300μg/L，去除率达 93%。根据监测数据计算可知，BTEX 的平均去除率为 96%，TPH 的平均去除率为 93%。

2. 高锰酸钾氧化技术

高锰酸钾（$KMnO_4$）是一种固体氧化剂，其标准还原电位为 1.491V。由于具有较大的水溶性，高锰酸钾可通过水溶液的形式导入土壤的受污染区。作为固体，它的运输和存储也较为方便。高锰酸钾适用的范围较广，它不仅对三氯乙烯、四氯乙烯等含氯溶剂有很好的氧化效果，且对烯烃、酚类、硫化物和 MTHE（甲基叔丁基醚）等其他污染物也很有效。

与 Fenton 剂不同，高锰酸钾是通过提供氧原子而不是通过生成 HO·自由基进行氧化反应，因此反应受 pH 的影响较小且具有更高的处理效率，而且当土壤中含有大量碳酸根、碳酸氢根等 HO·自由基清除剂时，高锰酸钾的氧化作用也不会受到影响。高锰酸钾的还原产物二氧化锰是土壤的成分之一，不会造成二次污染。高锰酸钾对微生物无毒，可与生物修复联用。然而高锰酸钾对柴油、汽油及 BTEX 类污染物的处理不是很有效。当土壤中有较多铁离子、锰离子或有机质时，需要加大药剂用量。当氯化剂的需要量较大时，可考虑用高锰酸钠（$NaMO_4$）来代替。高锰酸钠的氧化能力与高锰酸钾相似，但比高锰酸钾有更高的水溶性，可以配制成浓度更大的水溶液。对于污染物浓度很高的地方，高浓度氧化剂的导入可大大缩短反应时间。

工程案例：USG 公司遗留场地修复（地下水）

场地位置：拉米拉达，加利福尼亚

主要污染物：三氯乙烯（TCE）、1,1-二氯乙烯（1,1-DCE）

氧化剂：高锰酸钾（$KMnO_4$）

（1）场地概况

场地的蓄水层沉积物主要为粉质砂和砂质粉土，层间为黏土及黏质砂，蓄水层的渗透系数极高，为 5.48m/d，蓄水层厚度约 7.62m；地下水流向为西北方向，流速为 5.18cm/d。根据洛杉矶水质控制学会，受影响的蓄水层范围是潜在的饮用水源区，因此需要对其进行修复。

（2）污染特征

污染深度约 24～32m，污染水范围约 5 110m²。本案例的小试试验选取小面积污染羽进行试验，试验面积约 128m²，最大污染物浓度为 TCE 45μg/L、1,1-DCE 700μg/L。

（3）修复设计

这是洛杉矶流域的第一个化学氧化修复工程，修复方法来源于洛杉矶水质控制学会批准的原位修复技术指南。小试试验采用单一注射井，论证 $KMnO_4$ 修复的可行性。氧化剂分 6 组进行注射投加，每次注射 5 678L，5% 质量浓度的 $KMnO_4$，总注射量 34 068L。根据现场测量的水质变化情况，确定有效处理半径约 10.7m，实际场地受地下水抽提水力梯度的作用，实际处理半径约增加 4.6m。场地现有的 11 个水井被用作监测井，监测 6 个月，主要监测电导率、氧化还原电位、浊度、周围水体颜色（粉、紫），用于评估 $KMnO_4$ 氧化剂的分散性及消耗量。

通过小试试验：1）确定含氯乙烯（TCE、1,1-DCE）的降解量；2）评估修复技术的二次污染效应；3）为现场修复工程提供设计参数。

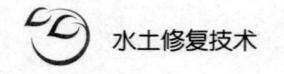

（4）修复结果

对污染场地注射 $KMnO_4$ 进行氧化修复，短期内 TCE 及 1, 1-DCE 的去除率可达 86%～100%，且在修复后连续 12 个月的监测中未出现浓度回弹现象。对于 TCE，70 天内，3 个最近的监测井（距离 10.7m 以内）检测的 TCE 浓度均低于检出限，即 <1.0μg/L，最大降解量为 280μg/L-ND；70～160 天内，后添加的三个监测井（距离为 12.2～13.7m）监测数据也表明，TCE 被强降解，最大降解量为 450～65μg/L。对于 1, 1-DCE，其中 1 个监测井监测的 1, 1-DCE 最大降解量为 270μg/L～ND，另 5 个监测井监测的 1, 1-DCE 最大降解量为 700～19μg/L。

3. 过硫酸盐高级氧化技术

过硫酸盐被应用于高级氧化技术研究，成为最新发展且最有前景的原位修复技术。过硫酸盐（$M_2S_2O_8$，M=Na、K、NH_4）是一类常见氧化剂，表 4-6 列出了不同氧化剂氧化性能，主要有钠盐、钾盐和铵盐，在诸多领域已有广泛应用。早在 20 世纪 40 年代，过硫酸盐开始作为干洗漂白剂得以应用；到 50 年代应用于聚四氟乙烯、聚氯乙烯、聚苯乙烯和氯丁橡胶等有机合成中的单体聚合引发剂；70 年代被用作印刷电路板及金属表面处理微蚀剂，用于金属表面的清洁。目前，过硫酸盐已被应用在纺织、食品、照相、蓄电池、油脂、石油开采和化妆品等诸多行业。过硫酸盐应用于环境污染治理，则是国外最近发展起来的新领域。

表 4-6　不同氧化剂氧化性能的比较

氧化剂	标准氧化电势（V）	相对强度（cl_2 = 1.0）
羟基自由基（OH·）	2.8	2.0
（SO_4·）	2.5	1.8
臭氧	2.1	1.5
过硫酸钠	2.0	1.5
过氧化氢	1.8	1.3
高锰酸盐（Na/K）	1.7	1.2
二氧化氯	1.5	1.1
氯气	1.4	1.0
氧气	1.2	0.9
溴	1.1	0.8
碘	0.76	0.54

4. 臭氧氧化修复技术

工程案例：臭氧氧化修复案例

场地位置：伊利昂，纽约

主要污染物：多环芳烃（PAHs）

氧化剂：臭氧－氧

场地概况：场地位于纽约北部，土壤成分包括本地原土（粉质土）及填充覆土，在下水位2.1～2.4m。场地面临二次开发利用，但土壤污染对于开槽施工是个大问题，因此需要进行土壤修复。

（1）污染特征

污染主要发生在灌油桥台区域附近，污染面积约1 858m²，污染深度范围为0.6～2.4m，受影响土方量>4 587m³。主要污染物包括苯并蒽、苯并芘、苯并荧蒽及丙酮中䓛，总污染浓度范围为13 500～32 520 700μg/L，具体浓度见表4-7。

表4-7 场地中不同类别PAHs浓度情况表

多环芳烃化合物	浓度（ug/L） 平均	浓度（ug/L） 最大	TAGM4046土壤标准（ug/L）
苯并蒽	1 410	2 900	224
苯并芘	536	1 200	61
苯并荧蒽	1 050	2 300	224
苯并荧蒽	980	2 500	224
䓛	1 077	2 200	400
多环芳烃混合物	13 540	32 520	NA

（2）修复设计

PAHs污染土通常采用异地填埋或热处理的方式进行修复，修复时间至少需要60天。为确保在此时间内完成修复，理论上需要配置一个日产量为45L/d的臭氧发生系统，用于产生修复所需的O_2及O_3。本案例共设置10个喷射点用于直接喷射，设有浅层气体抽排系统，用于控制系统气体排放。设置多点、连续的臭氧监控系统，用于监测周围氧气浓度，并控制系统的安全。修复后，PAHs去除率需高于90%，以符合纽约市TAGM4046土壤标准的规定，因此，目标区的总碳氢化合物含量需降低约75%。

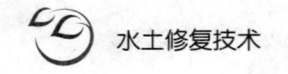

（3）修复结果

修复后场地土壤质量达到 TAGM4046 土壤标准的要求。60 天内有效去除率高于 90%，对修复后的土壤样品进行快速检测分析，PAHs 的浓度低于检出限。

工程案例：木柴加工厂遗留场地土壤修复

场地位置：索诺玛，加利福尼亚

主要污染物：四氯苯酚（PCP）、石榴油（CPAH）

氧化剂：臭氧（O_3）

（1）场地概况

场地的污染主要为浸泡槽处理木杆遗留物质，其次为铁路调车线附近，装卸木制加工品时对场地的污染。场地位于索诺玛县的北部，地势平坦且含铺砌面，土壤主要由分层的非均质砂土组成，地下水深 1.2～4.6m，且随季节性变化。场地所在区域的气候，夏季干燥炎热，冬季极度潮湿。在此项目进行期间，有一半一上的时间处于厄尔尼诺潮湿天气，地表水位在 3.4～0.9m 内变化，应对如此急剧变化的水文地质条件，需要根据气候条件调整加样方式。

（2）污染特征

场地污染物最大处理浓度为 PCP 220mg/kg、CPAH 5 680mg/kg。通气层中高溶解态的污染物及非水相液体（NAPL）将优先被治理，地下水中低浓度的溶解态 CPAH 不是本项目的治理目标。通过前期小型的泥浆系统试验结果表明，场地中的污染物能被臭氧有效氧化降解，但由于泥浆系统本身消耗部分 O_3，因此不能确定实际场地修复时 O_3 的用量。

（3）修复设计

本案例为一示范工程，主要用于评估臭氧土壤修复的性能。场地分污染区进行分别处置，其中一个处置区包含 3 个不同级别的臭氧注射井，另一个处置区包含 5 个注射井。O_3 气体配送模式包括 O_3 喷射和 O_3 注气，其中，当场地处于厄尔尼诺气候时，许多 O_3 注射井被用作 O_3 喷射井。在地下土壤样品区域设置多种监测仪表，用于评估修复处置前后污染物的相位分布，包括：①土壤湿度测定仪、真空压力溶度计，用于测定通气层的土壤水分及 NAPL；②压强计，用于测定地下水样品；③热电耦式温度计，用于监测场区地表面温度；④土壤蒸汽探针，用于监测土壤气体。

（4）修复结果

原位的臭氧修复工程耗时 1 年完工，大约 3.6t 的氧化剂被传输到地下，每 kg 土壤平均 O_3 投加量为 1.9g。修复过程中，O_3 进行有效的传输，且 O_3 通过气体传质进入液相，其浓度呈数量级分布，且分布区间大：低浓度区，浓度小于 1mg/L；高浓度区，浓度可达数百 mg/L，说明 O_3 在地下表面进行快速的氧化及降解反应。

通过与修复前的原始土壤污染物浓度进行对比可知，经修复后 PCP、CPAH 的平均去除率达 93%，最大去除率高于 98%，将污染物由较高浓度（PCP 220mg/kg、CPAH 5 608mg/kg）降至低于检出限。不仅土壤样品中的污染物浓度显著下降，液相中的 PCP 及 CPAH 的浓度也显著降低，溶度计的监测数据显示，在修复区，大约在 O_3 注射 1 个月后，溶解态的 PCP 及 CPAH 浓度就表现出数量级的下降。

O_3 修复过程是非选择性的，因为所有污染物的去除率是一致的，同时说明，原位 O_3 修复过程并不严格受污染物在 NAPL 相或吸附相与液相的传质过程影响。如果污染物的传质受限制，溶解度较高的化合物，如 PCP、2 环和 3 环的 PAH 相对较低溶解度的 4 环和 5 环的 PAH 优先被降解。因此，推断本场地的 O_3 氧化反应大部分发生在溶解态或气态 O_3 与 NAPL 或吸附态污染物的接触面。

4.2.5 抽出－处理技术

1. 概述

抽出－处理修复技术简称 P&T（pump treat）技术，是最早出现的地下水污染修复技术，也是地下水异位修复的代表性技术。自 20 世纪 80 年代开展地下水污染修复至今，地下水污染治理仍以 P&T 技术为主。传统的 P&T 技术是把污染的地下水抽出来，然后在地面上进行处理。随着污染治理研究的不断深入，该技术已有了更广泛的含义，只要在地下水污染治理过程中对地下水实施了抽取或注入的，都归类为 P&T 技术。

P&T 修复技术最大优点就是适用范围广、修复周期短。最为突出的一个很典型例子就是某市运输粗苯的车辆侧翻，造成粗苯泄漏污染了附近两口灌溉井，现场采取了抽水处理法，井内水污染很快得到控制，并在短时间内水质恢复到受污染前的水平。另外该技术设备简单，易于安装和操作；地上污水净化处理工艺比较成熟。流程如图 4-5 所示。

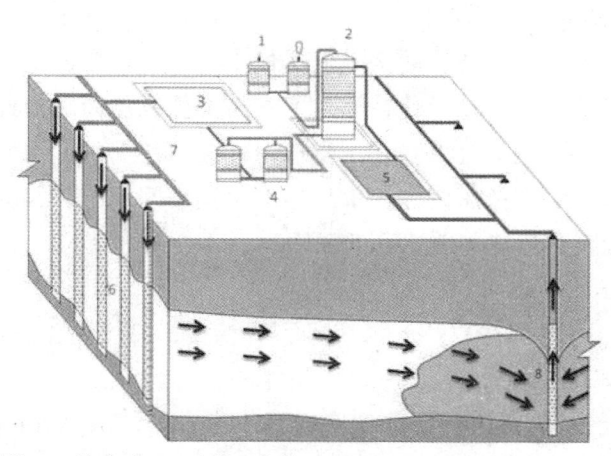

1. 气体吸收塔　2. 汽提塔　3. 储水池　4. 液体吸收塔　5. 调节池　6. 灌水装置　7. 地上处理站　8. 抽水装置

图 4-5　P&T 修复技术流程图

该技术也存在一定的局限性。主要有以下几点：① 由于液体的物理化学性质各异，只对有机污染物中的轻非水相液体去除效果很明显，而对于重非水相液体来说，治理耗时长而且效果不明显；② 该技术开挖处理工程费用昂贵，而且涉及地下水的抽提或回灌，对修复区干扰大；③ 如果不封闭污染源，当停止抽水时，拖尾和反弹现象严重；④ 需要持续的能量供给，以确保地下水的抽出和水处理系统的运行，同时还要求对系统进行定期的维护与监测。

根据国外多年研究总结，目前 P&T 技术的治理对象主要有 12 种污染物。其典型治理目标为三氯乙烯（TCE），此外还有一些卤化挥发性有机物，如四氯乙烯（PcE）、氯乙烯（VC）等。对于非卤化挥发性有机物 BTEX（苯、甲苯、乙苯、二甲苯）以及铬、铅、砷等也可采用 P&T 技术进行治理。

2. P&T 技术修复系统构成

P&T 技术的修复过程一般可分为两大部分：地下水动力控制过程和地上污染物处理过程。该技术根据地下水污染范围，在污染场地布设一定数量的抽水井，通过水泵和水井将污染了的地下水抽取上来，然后利用地面净化设备进行地下水污染治理。在抽取过程中，水井水位下降，在水井周围形成地下水降落漏斗，使周围地下水不断流向水井，减少了污染扩散。最后根据污染场地的实际情况，对处理过的地下水进行排放，可以排入地表径流、回灌到地下或用于当地供水等。这样可以加速地下水的循环流动，从而缩短地下水的修复时间。目前已有的水处理技术均可以应用到地下水 P&T 技术的地上污染物处理过程中。只是受污染地下水具有水量大、污染物浓度较低等特点，所以在选用处理方法时应根据地下水特点进行适当的选取和改进。

P&T 技术中选择合适的抽提井位置和间距是设计中很重要的一步。抽提井的位置应保证高浓污染区的羽流地下水可以被快速地从污染区转移。一方面，抽提井的设置应能完全阻止污染物的进一步迁移。另外，如果污染物是抽出地下水的唯一目标，地下水的抽出率应该在保证阻止羽流迁移的基础上尽量小，因为抽出的地下水越多处理费用越高。另一方面，如果地下水需要净化，抽出率就需要提高从而缩短修复时间。当地下水被抽出后，临近的地下水位就会下降并产生压力梯度，使周围的水向井中迁移。离井越近压力梯度越大，形成一个低压区。在解决地下水污染问题时，抽提井低压区的评估是一个关键，因为它能表征抽提井能达到的极限。

3. 修复实例

美国国家环境保护局（EPA）对 48 个地下水污染治理经费进行了统计。其中 32 个使用抽出－处理技术，16 个使用渗透反应格栅技术。在该分析中，主要考虑了以下 3 种类型的费用：① 每年的平均运行费用是将整个系统的所有费用相加，然后求其平均值。该费用需要整个系统运行完毕才能进行统计计算，特别是抽出－处理系统。渗透反应格栅技术一般只要安装完毕就可以进行经费的统计计算。② 每年治理 3 790L 的地下水的总费用；③ 每年治理 3 790L 地下水的平均运行费用。结果显示，32 个现场中有 25% 的项目花费在 170 美元，50% 的项目在 200 美元，75% 的项目在 590 美元，平均花费为 490 美元。而相同的考察方式。PRB 技术的平均花费在 73 美元左右。由此可见，抽出－处理技术比渗透反应格栅技术所需的费用要高得多。

4.2.6 自然衰减修复技术

当有机污染物泄漏进入土壤或地下水中，会存在一些天然过程来分解和改变这些化学物质。这些过程统称为自然衰减。它包括土壤颗粒的吸附、污染质的微生物降解、在地下水中的稀释和弥散。自然衰减过程中，由于土壤颗粒的吸附，微生物降解在污染物分解中起到重要的作用。稀释和弥散虽不能分解污染物，但可以有效地降低许多场地的污染风险。

自然衰减方法也称为"本能恢复治理（intrinsic remediation）"或"被动治理（passive remediation）"。污染场地的天然衰减可以形象化地用蜡烛的燃烧来比喻，蜡烛就像场地中的污染物。燃烧过程就是天然衰减过程。蜡烛火苗看起来稳定，这是由于蜡在不断地减少；同样，污染场地对土壤和地下水的污染在一定的范围内达到"稳定"，这并不意味着污染的终止，而是因为污染与天然衰减达到了稳定状态。最后，蜡烛被燃烧掉；同样，在土壤和地下水中的污染物最终可以被天然微生物降解和其他天然衰减过程所净化。

一般来说，自然衰减方法对于污染程度低的场地更为适合，如严重污染场地的外围，或污染源很小的情形。自然衰减方法可以和其他治理方法联合使用，可以使治理的时间缩短。自然衰减的优势具体表现在如下方面：① 在环境中，自然衰减过程将污染物最终转化成无害的副产物（如二氧化碳、水等），而不是仅将污染物转变成其他相或者转移到另一个地方；② 自然衰减对污染场地周围的环境无破坏性；③ 自然衰减的处理费用相对较低；④ 自然衰减修复过程中不需要设备的安装和维护；⑤ 在自然衰减过程中，易迁移的、毒性大的化合物往往是最容易被生物降解的。

虽然自然衰减具有很多优点，在采用自然衰减修复污染场地时还需要注意以下问题：① 相对于其他修复方法，自然衰减需要经历较长时间才能达到修复目的；② 在修复过程中需要进行长期的监测，监测时间的长短直接影响修复费用的多少；③ 尽管自然衰减被看作一种可以选择的修复方法，在应用此法之前都要针对具体的污染场地验证其有效性，如果自然衰减的修复效率很低，污染源就会扩散。

有关污染物质量减少方面，又可以通过对污染物浓度变化趋势、污染物质量守恒、污染物运移的数学模型等进行监测分析。其中污染物浓度变化的趋势和统计分析污染物的质量守恒均需要不停地对现易污染源处以及沿着污染物迁移方向等处进行污染物浓度的监测，对数据进行分析来评价污染源的变化趋势以及考察自然衰减方法的效果。

微生物降解菌群研究为自然衰减中生物降解提供直接证据。可以通过研究现场的微

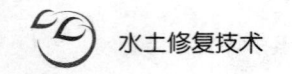

生物种群变化，另一种方法可通过现场采集的水或土进行微生物菌群的实验室培养，并定量测定其降解污染物的效率。目前，随着生物技术的发展，新的技术不断引入到自然衰减技术的微生物监测中，包括可以通过总 RNA 值来计算不同深度的各个生物种群的数量；通过测定沉积物中的核酸来鉴定特殊的中间代谢产物以指示生物降解活动；使用流式细胞术去评价增长活动；通过克隆、测序和分析来鉴定新的微生物。有关对生物降解机制的研究还在进一步的探索中，对这些过程机制的深入认识将包括对特殊基因的研究，这些基因控制着那些能降解污染物的蛋白质编码。

自然衰减技术是地下水、土壤有机污染修复的最经济有效的方法之一，但是应用该技术修复特定污染场地时需要查清场地的地质、水文地质以及污染特征等，同时还需监测污染物的移除或污染源的稳定状态。值得注意的是，污染物浓度的降低可能是由于污染源对流、弥散、稀释等作用而引起的，这种情况并不是真正意义上的污染物消除，而是污染物在空间上的转移，因此，在评价自然衰减修复效果时，除了评价污染物浓度变化情况外，还应综合运用地球化学证据和微生物菌群研究等多种方法进行评价。

4.2.7 水生植物修复技术

人类的活动会使大量的工业、农业和生活废弃物排入水中，使水受到污染。水污染可根据污染杂质的不同而主要分为化学性污染、物理性污染和生物性污染三大类，基本上以化学性污染为主。具体污染杂质有无机污染物质、无机有毒物质、有机有毒物质、植物营养物质等。而对于这些污染物的清除中，水生植物起着非常重要的作用。

水生植物指生理上依附于水环境、至少部分生殖周期发生在水中或水表面的植物类群。水生植物大致可区分为四类：挺水植物、沉水植物、浮叶植物与漂浮植物。而大型水生植物是除小型藻类以外所有水生植物类群。水生植物是水生态系统的重要组成部分和主要的初级生产者，对生态系统物质和能量的循环和传递起调控作用。它还可固定水中的悬浮物，并可起到潜在的去毒作用。水生植物在环境化学物质的积累、代谢、归趋中的作用也是不可忽视的。用水生植物来监测水生污染、对污染物进行生态毒理学评价及其进入生物链以后的生物积累、修饰和转运，对植物生态的保护和人畜健康方面有非常重要的意义。

1. 水生植物对污染物的清除

（1）水生植物对氮磷的清除

湖泊富营养化已成为一个世界性的环境问题。利用水生大型植物富集氮磷是治理、调节和抑制湖泊富营养化的有效途径之一。湖泊水环境包括水体和底质两部分，水体中的氮磷可由生物残体沉降、底泥吸附、沉积等迁移到底质中。对过去的营养状况的追踪表明，水生植物可调节温度适中的浅水湖中水体的营养浓度。而大型沉水植物则通过根部吸收底质中的氮磷，从而具有比浮水植物更强的富集氮磷的能力。沉水植物有着巨大的生物量，与环境进行着大量的物质和能量的交换，形成了十分庞大的环境容量和强有力的自净能力。在沉水植物分布区内，COD、BOD、总磷、铵氮的含量都普遍远低于其外无沉水植物的分布区。而漂浮植物的致密生长使湖水复氧受阻，水中溶解氧大大降低，水体的自净能力并未提高，且造成二次污染，影响航运。挺水植物则必须在湿地、浅滩、湖岸等处生长，即合适深度的繁衍场所，具有很大的局限性。

（2）水生植物对重金属的清除

水生植物对重金属 Zn、Cr、Pb、Cd、Co、Ni、Cu 等有很强的吸收积累能力。众多的研究表明，环境中的重金属含量与植物组织中的重金属含量成正相关，因此可以通过分析植物体内的重金属来指示环境中的重金属水平。戴全裕在 20 世纪 80 年代初从水生植物的角度对太湖进行了监测和评价，认为水生植物对湖泊重金属具有监测能力。水生大型植物以其生长快速、吸收大量营养物的特点为降低水中重金属含量提供了一个经济可行的方法。

重金属在植物体内的含量很低，且极不均匀。在同一湖泊中，不同种类的水生植物含量差别很大；同一种类在不同湖泊中，水生植物体内的重金属含量相差也很大。水生植物的富集能力顺序一般是：沉水植物＞浮水植物＞挺水植物。植物对重金属的吸收是有选择性的。当必需元素 Zn 和 Cd 与硫蛋白中巯基结合时，Cd 可以置换 Zn。所以 Zn/Cd 值是一个反映植物积累能力的很好指标，同时也间接地指示了对植物的破坏程度。实验证明，沉水植物和浮水植物尽管能够吸收很多重金属，特别是 Cd 的吸收，但是这种吸收不断增加会导致营养元素的丧失，如果程度严重，会导致植物死亡。

此外，水生植物会控制重金属在植物体内的分布，使得更多的重金属积累在根部。水生植物根部的重金属含量一般都比茎叶部分高得多。但也有例外的情况，这可能与它们不同的吸收途径有关。对藻类吸收可溶性金属的动力学机制已经研究得比较清楚。藻类对金属的吸收是分两步进行的：第一步是被动的吸附过程，即在细胞表面的物理吸附，发生时间极短，不需要任何代谢过程和能量提供；第二步可能是主动的吸收过程，与代谢活动有关，这一吸收过程是缓慢的，是藻细胞吸收重金属离子的主要途径。藻类大量富集重金属，同时沿食物链向更高营养级转移，造成潜在的危险，但另一方面，又可以利用这一特点来消除废水中的污染。重金属以各种途径进入自然水体，其对水体危害是十分严重的，因此利用藻类净化含重金属废水具有重要的意义。

金属不同于有机物，它不能被微生物所降解，只有通过生物的吸收得以从环境中除去。植物具有生物量大且易于后处理的优势，因此利用植物对金属污染位点进行修复是解决环境中重金属污染问题的一个很重要的选择。植物对重金属污染位点的修复有三种方式：植物固定、植物挥发和植物吸收。植物通过这三种方式去除环境中的金属离子。

（3）水生植物对有毒有机污染物的清除

植物的存在有利于有机污染物质的降解。水生植物可能吸收和富集某些小分子有机

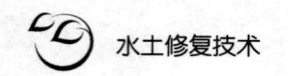

污染物，更多的是通过促进物质的沉淀和促进微生物的分解作用来净化水体。农业污染是一种"非点状源"的污染，大多数农业污染物包括来自作物施肥或动物饲养地的氮磷以及农药等。对除草剂莠去津来说，它在环境中大量存在，小溪中一般为 $1\sim 5\mu g/L$，含量较高时为 $20\mu g/L$，而靠近农田的区域达 $500\mu g/L$，甚至 $1\ mg/L$。水生大型植物常生长在施用点附近，农药浓度很高，暴露时间很长，所以水生大型植物和浮游植物对于莠去津比无脊椎动物、浮游动物和鱼类更敏感。高等植物虽不能矿化莠去津，但可以用不同的途径来修饰。

某些植物也可降解 TNT。据 Best 等报道，对受美国艾奥瓦陆军弹药厂爆炸物所污染的地表水进行水生植物和湿地植物修复的筛选与应用研究中发现，狐尾藻属植物（Myriophyllum aquaticum Vell verdc）的效果甚佳。Roxanne 等研究了受 TNT 污染地表水的植物修复技术，在所用浓度为 $1\ mg/kg$、$5\ mg/kg$、$10\ mg/kg$ 的土壤条件下，与对照相比，利用植物的降解，移除量可达 100%。William 等研究了植物对三氯乙烯（TCE）污染浅层地下水系的气化、代谢效应，结果发现，污染场所中所有采集的植物样品都可检测出 TCE 的气化挥发以及 3 种中间产物。Aitchison 等发现，水培条件下杂交杨的茎、叶可快速去除污染物 1，4- 二氧六环化合物，8 d 内平均清除量达 54%。

多环芳烃化合物（PAHs）是一大类有机毒性物质。在浮萍、紫萍、水葫芦、水花生、细叶满江红等 5 种水生植物中，均受到萘的伤害，随萘浓度的增加而伤害程度加深，其中水葫芦受害最轻，所以对萘污染的净化可作为首选对象。而浮萍的敏感性最大，可用作萘对水生植物的毒性检测。此外，水生植物也可有效消除双酚、酞酸酯等环境激素和火箭发动机的燃料庚基的毒性。浮萍（Lemna gibba）在 8 d 内把 90% 的酚代谢为毒性更小的产物。COD 的去除效率由对照组的 52%～60% 上升为 74%～78%。铬、铜、铝等金属的存在也可不同程度地影响浮萍对 COD 的去除效率。

（4）水生植物与其他生物的协同作用对污染物的清除

根系微生物与凤眼莲等植物有明显的协同净化作用。一些水生植物还可以通过通气组织把氧气自叶输送到根部，然后扩散到周围水中，供水中微生物，尤其是根际微生物呼吸和分解污染物之用。在凤眼莲、水浮莲等植物根部，吸附有大量的微生物和浮游生物，大大增加了生物的多样性，使不同种类污染物逐次得以净化。利用固定化氮循环细菌技术（INCB），可使氮循环细菌从载体中不断向水体释放，并在水域中扩散，影响了水生高等植物根部的菌数，从而通过硝化—反硝化作用，进一步加强自然水体除氮能力和强化整个水生生态系统自净能力。这对进一步研究健康水生生态系统退化的机理及其修复均具有重要意义。

水生大型植物能抑制浮游植物的生长，从而降低藻类的现存量。在水生态环境中，水生高等植物对藻类的抑制作用较为明显。主要表现在两个方面：一是藻类数量急剧下降；二是藻类群落结构改变。水生植物与藻类在营养、光照、生存空间等方面存在竞争。除人工控制和低温等条件下，一般是水生植物生长占优势。

水生植物与藻类之间的相生相克（异株克生现象）作用在污水净化和水体生态优化方面有重要应用潜力。在浅水湖泊中种植苦草等高等植物，放养适量的鱼类，这样就既可以保护水质，又可以发展渔业生产，增加经济效益。不仅如此，野外实验和实验室研究还表明，凤眼莲等水生植物还通过根系向水中分泌一系列有机化学物质。这些物质在水中含量极微的情况下即可影响藻类的形态、生理生化过程和生长繁殖，使藻类数量明显减少。有害植物常覆盖湿地和其他淡水环境，造成物种单一。

（5）水生植物的其他净水（改善水质）功能

水生植物在不同的营养级水平上存在维持水体清洁和自身优势稳定状态的机制：水生植物有过量吸收营养物质的特性，可降低水体营养水平；减少因为摄食底栖生物的鱼类所引起沉积物重悬浮，降低浊度。水生植物的改善水质的功能，如稳定底泥、抑藻抑菌等，也具有重要的实践意义。氧气是一种非常重要的物质。水体富营养化引起的藻类水华造成水体透明度降低，饮用水质量下降。组织缺氧使大型植物退化，减少了水生植物多样性。海洋底层大陆架的缺氧，使海底生物大量死亡，给当地经济和人类生存带来了严重的威胁。沉水植物与沉积物、水体流动间有紧密联系。在生态系统中，它能起到提高水质、稳定底泥、减小浑浊的作用。

2. 水生植物修复技术的应用

（1）人工湿地

介质、水生植物和微生物是人工湿地的主要组成部分。其中，水生植物除直接吸收利用污水中的营养物质及吸附、富集一些有毒有害物质外，还有输送氧气至根区和维持水力传输的作用。而且水生植物的存在有利于微生物在人工湿地纵深的扩展。污水中的氮一部分被植物吸收作用去除，同时可利用态磷也能被植物直接吸收和利用。通过对水生经济作物的不断收获，从而移出氮、磷等污染物。同时发达的水生植物根系为微生物和微型动植物提供了良好的微生态环境，它们的大量繁殖为污染有机物的高效降解、迁移和转化提供了保证。介质、水生植物和微生物的有机组合，相互联系和互为因果的关系形成了人工湿地的统一体，强化了湿地净化污水的功能。

利用人工湿地和水生大型植物来净化水体，作为一种净化技术，日益受到关注。它可以创立丰富的生态系统和最小的环境输出，可以保护环境，具有运行费用低和令人满意的净化效率等特点。一个水生植物系统需要大量区域、设计规格和维护方法，从而达到单位面积上的最适宜的优化效应。在匈牙利，人工湿地主要有三种类型：空白水面系统、潜流系统和人工漂移草地系统。

（2）生物修复

生物修复（Bioremediation）是新近发展起来的一项清洁环境的低投资、高效益、应用方便、发展潜力较大的新兴技术。它利用特定的生物（植物、微生物或原生动物）吸收、转化、清除或降解环境污染物，实现环境净化，生态效应恢复的生物措施。对无机（主要是重金属）污染的生物修复主要是通过植物途径，又称植物修复（Phytoremediation），而对有机污染的生物修复则主要靠微生物的降解、吸收与转化等途径。虽然强调限制性排放，加强废物管理，然而随着人口的持续增长，工农业的迅速发展以及都市化的不断扩大，对水体的有机污染仍呈大幅度增长趋势。特别是近年来大量使用生物异源物质（Xenobiotics），因抗性强，难以被微生物分解，使污染环境的恢复更加困难。

（3）稳定塘

稳定塘法也叫生物塘、氧化塘，是通过人工控制生物氧化过程来进行污水处理的工艺，具有基建投资少、处理过程简单、易管理等特点，在中小型常规污水处理领域具有广泛的应用前景。它主要利用菌藻的共同作用处理废水中的有机污染物。稳定塘可用于生活污水、农药废水、食品工业废水和造纸废水等的处理，效果显著稳定。

小型综合强化氧化塘通过采用物理化学与生物相结合的方法，将炉渣吸附和水生植物水葫芦运用于氧化塘处理印染废水，取得了良好的效果，COD 去除率达 76.5%，色度脱色率高达 96.9%。经处理后的废水达到国家综合排放一级标准。而单位处理量投资和运行费用只有活性污泥法的 1/10，因此采用这种方式投资省、运转费用低、处理效果好、管理方便、环境与经济效益显著。另外，从小规模生产实验可以得出，应用好氧接触氧化，颤藻附着生物床和水生植物联合的生物处理新工艺对去除鸡粪厌氧发酵液中的 COD，氨氮和其他如磷、钾、锰、锌、镁元素及色素等有很好的效果，能使处理后的废水达 GB 8978-88 污水综合排放标准。其中颤藻附着生物床脱氮效果最好，且可回收作为良好的牲畜饲料。而水生植物塘由于漂浮植物体的庞大的须根系，极高的生长速率和巨大的生物量都有利于吸附、吸收水中的污染物，从而对 COD 的去除作用较强，平均达 71.7%。

（4）水质净化

水质净化技术已成为养鱼工业可持续发展的瓶颈与筹码。20 世纪 80 年代以来，已有利用浮游植物净化养殖污水的研究报道。但因藻水分离困难，使这种微藻净水模式在循环水养鱼系统中的应用受到限制。而大型植物则具有净化水质、节省能源和收获饵料的综合效果。高等水生植物对水环境中的污染物具有较强的吸收作用，其效能因植物种类及处理组合方式不同而异。高等水生植物净水效果的高低依赖于各自生理活性的增强（主要体现在酶活性的提高）。

凤眼莲、水浮莲、紫萍等植物在温暖季节生长繁殖极快，能迅速覆盖水面，净化效果好。水花生、芦苇等抗性较强，种群密度大，净化效果较好，并具有抵抗风浪和分隔水面等功能。伊乐藻、苲草等沉水植物在水下生长不影响水的透光，还通过光合作用向水中提供大量氧气，并且在低温季节也可很好地生长。水花生、槐叶萍、浮萍等植物的抗寒性较强。

（5）湖泊治理与植被修复

沉水植物可以明显改善水体的理化性质。它的存在有效降低了颗粒性物质的含量，可改善水下光照条件，使透明度保持在较高水平，水体电导率也相对较低。水生植物还可以增强底质的稳定和固着。有人发现在热带地区，把水生植物和生物固定膜结合起来的处理系统在适宜的地带非常适用。在比利时的佛来德斯的 eekhoven 水库，水生植物还被用于预过滤停滞水库的生物调节。在干燥气候下，两种高等水生植物 Typha latifolia 和 Juncus subulatus 都表现出较高的净化效率，其多孔性也有助于污水的过滤。

对于浅水湖泊而言，重建水生植被是富营养化治理和湖泊生态恢复的重要措施。我国的湖泊已有约 65% 呈现富营养状态，还有约 29% 正在转向富营养状态。对其治理，必须考虑利用水生植物的自身治污特性。水生植物可以显著提高富营养水体的水质，对有毒的有机污染也有明显的净化作用。恢复以沉水植物为主的水生植被是合理有效的水质净化和生态系统恢复的重要措施。

沉水植被（SAV）的建立主要受限制于芽植体的有无，而水体的透明度和沉积物中的营养（尤其是 N）的水平是植物群落建立的关键。在 1993—1995 年间对武汉东湖的布围和网围受控生态系统中的植被恢复、结构优化及水质进行了初步研究。结果发现：控制养殖规模是恢复水生植被的前提；在受控生态系统中，水生维管束植物生物量增加，生长良好的水生维管束植物能使水中 N、P 浓度明显降低；恢复水生植被时，应以沉水植物为主体，莲、芦苇、苦草、狐尾藻和金鱼藻适应性较强，可作为重建水生植被的物种。而浑浊是影响恢复的因素之一，光合有效水平对茎生长最重要。通过对博斯腾湖的研究表明，水面上有水生植物生长时，其蒸发蒸腾量低于自由水面的蒸发量，而且降低了水体的矿化度并净化了水体，并且可为养殖业提供大量优质饲料。利用植被改善其生态环境，投资少，效益明显而持久。研究还表明，水生植物床对于低透明度河流中颗粒性有机物质（ParticulateOrganic Matter，POM）的保持和短期贮存在不同空间层次上有重要作用。其重要性因草床密度、表面覆盖率及叶落时间的不同而有差异。

4.2.8　土壤、地下水联合修复技术

1. 概述

有机污染物一般是不溶于水的液态污染物，属于非水相液体（NAPL）。进入地下环境后，首先吸附在土壤大孔隙及各种有机无机颗粒表面，然后逐渐扩散到土壤微孔中，随着与土壤接触时间的增加，除部分残留在非饱和区外，大部分在重力作用下将继续向下运移进入到饱和区。有机污染物根据相对于水相密度大小，可分为两类：密度小于水相的称为轻质非水相流体（LNAPL），如汽油、柴油、燃料油及原油等；密度大于水相的称为重质非水相流体（DNAPL），如煤焦油、三氯乙烯和四氯乙烯等。由于密度上的差异，LNAPL 和 DNAPL 在地下的分布截然不同。LNAPL 穿过非饱和区后在地下水

面上形成浮油带，而 DNAPL 则由于比水重，到达地下水面后还将继续向下运移，最终在基岩上形成 DNAPL 池。地下介质中 NAPL 污染源的存在将在相当长的时间内持续而缓慢地向地下水中释放 NAPL 污染物，对饮用水水源构成极大的威胁，且有机污染具有滞后性、累积性、地域性和治理难而周期长等特点。以往研究多数偏重修复污染地下水或土壤，未考虑污染物质在两种介质中的迁移规律。单纯修复受污染土壤或地下水都可能使环境中受污染地下水受毛细张力等作用滞留于土壤中，或滞留于土壤中的石油类污染物质经淋滤作用进入地下水引起二次污染。因此，对污染区土壤和地下水修复应同步进行。

然而，污染物质的物理特性与化学特性的不同，再加上地质的不均匀性与多变性，使得处理土壤及地下水污染同步修复工作，相对提高其困难度。而如何掌握污染物质特性与选择适合的联合修复技术是达到有效且经济修复目标的先决条件。土壤、地下水联合修复技术通常是将土壤修复技术与地下水修复技术根据污染物类别、地质条件等情况，选择有效修复方法结合起来，本节选择几种常见的联合修复技术进行详细介绍，分别是土壤气相抽提—原位曝气/生物曝气联合修复（SVE-AS/BS）、生物通风—原位曝气/生物曝气联合修复（BV-AS/BS）、双相抽提（dual-phase extraction，DPE）、加表面活性剂强化处理技术（SEAR）。

2. 土壤气相抽提—原位曝气/生物曝气联合修复（SVE-AS/BS）

土壤气相抽提（SVE）的第一个专利产生于 20 世纪 80 年代，是被美国国家环境保护局列为具有"革命性"的环境修复技术，具有成本低、可操作性强、不破坏土壤结构等特点，得到迅速发展。近年来，SVE 又开始深入到生物修复与土壤和地下水修复等多学科交叉领域，其应用前景广阔。

SVE 的运行机理是利用物理方法去除不饱和土壤中挥发性有机物（VOC），用引风机或真空泵产生负压驱使空气流过污染的土壤孔隙，从而夹带 VOC 流向抽取系统，抽提到地面，然后进行收集和处理。该技术目前已被发达国家广泛应用于土壤及地下水修复领域的实际工程中，并与原位曝气/生物曝气（AS/BS）、双相抽提（dual-phase extraction，DPE）等原位修复技术相结合，互补形成了 SVE 增强技术，并日益成熟和完善。AS/BS 主要用于处理有机物造成的饱和区土壤和地下水污染，主要是去除潜水位以下的地下水中溶解的有机污染物质。BS 是 AS 的衍生技术，利用本土微生物降解饱和区中的可生物降解有机成分。将空气（或氧气）和营养物注射进饱和区以增加本土微生物的生物活性。BS 系统与 AS 系统的组成部分完全相同，但 BS 系统强化了有机污染物的生物降解。

（1）适用范围

空气在高渗透率的土壤中是以鼓泡（bubble）的方式流动的，而在低渗透率的土壤中是以微通道（channel）的方式流动的。单就 SVE 技术而言，SVE 对土壤孔隙越大的地质越适合，对黏土质地质则效果很差。单就 AS 技术来说，曝入的空气不能通过渗透率很低的土壤层，如黏土层。对于高渗透率的土壤，如砂砾层，由于其渗透率太高，从而使曝气的影响区太小，以至于不适合用 AS 技术来处理。

天然土壤一般都含有大小不同的颗粒，具有非均匀性，而且在水平和垂直方向都存在不同的粒径分布和渗透性。因此，在 AS 过程中，当曝入的空气遇到渗透率和孔隙率不相同的两层土壤时，空气可能会沿阻力较小的路径通过饱和土壤到达地下水位；如果两者的渗透率之比大于 10 时，除非空气的出口压力足够大，空气一般不经过渗透率小的土壤。如果两者的渗透率之比小于 10 时，空气从渗透率小的土层进入渗透率较大的土层时，其形成的影响区域变大，但空气的饱和度降低，影响污染物的去除效果。因此，SVE-AS 技术不宜用于渗透率太高或太低的土壤，而适用于土壤粒径均匀且渗透性适中的土壤。

SVE 技术不适用于低挥发性或低亨利常数的污染物，适用于苯系物、三氯乙烯、挥发性石油烃等挥发性和半挥发性的有机污染物以及汞、砷等半挥发性金属污染物。AS 法不适用于自由相（浮油）存在的场址，空气注入系统对于均匀相高透水性的土壤及自由含水层（uncodmed aquifers）的污染物，及好氧微生物可降解的 VOC 最为有效。但此技术对于部分异质性（heterogeneous）地质、低至中透水性分层的含水层也有部分效果。其主要去除的污染物为挥发性有机物及部分的燃料油，以三氯乙烯（trichloroelhene，TCF）为例，仅具气提作用；以汽油的主要成分 BTEX 为例，则同时具有气提与生物分解的作用。一般而言，高挥发性污染物主要去除机制是挥发，而低挥发性污染物主要去除机制则是生物降解，因此在修复的初期，蒸气抽除是移除机制的主要控制因子，而生物促进作用，则是修复后期的控制因子。

（2）修复效果影响因素

由于 SVE、AS/BS 去除污染物的过程是多相传质过程，因而其影响因素很多。目前，人们普遍认为 AS 去除有机物的效率主要依赖于曝气所形成的影响区域的大小。BS 修复效果影响因素除了 AS 的影响因素外，还需要考虑微生物降解方面的影响，因此该联合修复技术修复效果的影响因素，应该同时考虑 SVE、AS、BS 修复效果的影响因素。

1）SVE 修复效果的影响因素主要有以下几方面：土壤的渗透性、土壤湿度及地下水深度、土壤结构和分层及其土壤层结构的各向异性、气相抽提流量、蒸气压与环境温度等。

2）AS 去除有机物的效率主要依赖于曝气所形成的影响区域的大小，影响此区域的因素主要有土壤的类型和粒径大小、土壤的非均匀性和各向异性、曝气的压力和流量及地下水的流动。

3）影响 BS 修复效果的因素除了有影响微生物生长的土壤和地下水环境，包括土壤的气体渗透率、土壤的结构和分层、地下水的温度、地下水的 pH 水平、地下水中营养

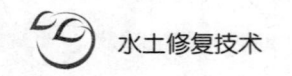

物质的类型和电子受体的类型等,还有污染物的浓度及可降解性和微生物的种群,上述因素均会影响该联合修复的处理效果。

(3)关键技术

虽然SVE-AS系统各不相同,但典型的SVE-AS系统包含空气注入井、抽提井、地面不透水保护盖、空气压缩机、真空泵、气/水分离器、空气及水排放处理设备等。抽出的污染物可能需要进行地上处理。SVE-AS系统的设计及操作,所需考虑的参数包含场地地质特性、注入空气的流率、注入空气的压力等一系列因素,通常须在场地建立模型测试,以决定空气流入系统的设计参数。系统建立后需要不断监测和系统调整,以最大限度地提高系统性能。系统主要设计及操作关键技术包括以下几点:

1)空气注入井。空气注入井有垂直、巢式、水平、水平/垂直或探针等形式,依赖场地条件和成本而定。其中垂直井最常用,直径多为50mm以上,井筛的长度建议值为0.3-1.5m。垂直井的配置由场地注入影响区而定,在粗粒土壤中,影响区大多为1.5~9m,成层土壤中影响区在18m以上。注入气流在靠近井筛顶端处压头最小,路径随场地地质条件而定。垂直井的安装通常使用中空螺旋钻法的技术安装,如果地下水位高低经常变动的场址,可设计多重深度开口的方式,以让空气注入不同的深度。井筛顶端的安装深度应在修复区域低静水位以下1.5m处。

2)空气压缩机或真空泵。空气压缩机或真空泵的选择,需考虑到供应注入空气的压力和流量,一般空气注入的压力由注入点上端的静水头、饱和土壤所需的空气入口压力及注入的空气流量所决定。注入压力太高,会使污染扩散至未污染地区。细粒土壤通常需要更高的入口压力,为最小入口压力的2倍或2倍以上。最大压力应该是在井筛顶端的土壤管柱重量所得压力计算值的60%~80%。

3)系统监测装置。应特别设置当SVE系统失效时,空气注入系统能自动关闭的监测装置。因为当空气注入系统在抽提系统失效后,会使污染区的污染物扩散,甚至进入邻近建筑物或公用管线中,产生爆炸的危险。此外,通常AS/SVE系统的操作需要进行监测,才能将系统成效调节至优化状态。

3. 生物通风—原位曝气/生物曝气联合修复(BV-AS/BS)

BV是一种生物增强式SVE技术,将空气或氧气输送到地下环境以促进生物的好氧降解作用。SVE的目的是在修复污染物时使空气抽提速率达到最大,利用污染物挥发性将其去除;而BV的目的是优化氧气的传送和使用效率。创造好氧条件来促进原位生物降解。因此,BV使用相对较低的空气速率,以增加气体在土壤中的停留时间,促进微生物降解有机污染物。生物通风也可利用土壤渗流外加营养元素或其他氧源来强化降解,可大大降低抽提过程尾气处理的成本,同时拓宽了处理对象的范围,不仅可应用于挥发性有机物,而且也可应用于半挥发性和不挥发性有机污染物,受污染的土壤可以是大面积的面源污染,但污染物必须是可生物降解的,且在现场条件下其速率可被有效检测出来。和 SVE 技术一样，BV 技术也可与修复地下水的 AS 或 BS 技术相结合，对饱和区和不饱和区同时进行修复，将空气注入含水层来提供氧支持生物降解，并且将污染物从地下水传送到渗流区，在渗流区污染物便可用 BV 法处理。

（1）适用范围

BV 技术适用于能好氧生物降解的污染物，不仅能成功用于轻组分有机物，如汽油等，还能用于重组分有机物，如柴油等，另外还适用于挥发性或半挥发性组分污染的治理。在污染现场，已被 BV 成功处理的有机污染物中有喷气式燃料油、柴油机燃料油、汽油、BTEX 化合物（苯、甲苯、乙苯和二甲苯）、多环芳烃有机物、五氯苯酚和柴油等。有机燃料油的轻组分是生物通风最普遍的修复对象。

BV-AS/BS 技术主要用于土壤不饱和区和饱和区中挥发性、半挥发性和不挥发性可生物降解的有机污染物的联合修复，根据需要加入营养物质添加剂。然而污染物的初始浓度太高会对微生物有毒害作用，修复后，污染物的浓度也不是总能达到非常低的净化标准。此外，同 SVE-AS 技术一样，BV-AS/BS 技术也不适用于处理低渗透率、高含水率、高黏度的土壤。

（2）修复效果影响因素

BV-AS/BS 技术现场修复效果的影响因素更多，除了影响 SVE-AS 修复效果的土壤渗透性、土壤结构和类型、曝气压力、气相抽提量等物理因素外，还有和微生物生长有关的生物因素。主要影响因素如下：

1）土壤湿度：微生物需要足够的水分以供其生长代谢需求，生物转化速率和土壤湿度之间的依赖关系根据污染物不同而不同。在许多 BV 修复现场，添加土壤水分后增加了生物降解速率。但过度增加土壤湿度，土壤中的水分会将土壤孔隙中空气替换出来，浸满水的土壤从好氧条件转变为厌氧条件，不利于好氧生物降解，使得生物通风失去作用。

2）土壤温度：土壤温度和含氧量是去除土壤中污染物的重要因素。温度与污染物组分的气相分压有关，在适当范围内增加土壤温度，既能提高微生物降解活性又能增加污染物的挥发性，从两方面促进污染物从土壤中脱除。在温度成为主要限制因素的寒冷地区，可通过热空气注射、蒸气注射、电加热和微波加热等办法提高土壤温度。

3）土壤 pH：pH 关系着微生物的生长及酵素的产生。一般使用生物通气法时，pH 的范围最好介于 6～8。若 pH 超出这个范围，则必须进行调整。

4）电子受体：微生物氧化有机物时需要电子传递中接受电子的物质，土壤中的氧、硝酸盐、硫酸盐等可作为微生物降解有机污染物的电子受体。原位生物降解很大程度上受以空气形式的氧气输送速率的影响，根据土壤渗透性设计适当的通风量，维持受污染土壤中氧含量，能为微生物的好氧降解提供足够的电子受体。

5）营养物质：添加无机营养盐如铵类或磷酸盐可支持细胞生长，从而促进生物降解。Beedveld 等比较了分批、实验室土柱和现场规模研究中加入营养物质对生物通风

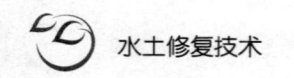

的影响,比较发现,污染现场生物通风一年后,添加营养物质的情况下 TPH 含量减少 66%,未添加营养物质的情况下只有极少轻组分被去除。

6)微生物:土壤中通常蕴藏大量的微生物族群,如细菌、原生动物、菌类及藻类等。在通气性良好的土壤中,通常存在着好氧性微生物,这些微生物极为适合进行生物通气法。在修复进行之前,需要评估土壤中的微生物数目,通常微生物达到一定数目时,生物通气法才会有效率,必要时添加优势菌可大幅度提高修复效果。

(3)关键技术

BV-AS/BS 使用时会设计一系列的注入井或抽提井,将空气以极低的流速通入或抽出,并使污染物的挥发降至最低,且不致影响到饱和层的土壤。当使用的系统为抽提井时,则生物通风法的程序与 SVE 法极为相似。生物通风法可以去除 SVE 法无法去除的低浓度的可生物降解的化合物。当使用正压系统注入空气时必须避免挥发性有机物被吹送至未受污染的土壤区域。

1)典型的 SV-AS/BS 系统设计一般包括抽提井或注入井、空气预处理、空气处理单元、真空泵、仪器仪表控制、监测地点、可能的营养输送单元。真空抽提井:真空抽提井的井口真空压力一般为 0.07~2.5m,与 SVE 一样,分为垂直井和水平井。当污染物分布深度小于 7m 时,采用水平井比垂直井更有效;当污染物在 15~45m 分布、地下水深度大于 1m 时,一般采用垂直井。

2)空气注入井:空气注入井的井口压力一般为 0.7~30kg/cm^2。与抽提井的设计相似,但可设计一个更长的筛板间隔以保证气体的均匀分布。

3)真空泵:真空泵所选的类型和大小应根据:① 要求实现的井口设计压力(包括上游和下游的管道损失);② 起作用的抽提井或注入井的总流速。

4)系统监测:通常监测的参数包括压力、气体流速、抽提气体中二氧化碳和/或氧浓度、污染物质量抽提率、温度、营养抽提率等。

5)营养输送:如需营养物质促进微生物生长或调节土壤 pH,营养物质一般采用手工喷洒或灌溉(如喷头)的方法通过横向沟渠或井注入。设计与水平抽提井类似,在小于 0.3m 的土壤浅层砾石铺设的沟渠里设置开槽或穿孔的 PVC 管。

4. 双相抽提

双相抽提(dual phase exLraction,DPE)是指同时抽出土壤气相和地下水这两种类型污染介质,对污染场所进行处理的一种技术,相当于土壤 SVE 和地下水抽提技术的结合。DPE 旨在最大限度地抽提,然而该技术也因为增加了非饱和区的氧气供应而刺激石油污染物的降解,类似于生物通风。DPE 技术作为一种创新技术,有潜力成为比传统修复技术更具成本效益的技术,一般在饱和区和不饱和区都有修复井井屏的情况下使用。由于系统中逐渐增加的真空压力梯度传递至地下液体,连续相的液体如水和自由相石油污染物将流向真空井并形成液压梯度,真空度越高,液压梯度越大,液体的流动速率越大。抽提的真空度不仅抽出了土壤气相、净化了土壤气相，而且也促进了地下水的修复。一方面 DPE 可用于处理饱和区和非饱和区的污染物，另一方面 DPE 也可处理残留态、挥发态、自由态和溶解态的污染物。在相同仪器设备条件下，DPE 与传统的地下水抽提技术相比，提高了地下水的修复速率，增加了修复单井的影响半径。

DPE 工艺根据地下水液相和土壤中气相是以高流速双相流从单一泵中一同抽提出来，还是气液两相分别从不同的泵中抽提出来分为单泵双相抽提和双泵双相抽提两种类型，也有采用增加一个泵辅助抽取漂浮物质的三泵系统，但结构与双泵系统基本一致，本节重点讨论单泵系统和双泵系统。

1）单泵 DPE 系统

单泵系统只是简单的土壤 SVE 和地下水修复技术的结合，通过高速的气相抬举悬浮的液滴克服抽提管道的摩擦阻力到达地表，单泵 DPE 系统法主要用以处理石油污染物所造成的自由移动性 LNAPL 污染的地下水层并可增加不饱和层中非卤族挥发性或半挥发性有机物的去除。

2）双泵 DPE 系统

比较传统的双泵 DPE 系统，土壤中的气相和液相采用一个"管中管"分别通过泵和风机抽提至地表，潜水泵悬挂于抽提 NAPL 或地下水等液体的井中，并通过液体抽提管将液体输送至地上液相处理系统，同时，土壤气体通过井口真空泵抽提，抽提的气体在输送至气相处理系统前，先进入气液分离器进行处理。其他的 DPE 设施也很常见，如运用抽吸泵（在地表运用的双隔膜泵）将井中的水抽出，而不是潜水泵；再如运用线轴涡轮泵抽提井中水，提供一个足够的浅层地下水位。

5. 表面活性剂增效修复处理技术（SEAR）

（1）SEAR 技术简介

由于一些被吸附在含水层介质上的污染物以及被截流在介质里的非水溶性流体（NAPL）并不随水流动，而是缓慢地解吸或溶解到水中，且含水层非均质，传统的处理系统常出现拖尾（cailing）和回弹（rebound）现象，要达到处理目标耗时长、耗资也大。20 世纪 90 年代后开展起来的表面活性剂增效修复（surfactant enhanced remediation，SEAR）技术有效地解决了这些问题。表面活性剂增效修复技术利用了表面活性剂溶液对憎水性有机污染物的增溶作用（solubilization）和增流作用（mohilizalion）来驱除地下含水层中的非水溶相液体和吸附于土壤颗粒物上的污染物。抽出处理与表面活性剂溶液联合应用，现场修复速率提高 1 000 倍+，再经过进一步处理后，可以达到修复受污染环境的目的。在地面混合罐中配制表面活性剂与助剂（如醇、盐等）的水溶液，将其由注入井注入地下。表面活性剂水溶液在地下介质与 NAPL 污染物作用后由抽提井抽至地面，在地面处理单元首先需要从抽出物中分离 NAPL 污染物，然后再将回收的表面活性剂和经物化法或生物法处理后的水回送至混合罐循环使用。

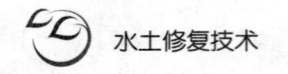

表面活性剂增效修复（SEAR）的机理有增溶和增流两种途径，现分述如下。

1）增溶作用。表面活性剂具有亲水亲油的性能。表面活性剂易集聚在水和其他物质的界面，使其分子的极性端和非极性端处于平衡状态。当表面活性剂以较低浓度溶于水中，其分子以单体形式存在。烃链不能形成氢键，干扰邻近的水分子结构，产生了围绕在烃链周围的具有高熵值的"结构被破坏"的水分子，从而增加了系统的自由能。如果这些烃链全部或部分地被移除或被有机物吸附，使其不与水接触，则自由能可实现最小化。当表面活性剂以较高浓度存在时，水的表面没有足够的空间使所有的表面活性剂分子集聚，表面活性剂分子集聚成团，形成胶束，使得系统的自由能也会降低。胶束呈球形，亲油的非极性端伸向胶束内部，可避免与水接触；亲水的极性端朝外伸向水，内部能容纳非极性分子。而极性的外部能使其轻易地在水中移动，胶束形成的表面活性剂浓度为临界胶束浓度（CMC）。当溶液中的表面活性剂浓度超过CMC时，能显著提高有机污染物的溶解能力。

2）增流作用。造成NAPL在地下水介质滞留的原因是土壤孔隙的毛细管作用。毛细管作用的大小与油—水界面张力成正比，当界面张力较大时，则注入井和抽提井之间的水力梯度较大。表面活性剂能降低NAPL和水的界面张力，使土壤孔隙中束缚NAPL的毛细管力降低，从而增加了污染物的流动性。此外，表面活性剂有助于难溶有机化合物从土壤颗粒上的解吸，并溶解于表面活性剂胶束溶液中，从而提高与微生物的接触概率，为难溶有机化合物的生物降解提供可能的途径。

然而，当表面活性剂应用于DNAPL污染地区的修复时，表面活性剂在DNAPL和水的界面自发形成乳液。这种行为对于污染物修复有正反两方面的作用。乳液增加了水和污染物的界面面积，使表面活性剂轻易地把非极性污染物吸附到胶束内部，从而有助于修复过程；如果乳液被地下水轻易地带走，则有助于从土壤和地下水中去除胶束污染物复合体。但当乳液层太厚时，乳液将阻碍修复过程的进行，此外，乳液还能阻塞细粒土壤的孔隙，从而阻滞污染物/胶束混合物被快速地抽出。

（2）表面活性剂的选择

表面活性剂是指显著降低溶剂（一般为水）表面张力和液—液界面张力并具有特殊性能的物质，它具有亲水亲油的双重特性，易被吸附、定向干物质表面，能降低表面张力、渗透、湿润、乳化、分散、增溶、发泡、消泡、洗涤、杀菌、润滑、柔软、抗静电、防腐、防锈等一系列性能。由于NAPL在水中有较低的溶解度和较高的界面张力，使其从土壤和地下水中去除困难。而表面活性剂能改变这两种特性，它同时拥有极性端和非极性端的大分子，分子的极性端伸向水中，非极性端吸引NAPL化合物。

表面活性剂有阴离子表面活性剂、阳离子表面活性剂、两性表面活性剂及非离子表面活性剂四种类型。应当注意，阴离子型和阳离子型表面活性剂一般不能混合使用，否则会发生沉淀而失去表面活性作用。由于化学合成表面活性剂受原材料、价格和产品性能等因素的影响,且在生产和使用过程中常会严重污染环境及危害人类健康。因此,随着人类环保和健康意识的增强,近二十多年来,对生物表面活性剂的研究日益增多,发展很快。国外已就多种生物表面活性剂及其生产工艺申请了专利,如乙酸钙不动杆菌生产的一种胞外生物乳化剂已经有了成品出售。国内对生物表面活性剂的研制和开发应用起步较晚,但近年来也给予了高度重视。生物表面活性剂是由酵母或细菌从糖、油类、烷烃和废物等不同的培养基产生的,以新陈代谢的副产品产生,结构和产量依赖于发酵罐设计、pH、营养结构、培养基和使用温度。生物表面活性剂具有独特的优势,其高度专一性、生物可降解性和生物兼容性比合成的表面活性剂更有效。

化学合成表面活性剂通常是根据它们的极性基团来分类,而生物表面活性剂则通过它们的生化性质和生产菌的不同来区分。一般可分为五种类型:糖脂、磷脂和脂肪酸、脂肽和脂蛋白、聚合物和特殊表面活性剂。这些化合物是阴离子型或中性的,只有很少一部分含胺基团是阳离子型的。分子的疏水部分为长链脂肪酸或羟基脂肪酸;亲水部分为糖类、氨基酸、环缩氨酸、磷酸、羧酸或醇。

选取适当的表面活性剂及助剂,调配合适的微乳液体系是 SEAR 技术的关键,选择表面活性剂时考虑的主要因素包括两大方面:一方面是表面活性剂本身的性质,另一方面是现场应用需考虑的因素。其中,表面活性剂本身性质包括:① 面活性剂的有效性;② 成本要低,可采用临界胶束浓度低的表面活性剂,从而降低试剂的消耗,降低成本;③ 生物毒性低,环境友好;④ 生物可降解性;⑤ 本身在地下介质表面吸附量要小,如果吸附量大则其有效浓度将大大降低,导致修复成本增加;⑥ 低温活性,耐硬度特性好;⑦ 易于回收。

现场应用需考虑的因素包括:① 修复现场的土壤类型;② 水和污染物的界面张力;③ 污染物在地下水的溶解度;④ 污染物类型。

(3) NAPL 污染物的分离与表面活性剂的回收技术

SEAR 修复技术的主要成本来自表面活性剂的消耗。因此,如果能将表面活性剂有效地回收使用,将可大大节约修复成本。循环利用表面活性剂可以节约 70% 的成本,而能否有效循环利用则取决于污染物的分离效率及有效的表面活性剂回收技术。在回收使用表面活性剂之前,必须将污染物从抽出液中分离。目前认可的回收标准是污染物分离效率应达到 95%。

分离 NAPL 污染物的方法有(空气/蒸气/真空)吹扫法、渗透蒸发法、液—液萃取法和吸附法等。处理方法的选择依赖于表面活性剂的回收必要性和污染物特性。这些方法各有利弊。

吹扫法技术成熟,适于分离挥发性强的 NAPL 污染物。但表面活性剂的存在降低了亨利常数,影响分离效果,也容易形成泡沫。近年来发展的渗透蒸发技术在传统吹扫法的基础上增加了膜分离技术,可以有效避免泡沫及乳化作用的影响。但在采用膜处理时，可采用紫外消毒和化学改良来消灭微生物以防止生物堵塞，避免影响处理过程。液—液萃取法用途广泛，适用于不同挥发性的污染物。但界面稳定性差，萃取剂再生困难。在吸附分离技术中，由于活性炭对污染物和表面活性剂的吸附都很强，所以不宜选用。离子交换树脂在吸附带有相反电荷的离子型表面活性剂的同时也吸附了表面活性剂分子层内的污染物，导致分离效率偏低。

表面活性剂的回收处理单元主要包括蒸发、超滤、纳滤、胶束促进超滤、泡沫分馏等，胶束强化超滤技术可以回收表面活性剂腔束，具有成本低的优点，但由于表面活性剂单体仍残留在滤液中，造成溶剂的损耗。同时，胶束中可能包容的 NAPL 污染物需要进一步处理。纳滤技术不仅可以回收表面活性剂胶束，也可以回收单体，较超滤的回收率高。但纳滤允许的膜通量低、需要的压力大，因此成本偏高。泡沫分馏技术成本低，但处理量小，适于表面活性剂单体的回收。

综上所述，为提高回收率降低成本，宜采用联合回收技术。一旦污染物或可气提物被去除，可采用生物处理法在足够的停留时间内对剩余表面活性剂进行降解。更典型的方法是在允许排放浓度范围内，与其他含消泡剂的废液一起排放。在缺少消泡剂时，也可以浓缩回收后现场回用表面活性剂。除了水相有机污染物去除装置外，预处理和辅助装置还包括滗水装置或 NAPL 分离装置、用来调节 pH 和加入分散剂的药剂计量装置、中间储罐及意外事故储罐等。回收后的表面活性剂溶液回用于注入过程。

（4）SEAR 技术修复效果影响因素

表面活性剂促进土壤中 PCB 的洗脱受到多方面影响，包括表面活性剂的结构性质[如类型、CMC、亲水亲油平衡值 HLB（hyddrophile-lipophile balance）]、溶液质量浓度、组成，以及土壤本身的性质作用。

1）表面活性剂结构性质的影响。由于表面活性剂有阴离子型、阳离子型、非离子型和生物表面活性剂之分，它们所表现出来的物理化学性质不尽相同，因此，对不同有机物的释放效果的强弱也不尽相同。生物表面活性剂结构相比于化学表面活性剂更加复杂，单个分子所占据的空间更大，能促进 PCB 进入疏水基团中，因而对 PCB 的增溶效果更为显著。双亲水基烷基二苯基二磺酸钠不仅比单亲水基的十二烷基硫酸钠的增溶能力强，而且抗硬水能力也强

2）表面活性剂浓度的影响。溶液中表面活性剂的浓度大小也会影响对有机物增溶效果的大小。施周研究了非离子型表面活性剂和阴离子型表面活性剂对 PCB 的增溶效果，发现不管是在 CMC 以上还是以下，表面活性剂都有增溶作用。当浓度在 CMC 以上时，增溶作用显著增加，随着表面活性剂浓度的增大，PCB 的溶解度呈正比线性增长。而当浓度在 CMC 以下时，表面活性剂的增溶作用却不显著。当表面活性剂的浓度高于 CMC 时，会减小有机物在土壤中的分配系数，同时增大有机物在水中的溶解度。但表面活性剂溶液质量浓度过高时，会在水溶液中形成絮凝物，然后与有机物结合成黏性乳

状液，这种乳状液会堵塞土壤中的孔隙，从而减慢溶液的流速，降低洗脱效果。

3）表面活性剂组成的影响。与单一表面活性剂相比，不同类型的表面活性剂的混合使用，能产生协同增溶作用，而同种类型表面活性剂的混合则会出现减溶的效果。混合使用的增溶效果最为显著。

4）土壤性质的影响。用表面活性剂溶液洗脱土壤中的难溶憎水性有机污染物是在土壤的孔隙中进行的，因此，土壤的介质特性、孔隙结构特征都会影响表面活性剂在孔隙中的运移，从而影响洗脱效果，因此土壤种类（特别是黏土矿物种类）是决定表面活性剂能否增强难溶憎水性有机污染物解吸的关键因素。表面活性剂在增加难溶憎水性有机污染物溶解度的同时，其中一部分表面活性剂也会吸附在土壤中，而吸附的表面活性剂会阻碍土壤中有机污染物与水溶液中表面活性剂的有效接触，从而对土壤中难溶憎水性有机污染物的释放产生负面影响。

（5）SEAR技术的应用

表面活性剂与其他修复技术联合应用进行增效修复，可应用于现场修复和现场外修复。表面活性剂可用于促进大范围污染物的去除，已成功应用于PCE、BTEX化合物、VOC、SVOC、PCB及氯化溶剂的去除。表面活性剂增效技术与土壤修复技术的联合能够大大提高修复技术的效率。

1990年和1991年在加拿大进行了污染土壤情况测试。该地区的水力传导率为1×10^{-4} cm/s，离子交换容量（CEC）和有机物含量较低。基于现场数据，21倍孔隙体积（PV）的1%表面活性剂溶液去除TCE需4年，而抽出处理系统净化该地区需要1 000倍孔体积的水并要经过400多年。1996年，Texas大学对该问题进行了研究：用2.5倍孔隙体积的8%的表面活性剂溶液，4%异丙醇和氯化钠溶液去除TCE。未采用限制墙，当地下水最终质量浓度达到10mg/L时，大约99%的DNAPL被去除。

1988年，在木处理厂场地测试了表面活性剂的冲洗性能。实验采用了两种混合物：一种用于预冲洗，另一种用于进一步降低油的浓度。第一种混合物包括：1% Polystep A，0.7% NaHCO$_3$溶液，0.8% Na$_2$CO$_3$溶液，1 000mg/L黄原胶；第二种混合物包括：1% Makonl0表面活性剂，0.7% NaHCO$_3$溶液，0.8%Na$_2$CO$_3$溶液，1 000mg/L黄原胶。实验结果为：油含量降低95%，99%的表面活性剂实现回收。表面活性剂和氢氧化钠联合运用降低了界面张力，提高了油的回收率。碱性药剂也可与烃反应形成表面活性剂，该表面活性剂与加入的表面活性剂联合运用可显著降低界面张力和提高油的回收率。

生物表面活性剂能够增强疏水性化合物的亲水性和生物可降解性，增加微生物的数量，继而提高烷烃的降解速率。发现分别添加0.1%和1%鼠李糖脂的堆制系统中，汽油污染土壤中碳氢化合物的降解率分别提高了11.9%～45.2%和20.2%～48.3%。

表面活性剂增效修复技术与地下水修复技术的结合也能够有效解决地下水修复技术本身的弊端。对于原位曝气技术（AS）中存在非均质环境下，对低渗透性介质污染修复效果较差；在细颗粒介质中，气流只局限在曝气井附近几条狭窄的孔道内，大部分污染物只能首先通过扩散进入孔道后才得以去除等弊端，表面活性剂强化空气扰动技术（SEAS）能够有望给以解决。目前，国外学者对 SEAS 技术进行了一定研究。以砂为介质研究了地下水表面张力和空气饱和度的关系；还通过二维砂槽实验研究了 SEAS 对甲苯、四氯乙烯的去除效果。为了更好地阐明不同表面活性剂浓度下空气饱和度的变化机理，以中砂和砾石为介质分别模拟两种不同的气流运行方式，来研究表面活性剂浓度对空气饱和度的影响，其结果表明气流以孔道运行方式为主时，随着地下水表面张力降低，空气饱和度逐渐提高；但当表面张力降到 49.5mN/m 时，会导致优先流的形成，空气饱和度不再升高，反而有降低的趋势。当气流以孔道运行方式为主时，表面张力降低所引起的毛细压力下降是地下水中空气饱和度提高的主要原因；当气流以鼓泡运行方式为主时，空气饱和度随着表面张力的降低而持续增加；当气流以鼓泡运行方式为主时，气泡稳定性增强是空气饱和度提高的主要原因。空气饱和度是衡量 AS 处理效果的重要指标，地下水中空气饱和度越高，意味着空气和污染物接触的机会越多，面积越大，污染物就越容易通过挥发而被去除。

SEAR 技术是一项很有发展前途的土壤以及地下水中 NAPL 污染修复技术，目前仍处于不断完善的过程中。该技术适于处理多种地下 NAPL 污染，可以在较短时间内快速有效地去除污染源。与其他处理方法相比，该技术突破了蒸气抽提法对 NAPL 传热性和气提法对 NAPL 挥发性的限制条件。设计完美的 SEAR 技术，可以通过控制水力梯度，对污染源做强有力的驱替（sweep），其驱替强度比反应墙（PRB）等技术高。处于地质条件分布均匀且渗透率高（>10cm/s）的饱和带的污染源最适于用 SEAR 技术进行修复。从安全和经济的角度考虑，采用 SEAR 技术必须事先对污染源的地质条件，包括地下介质的均质性（物理均质性及化学均质性）、水力梯度和渗透率等做广泛而详尽的考察。这是因为低渗透率及非均质性将直接影响修复效果及运行成本。同时，由于 SEAR 技术将污染物抽至地面进行处理，所以与反应墙（PRB）技术相比，废物处理成本较高，增流作用要比增溶作用在实际运行过程中运行费用低，因为增流作用不依赖于污染物的饱和程度而增溶作用依赖性较强。

有关 SEAR 技术的总处理费用不太取决于处理时间的长短，主要包括：表面活性剂消耗（30%）及表面活性剂回收（29%），密封或截流（30%）及井费用（5%）等。DNAPL 去除率可达 99%，是采用常规抽出处理技术成本的 10%。此外，表面活性剂溶液的调配、抽提的速率、处理周期及表面活性剂回收等地面处理过程对现场地质条件有很强的依赖性，所以要求设计人员具有丰富的经验。截至目前，尽管 SEAR 技术已经越来越多地被用于实地修复示范研究，但尚有很多方面需要进一步的探索。

4.3 地下水污染防治对策

地下水污染问题已经成为关系全民健康的首要问题之一。污染防治需要每个人的关心和参与。为此，需要切实落实以下对策。

（1）切实贯彻有关法规政策，提高全民用水素质，坚决贯彻执行《中华人民共和国水法》和《中华人民共和国水污染防治法》，完善地方法规，实行谁污染谁治理、谁开发谁保护的原则，有步骤、有重点地解决水环境污染问题。要更加广泛地向全社会宣传水资源紧缺、地下水超采和污染的形势，提高全民对科学保护、合理开发利用和节约用水重要意义的认识和水的忧患意识，还应把保护环境、保护地下水资源方面的知识和法规纳入中小学教材之中，教育青少年从小懂得珍惜、爱护水资源和水环境，养成节约用水的美德。

（2）统筹规划、合理开发地下水资源，增强全民环保意识，强化节约用水，推广节水新技术，加强对用户尤其是大户的用水量控制，扶持企业搞环保，推广洁净新能源外，应把能源基地作为一个生态系统予以全面规划。

（3）建立水质监测网，加强水质监测，发现问题及时解决。建立水质监测网，逐步建立和完善水环境监测体系，对重点污染地区（段）进行重点监测，系统掌握城市（区域）地表水、地下水水质的污染发展变化吸动态特征，为保护水环境提供科学依据。

（4）地下水资源是水资源的重要组成部分，在我国北方地区地下水的供水意义非常重要。因此，开展地下水污染控制与修复的研究对于水资源的可持续利用具有重要意义。我国地下水的污染非常严重，存在着大量的污染场地，这些污染场地的类型不同，主要污染物、污染机理和特性复杂。因此，污染的控制方法和修复技术可能不尽相同，需要开展研究。随着经济的发展，地下水污染场地的控制与修复工作将会有很大的实际需求。

（5）在研究的基础上，对不同类型的地下水污染场地开展目标管理是非常重要的。首先要开展地下水污染场地的调查，建立污染场地的地下水监测网，并定期实施监测分析；进行不同级别、不同层次的地下水污染防治规划，以污染预防为主，建立地下水污染的预警系统；积极开展地下水污染控制与修复的研究工作，包括污染控制与修复技术、污染场地的修复基准和标准等。

（6）发达国家地下水污染控制与修复已经是研究的热点和前沿，而且有许多工程实例，取得了很多经验。我国在这一领域的研究刚刚起步，急需借鉴发达国家的经验，结合自己具体的条件，开展研究工作。

第 5 章　土壤污染的修复

5.1　土壤污染修复

5.1.1　土壤背景值

土壤背景值是指未受或少受人类活动特别是人为污染影响的土壤环境本身的化学元素组成及其含量。土壤背景值是各种成土因素综合作用下成土过程的产物，地球上的不同区域，从岩石成分到地理环境和生物群落都有很大的差异，所以实质上它是各自然成土因素（包括时间因素）的函数。由于成土环境条件仍在不断地发展和演变，特别是人类社会的不断发展，科学技术和生产水平不断提高，人类对自然环境的影响也随之不断地增强和扩展，目前已难以找到绝对不受人类活动影响的土壤。因此，现在所获得的土壤背景值也只能是尽可能不受或少受人类活动影响的数值。

研究土壤背景值具有重要的实践意义。因为污染物进入土壤环境之后的组成、数量、形态和分布变化，都需要与背景值比较才能加以分析和判断，所以土壤背景值是土壤环境质量评价，特别是土壤污染综合评价的基本依据，是研究和确定土壤环境容量，制定土壤环境标准的基本数据，也是研究污染元素和化合物在土壤环境中的化学行为的依据。另外，在土地利用及其规划，研究土壤生态、施肥、污水灌溉、种植业规划，提高农、林、牧、副业生产水平和产品质量，食品卫生、环境医学等方面，土壤环境背景值也是重要的参比数据。

我国在 20 世纪 70 年代后期开始进行土壤背景值的研究工作，先后开展了北京、南京、广州、重庆以及华北平原、东北平原、松辽平原、黄淮海平原、西北黄土、西南红黄壤等的土壤和农作物的背景值研究。

5.1.2　土壤环境容量

土壤环境容量是针对土壤中的有害物质而言的，它是指在人类生存和自然生态不致受害的前提下，土壤环境单元所容许承纳的污染物质的最大数量或负荷量。简言之，土壤环境容量实际上是土壤污染起始值和最大负荷值之间的差值。若以土壤环境标准作为土壤所能承纳的最大允许限值，则该土壤的环境容量便是土壤环境标准值减去土壤背景值。在尚未制定土壤环境标准的情况下，还可以通过土壤环境污染的生态效应试验，加之考虑土壤环境的蓄净作用与缓冲性能，来确定土壤环境容量。

土壤环境容量能够在土壤环境质量评价、制定污水灌溉水质标准、污泥施用标准、微量元素累积施用量等方面发挥作用。土壤环境容量充分体现了区域环境特征，是实现污染物容量控制的重要基础。在此基础上，人们可以经济、合理地制定污染物总量控制规划，也可以充分利用土壤环境的纳污能力。

5.1.3 土壤修复技术

为了解决日益严重的土壤污染问题，许多科研人员开始研究土壤污染的治理技术。在20世纪70年代后期，以土壤环境化学为基础的土壤治理技术应运而生。这项技术不仅对土壤污染进行治理使其不危及人类健康，更着力于恢复土壤的功能，因而名为土壤修复技术。土壤修复利用物理、化学、数学、生物、信息和管理等科学技术原理和方法，主要研究土壤污染监测与诊断、污染土壤中污染物时空分布、环境行为及形态效应；研究污染土壤生态健康风险和环境质量指标；研究污染物容纳、遏制、消减、净化方法及其过程和机理；研究土壤修复的安全性、稳定性及标准；研究修复后提供无污染土壤及其修复过程的风险评估方法和标准，创建土壤污染控制和修复理论、方法和技术及其工程应用与管理规范，为土壤资源可持续利用、农产品安全、环境保护、人类健康保障提供理论、方法、技术及工程示范。

土壤修复的基本方法就是采用各种技术与手段，将污染土壤中所含的污染物质分离去除、吸附固定、回收利用或者将其转化为无害物质，使土壤得到恢复。从科学原理上，土壤污染修复包括物理修复、化学修复和生物修复。从污染土壤的类型和优先修复的目标污染物上，重金属污染土壤修复和有机污染土壤修复是研究重点。

物理—化学修复法是使用物理或者化学方法将污染物从土壤中分离、分解或者降低污染物在土壤中的迁移性能的方法，物理修复方法主要有土壤气相抽提、土壤清洗、溶剂萃取、土壤固化、热脱附等方法。另外，超临界提取土壤中有机污染物也是一项正在发展的污染土壤修复方法。化学方法包括化学氧化/还原、化学淋洗、化学降解等修复技术。化学氧化/还原是指向地下注入氧化剂或者还原剂使污染物发生化学反应而去除的技术；化学淋洗是指借助能促进环境介质中污染物溶解或迁移的化学试剂作为淋洗溶剂，原位或者异位洗脱或者解吸污染物的技术；化学降解是使土壤中的有机化合物分解或转化为其他无毒或低毒性物质而得以去除的方法，包括光催化修复技术、电化学修复技术、微波分解及放射性辐射分解修复技术等。

生物修复法是应用生物对污染物进行吸收、降解等作用达到移除污染物的效果，其主要包括微生物修复和植物修复法等。微生物修复方法具有操作简单、费用低的特点，在土壤污染胁迫下，部分微生物通过自然突变形成新的变种，并由基因调控产生诱导酶，在新的微生物酶作用下产生与环境相适应的代谢功能，从而具备了对新污染物的降解能力。添加 N、P 等营养物质并接种经驯化培养的高效微生物，可将残存在土壤中的农药等有机污染物降解或去除，使之转化为无害物或降解为 CO_2 和 H_2O。目前，所利用的微生物有土著微生物、外来微生物和基因工程菌三种类型。

有机污染土壤植物修复是利用植物的生长吸收、转化、转移污染物而修复土壤，是一种经济、有效、非破坏型的修复技术，主要包括两种机制：植物直接吸收并在植物组织中积累非植物毒性的代谢物；植物释放酶到土壤中，促进土壤的生物化学反应，根际—微生物的联合代谢作用。

联合修复法是将物理—化学修复法、生物修复法联合在一起的修复方法，可以实现单一技术难以达到的修复目标，降低修复成本。

5.1.4 土壤修复发展趋势

众所周知，对于污染场址的土壤修复是一件很困难的事，尽管出现了各种各样的修复技术，且所针对的目标污染物非常宽泛，但由于土壤特性和场址的复杂性，现存的单一修复方法很难完全去除污染物，有的修复时间很长，有的对土壤扰动太大、成本太高。土壤修复朝着寻求有效的强化手段提高污染物移除效率、开发新的联合修复方法、构建污染土壤修复生态工程的方向发展。另外，现代修复技术发展方向应该是从生态学角度出发，在修复土壤污染的同时，维护正常的生态系统结构和功能，实现绿色意义的污染土壤修复，实现人和环境的和谐统一。修复污染土壤的同时，必须尽量考虑工程实施给环境带来的影响，阻止次生污染的发生，或防止次生有害效应的产生。

近年来我国政府越来越重视土壤污染的调查和治理工作，投入经费也逐年急剧增加。我国在政策法规和技术设备方面还极不成熟。虽然我们可以借鉴国际上已经成熟的污染土壤修复技术体系，通过引进—吸收—消化—再创新来发展土壤修复技术，但是国内的土壤类型、条件和场地污染的特殊性决定了需要发展更多的具有自主知识产权并适合国情的实用性修复技术与设备，以推动土壤环境修复技术的市场化和产业化发展。此外，全球土壤修复产业市场容量约达万亿美元，发展我国土壤修复技术与设备，不仅是土壤环境保护与技术产业化的需要，也是使我国这一新兴产业进入国际环境修复市场竞争的需要。

5.2 物理化学修复法

5.2.1 土壤通风

1. 概述

土壤通风（SVE）成为一种应用非常广泛的修复挥发性有机物污染土壤的技术。这种方法主要是通过抽真空设备产生负压，使土壤中 VOC 挥发进入土壤气相，并随气流流向抽提井，从而达到与土壤分离的目的。

一个典型的土壤通风系统主要由抽真空系统、抽提井、管路系统、除湿设备、尾气处理系统以及控制系统等部分构成。结构如图 5-1 所示。

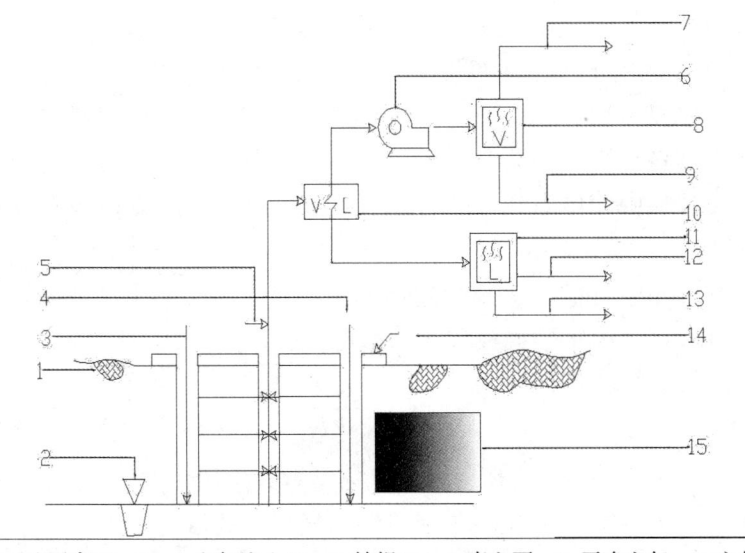

1. 地面 2. 地下水面 3—4. 空气注入口 5. 抽提口 6. 真空泵 7. 干净空气 8. 空气处理系统
9. 处理完的空气 10. 气液分离系统 11. 液相处理系统 12. 处理完的干净水 13. 杂质 14. 备用 15. 贮罐

图 5-1　典型的土壤通风系统结构图

由于 SVE 技术能够简单、有效地移除非饱和区的 VOC，因此其受到广泛的推广和应用。SVE 既可原位也可异位进行，但以原位修复为主。

SVE 技术能够有效地去除非饱和区的 VOC，下面介绍该技术的适用范围。

（1）土壤的渗透率

由于 SVE 需要引起地下的气体流动，而土壤的渗透率决定着气体在土壤中流动的难易，因此土壤的渗透率对于能否适用 SVE 技术具有决定作用。土壤渗透率越高，越有利于气体流动，也就越适用于 SVE 技术。

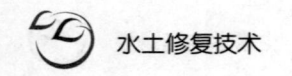

（2）土壤含水率

土壤水分能够影响 SVE 过程的地下气体流动。一般而言，土壤含水量越高，土壤的通透性越低，越不利于有机物的挥发。同时，土壤中的水分还能够影响污染物在土壤中存在的相态。受有机物污染的土壤，污染物的相态主要有土壤孔隙当中的非水相、土壤气相中的气态、土壤水相中的溶解态、吸附在土壤表面的吸附态。

（3）污染物的性质

污染物的物理化学性质对其在土壤中的传递具有重要的影响。SVE 适用于挥发性有机物污染的土壤，通常情况下挥发性较差的有机物不适合使用 SVE 修复。污染物进入土壤气相难易程度一般采用蒸气压、亨利常数以及沸点衡量，SVE 适用于 20℃时蒸气压大于 0.5mmHg（67Pa）的物质，即亨利常数大于 100atm（10⁷Pa）的物质，或者沸点低于 300℃的物质。蒸气压受温度影响很大，当温度升高时，蒸气压也会相应增大，因此出现了通入热空气或水蒸气修复蒸气压较低的污染物污染土壤的强化技术。对于一般的成品油污染，SVE 适用于汽油的污染，对于柴油效果不是很好，不适用于润滑油、燃料油等重油组分的修复。

2. 污染物在土壤各相中的传质和分配

污染物在土壤各相中的传质和分配关系，本节重点讲述污染物传质和分配过程。

（1）土壤气相

当土壤中存在 NAPL 相时，需要使用饱和蒸气压计算气相中的浓度。应用理想气体定律可以将饱和蒸气压（P_V）转换成气体的浓度（C_V）：

$$C_V = \frac{MP_V}{RT} \tag{5-1}$$

式中，M 为气体的摩尔质量；R 为摩尔气体常数；T 为绝对温度。

当 NAPL 为混合物时，使用拉乌尔定律估算气相中的浓度。

$$P_{vi} = p_i^o x_i \tag{5-2}$$

式中，P 为 NAPL 中 i 组分在摩尔分数为 x_i 时气相分压；p_i^o 是纯组分 z 的饱和蒸气压。

（2）土壤水相

亨利定律描述了水相中污染物的蒸发量。亨利常数 K_H 为平衡时物质在气相中的浓度 C_a（质量/气体体积）与水相中浓度 C_w（质量/液体体积）的比值，即：

$$K_H = C_a / C_w \tag{5-3}$$

（3）土壤—水分配

有机组分的土水分配系数（K_d）是描述有机组分在地下系统中吸附特征的重要参数。同时，它也是物质运移模拟和环境评价中的主要参数之一。影响 K_d 的因素可概括为三个方面：土壤性质、有机组分本身特征及水相的物理化学性质。一般而言，对于非极性和弱极性有机组分，土壤中的有机质含量（f_{oc}）是影响 K_d 的最主要因素。但是，对于极性有机组分（POC），特别是在土壤有机质含量较低的情况下，土壤中矿物的种类和含量、水化学组分特征（pH、离子力等）经常在吸附过程中起重要作用。式（5-4）是土壤—水分配系数计算公式：

$$K_d = K_{oc} f_{oc} \tag{5-4}$$

式中，f_{oc} 为土壤中有机碳含量；K_{oc} 为吸附常数。

由于缺少污染组分的 K_{oc} 数据，一般使用辛醇—水分配系数 K_{ow} 关联 K_{oc}。

3. SVE 修复过程

渗流带挥发性有机污染物通常以四相出现：① 以溶解态存在于土壤水中；② 以吸附态存在于土壤颗粒表面；③ 以气相存在于土壤孔隙中；④ 以自由液态的形式存在。如果以自由态出现，土壤孔隙里气相浓度可以从拉乌尔定律求得：

$$P_A = (P^{vap})(x_A) \tag{5-5}$$

式中，P_A 为 A 组分在气相里的分压；P^{vap} 为 A 组分纯液体的分压；x_A 为 A 组分在液相里的摩尔分数。

SVE 过程中抽气井的数量和位置的选择是原位土壤气相抽提系统设计的主要任务之一。SVE 的设计决定主要基于影响半径（R_I），R_I 可定义为压力降非常小（P_{R_I} 约为 1atm）的位置距抽提井的距离。特殊场址的 R_I 值应该从稳态初步实验求得。一般场址 R_I 和抽提井的数量可以通过数学模拟获得。

（1）SVE 流场

有机污染土壤和地下水修复：

$$\frac{\partial}{\partial t}(\varphi \rho_\alpha^* S_\alpha) - \nabla \cdot [\rho_\alpha^* \lambda_\alpha (\nabla P_\alpha - \rho_\alpha^* g)] = E_\alpha^* + \rho_\alpha^* Q_\alpha (\alpha = a, g) \tag{5-6}$$

式中，α 表示相态（g 表示气相，a 表示水相）；φ 为假定不可压缩土壤基质的孔隙率；ρ_α^* 为流动相的质量密度；S_α 为流动相的饱和度；$\lambda_\alpha = k_r k_{r\alpha} / \mu_\alpha$ 为流动相的流动性（k_r 为土壤内在的渗透系数张量，$k_{r\alpha}$ 为相对渗透性，μ_α 为流动相的动力学黏度）；P_α 为流动压力；g 是重力加速度；$E_\alpha^* = \sum_C \sum_\beta E_{\alpha\beta c}^*$（其中 $E_{\alpha\beta c}^*$ 为单位体积介质中从所有相邻的连续相 β 到相 α 的相间质量传递速率）；Q_α 为 α 相的源或者汇。气相的宏观流动方程式可以简化为以下偏微分方程形式：

$$\nabla \cdot (\rho \frac{k_r}{\mu_\alpha} \nabla P^2) = \frac{\partial (\rho k_{r\alpha})}{\partial t} \tag{5-7}$$

将气相密度用理想气态方程代入，并将孔隙率、黏度作为常数，方程式（5-7）变为：

$$\nabla \cdot (k_r \nabla P^2) = 2 k_{r\alpha} \mu \frac{\partial P}{\partial t} \tag{5-8}$$

对于现场操作时间长、可视为达到稳定状态的稳态流场和土壤各向同性条件下，上式简化为：

$$\nabla^2 P^2 = 0 \tag{5-9}$$

方程式（5-9）有解析解和数值解，下面仅介绍其中的解析解。

1）对于一维线性流动，式（5-9）简化为：

$$\frac{d^2 p^2}{dx^2} = 0 \tag{5-10}$$

其解析解为：

$$p^2 - p_{atm}^2 = \frac{2Q_1 p^* \mu}{bk_r}(L-x) \tag{5-11}$$

式中，Q_1 为每单位长度的气相体积流率。

2）对于一维径向流动，式（5-9）简化为：

$$\frac{d^2 p^2}{dr^2} + \frac{1}{r}\frac{dp^2}{dr} = 0 \tag{5-12}$$

其解析解为：

$$p^2 - p_i^2 = \frac{Q_v p^* \mu}{\pi b k_r} \ln(\frac{r}{r_i}) \tag{5-13}$$

式中，Q_v 为空气抽提流率。

假设水相饱和度和残余 NAPL 相无关，只和气液两相滞留数据相关；气液两相滞留数据采用 van Genuchten 公式表达；流动水相和气相的相对渗透性表达式忽略滞留和相对渗透函数中的迟滞；不考虑有机液体的内部源/汇，假设不流动的 NAPL 饱和度的变化只在相间质量传递时存在。

NAPL（非水相液体）饱和度用下面 NAPL 质量平衡方程表达：

$$\frac{\partial}{\partial t}(\varphi \rho_0^* S_0) = E_0^* \tag{5-14}$$

（2）SVE 传质过程

SVE 传质可以获得挥发性有机污染物的修复过程和修复效率。许多学者建立了 SVE 过程相关，在 SVE 初期，当还存在 NAPL 相时，传质为动力学控制，相平衡能够瞬间达到。这个阶段可以使用较大的抽气流量，抽提出的尾气浓度不会因为抽气量的增大而降低，这样可以加快修复速度。当某种物质快要完全移除时，为非平衡状态，此时应当适当降低抽提速度。或者停止抽提，一段时间之后再开始抽提，以降低尾气处理的成本。

本文建立 SVE 基本数学模型的假定条件如下：

流动与传质在恒温下进行；忽略水蒸气在土壤气相中的存在；除了生物通风研究外，一般情况下忽略污染物的生物降解和其他转化行为；只考虑土壤气相的运动，土壤水和 NAPL 视为停滞流体；SVE 过程中不考虑地下水水位变化及土壤中水分散失；土壤固相视为不可压密介质，土壤气相及有机物蒸气均视为理想气体，多组分 NAPL 视为理想溶液；污染物在气液（水）固相界面处的局部相平衡；忽略毛细作用力对有机物蒸气压的影响。

SVE 质量方程：

$$\varphi\frac{\partial(S_g\rho_g f_w)}{\partial t} + \rho_b\frac{\partial C_s^i}{\partial t} = \nabla\cdot\left(\frac{k_{rg}k\rho_g f_g}{\mu_g}\nabla P\right) + (\varphi S_g D_{g,eff}^i \nabla C_g^i) - I_{Ng}^i - I_{Nw}^i \quad (5-15)$$

SVE 过程 NAPL 污染源衰减方程：

$$\varphi\rho_N\frac{\partial(S_N f_N)}{\partial t} + \varphi\frac{\partial(R_g^i S_g C_g^i)}{\partial t} = \nabla\cdot\left(\frac{k_{rg}kC_g^i}{\mu_g}\nabla P\right) + \nabla\cdot(\varphi S_g D_{g,eff}^i \nabla C_g^i) \quad \text{（平衡传质）} \quad (5-16)$$

$$\varphi\rho_N\frac{\partial(S_N f_N)}{\partial t} = \lambda_i(C_g^i - C_{ge}^i) \quad \text{（动力学传质）} \quad (5-17)$$

式中，ϕ 为土壤总孔隙率；k 为土壤内在的渗透率张量 L^2；k_{rg} 为空气相的相对渗有机污染土壤和地下水修复透率；μ_g 为土壤气相的黏度，单位为 M/(LT)；P 为土壤气相的压强，单位为 M/(LT^2)；S_g 为气相饱和度；S_w 为水相饱和度；S_N 为 NAPL 相饱和度；ρ_g 为气相质量密度，单位为 M/L^3；ρ_w 水相质量密度，单位为 M/L^3；P_n 为 NAPL 相质量密度，单位为 M/L^3；ρ_b 为土壤的表观密度，单位为 M/L^3；f_g^i 为气相中 i 组分的质量分率；f_w^i 为水相中 i 组分的质量分率；f_N^i 为 NAPL 相中 z 组分的质量分率；$D_{g,eff}^i$ 为保守性气体在多孔介质中的有效扩散系数，$D_{g,eff}^i = \varphi^{1/3}S_g^{1/3}D_g^i$；$R_g^i = 1 + \frac{S_w}{H_i S_g} + \frac{\rho_b K_D^i}{H_i\varphi S_g} + \frac{\rho_b K_G^i}{\varphi S_g}$ 为气相迟滞因子；H_i 为 i 组分无因次亨利常数；K_D^i、K_G^i 分别为 i 组分液固和气固吸附常数，单位为 L^3/M；$\lambda_i = \varphi(\lambda_{gN}^i S_g + \lambda_{wN}^i S_w/H_i)$ 为复合团粒传质系数，单位为 1/T；C_g^i 为 i 组分在气相中的浓度，单位为 M/L^3；C_{ge}^i 为 i 组分在气相饱和浓度，单位为 M/L^3；f_N^i 为 NAPL 相中 i 组分的质量分率；D_g^i 为开放流体（空气）中的扩散系数，单位为 L^2/T；I_{gN}^i、I_{gw}^i、I_{gs}^i 分别为单位体积土壤中 NAPL—气、气液、气固相间传质速率，单位为 M/(TL^3)；$I_g = \sum_i(-I_{Ng}^i + I_{gw}^i + I_{gs}^i)$ 为单位体积土壤中污染物由其余相进入气相的总传质速率，单位为 M/(TL^3)。

当污染场地被确定适用于 SVE 技术修复后，就要确定如何对 SVE 系统进行设计。SVE 系统初步设计的最重要参数是抽出的 VOC 浓度、空气流率、通风井的影响半径、所需井的数量和真空鼓风机的大小等。一般进行场地修复时，需要先获得空气渗透率的数值。土壤空气渗透率通常通过以下几种方法获取：土壤物理性质相关性分析、实验室检测、现场测试等。

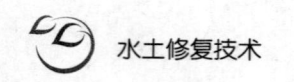

1）相关性分析。土壤透气率可依据对土壤水力传导系数的相关性分析获取，其相关性如式（5-18）所示，该方法虽然便捷，但仅适用于估算。

$$K_a = K_W \left(\frac{\rho_a \cdot \mu_w}{\rho_w \cdot \mu_a} \right) \tag{5-18}$$

式中，K_a 为土壤空气渗透系数，单位为 L/T；K_w 为水力传导系数，单位为 L/T；ρ_a 为空气密度，单位为 M/L^3；ρ_w 为水密度，单位为 M/L^3；μ_a 为气体黏度，单位为 M/LT；μ_a 为水的黏度，单位为 M/LT。

2）实验室检测。实验室测定通过土壤样品的稳定气流，在研究土样一端施加一定的气压，然后测定通过土体的空气流量，依据土壤空气对流方程获得土壤渗透率。由于土壤固有的非均质性，室内实验数据仅能提供一些关于孔隙几何特征和对流及传输过程之间相互作的关系，不能用于研究评估天然土壤的实质。因此最好进行现场空气渗透率实验和中试实验，虽然现场空气渗透率的测试也有一些局限性，仍然是目前最为有效的测试方法。

（3）SVE 场地空气渗透率测试

空气渗透率测试提供了现场不同地质区域的空气渗透率数据。空气渗透率测试数据可以用于初始设计中预测通风间隔时间、气相流率和水分去除速率。另外，空气渗透率测试数据也用来确定渗流区的各向异性（水平渗透性和竖直渗透性的比值），这在表面缺少密封或者整个土层需要曳流的时候非常重要。

1）透气性测试实验。尽管中试实验可以提供有关 SVE/BV 系统的操作过程信息，为了确定空气的孔隙空间的渗透性，需要设计透气性测试实验。该实验也可以用来估计空气填充的孔隙度。水在不饱和土壤的总孔隙空间的含量通常为 10%～30% 或者更多。水含量会导致空气孔隙空间的减少，因此空气相对渗透性的概念更有实际意义，它小于土壤本身的渗透系数。因为虽然相对渗透率的数值为 0～1 之间变化，但作为饱和度的函数，空气渗透率的值通常在多个数量级之间的范围变化。以 Brooks 和 Corey 模型为基础的相对渗透率和空气及水含量之间关系。由于大多数场地的土壤特性是不均匀的。具有空间变化性，往往不同土壤的 $k_r(s)$ 曲线和 k 值也差别很大，甚至在相同的测试点根据气流的方向和测量规模的不同而不同。因此，读者应该知道在某一个位置、方向和测量规模获得的曲线不能够代表另一个位置、方向，或者不同测量规模的曲线。

2）空气渗透率的解析方法。空气的渗透率通常用一维径向流动的解析解来获得，如方程式所示，但是需要注意适用的边界条件。例如，一维径向流的解析解应该用于上部和下部有不可渗透边界的地质单元，如表面不渗透密封边界和地下水位边界。稳态的解可用于真空度（或压力）能够快速达到平衡的场址，反之，则使用瞬态解。

3）测量探头的设置。由于现场测试的目标是估计整个渗流区的空气渗透率，抽提井的设置位置应该位于被修复区域的范围内。设置的井抽气缝隙位置应该从接近地下水表面到接近地表处。可以用现有的监测井测量真空度（或压力）t 或在抽气井的不同深度、不同距离和不同方向安装额外的土壤测试探头。考虑到土壤垂直方向的相异性，监测探头要放置到不同深度的地方。点与点之间的距离随着距离井的位置呈对数增加（如0.2m、2m、20m 等）。这种对数间隔可以快速评估井效率和确定真空度／压力的影响半径（ROI）。

4）透气性场址的处理方法。应该注意的是，除了表面有密闭性覆盖层的场址，开放的场址和"渗漏"场址也可以用上述解析解处理。在这些情况下有机气体回收井应该从污染的底部到污染的顶部盛者表面1.5m 以下进行抽提。具有透气性表面场址的瞬态透气性测试数据分析方法可参考 fault. 的分析程序，这些程序包括了覆盖场地、渗漏场地和开放场地的稳态和瞬态数据，并被收入到 GASSOLVE 软件中。

5）渗透测试关键变量。空气渗透率测试的关键控制变量主要是气相流率和抽气井真空度。瞬态透气性测试实验从启动到完成通常需要 1～4 小时，如果多个气流同时测定可能需要 1～2 天。一般来说 1 小时以上真空度变化不大的情况下，可以认为是稳态条件，这可能需要几个小时至数天来达到恒定流速，即稳态条件。如果现场允许测试稳定状态，可使用 CASSOLVE 软件提出的稳态解决方案确定空气的渗透率。该法获得的空气渗透率数值也可以对瞬态方法进行很好的检验。需要注意的是，在任何情况下，分析渗透性实验数据时不应该使用气提井内所观测的真空度，因为此真空度受到通气效率的影响。

6）"逐步测试"。"逐步测试"通常和空气渗透率测试联合进行。"逐步测试"是指实验过程中自最小空气流率开始，逐步提高气体流量，在不同测量点测量其真空度（或压力）的方法。其目的是确定真空度（或压力）与抽提井气相流量之间的关系，在选择鼓风机和估计地下所需要的真空度时需要用到这些数据。"逐步测试"后即可确定真空度和气相流率，并用于空气渗透率实验。

（4）中试实验

中试测试的目的是评估受污染的区域内污染物的去除率和气流分布。在抽气井施加真空度，然后测量产生的气流速率、土壤气体真空度（或压力）的水平、土壤和空气的温度、土壤水分含量以及污染物浓度等。鉴于许多场址土壤地层结构是不同的，测量抽气井影响区域内的气流空间分布特别重要，也需测量气水分离器中收集的液体的数量和组成。总体而言，建议用户避免收集不必要的数据而应该明确自己的测试目标并收集与满足目标相关的数据。

1）中试实验时间。中试实验持续的时间可以从几天到几周，在某些情况下会持续更长的时间。大多数 SVE 系统初始尾气排放浓度通常达到一个尖峰然后迅速下降到基线浓度。初始峰值通常代表了初始土壤气相浓度，此浓度是平衡分配至相对静止空气相的结果。后续的基线浓度表示平衡分配至动态的空气相浓度，从相对停滞区到流动气流区被认为是扩散限制。最初峰值浓度和随后的基线浓度之间的差异取决于许多因素：包括气流的速率，污染物的扩散性，生物降解率停滞土壤气体区和流动土壤气体区的比例，以及在这些区域间的相互关联的程度。由于后面的因素几乎不可能预测，中试实验通常用来估计可持续基线的浓度。

2）尾气浓度随时间变化曲线图。该图有时能明确污染源相对于测试井的位置。污染物随时间增加的水平可以指示污染物抽提井的距离，而污染物随时间减少的水平往往表明位于井穿透地区的污染物的迁移。

3）实验系统。实验系统的地上部分包括一个鼓风机或真空泵用来吸入空气。另外配置压力表、真空计、温度显示器、气水分离器、尾气处理设备和相应的管路。系统的地下部分由至少一个抽提和（或）注入井以及至少三个探针或监测井，测量不同深度以及离抽提点不同距离的土壤压力，这些都应配有取传递可以忽略，因此污染的去除主要依靠从低渗透区到相邻高渗透区土壤的扩散来实现。

4）尾气处理系统。尾气处理通常采用活性炭吸附的方法，此外根据尾气浓度高低也可以使用焚化、催化氧化、吸收或冷凝技术。中试实验也可以作为尾气技术选择和成本估算的依据。尾气中污水处理通常是通过活性炭颗粒吸附或者生物处理。现场测试通常涉及的面积从几平方米到几百平方米不等。如果该场址在全面修复实施过程中可能被覆盖，则在初步实验前，在地面上放置一个不可渗透层，如聚乙烯以防止地上的空气发生短路。操作开始抽气后测量作为时间函数的压力分布和气流速率，直到它们达到稳定状态；然后分析尾气处理系统前后以及在周围环境空气中的污染物浓度；监测排出气体中的水分含量和气水分离器中的水分含量。中试实验所用的系统可以用于将来实际修复规模的 SVE 系统中尾气处理的。

5）抽提位置。通过分析从一定深度土层中抽提出来的气相浓度和流速，可以进一步细化场地概念性模型及理解土壤对地下的影响。抽提井的抽气管缝的最佳位置可通过分析不同地层污染物的去除程度来确定。气提过程中分析垂直方向的污染物浓度和气体流速可以帮助理解扩散限制的质量传输程度。例如，通过纵向的数据分析表明，多数的污染物是从地下 5.5～6.1m 提取，但粉土层的空气流动速率比其他地方少一个数量级。在这个深度，土壤气体抽提气井首先提抽取的为受污染区域上方或下方更具渗透性层面的污染气体。低渗透土壤的对流传递可以忽略，因此污染的去除主要依靠从低渗透区到高渗透区土壤的扩散来实现。

6）其他注意事项。在有限时间（如几个星期）内的中试实验期间或中试实验之后，不提倡收集验证性的土壤样品。但中试实验期间为了获得污染物分布的尾气浓度随时间的变化，明确污染源相对于测试井的位置，有时需要收集大量的样本（鉴于土壤取样是一种破坏性的技术，需避免一个点采样两次）。

（5）抽提井、监测井数量和井点布置设计

抽提井的数量、分布是 SVE 系统设计的主要任务，其与土壤的透气率密切相关。

土壤的透气率决定了抽提井的影响半径。

影响半径是指单井系统运行后由于抽气负压所影响的最大径向距离，一般是以抽提井为圆心，至负压为25Pa的最大距离。影响半径受土壤透气性、抽气真空度以及地下水位等因素影响。可绘制抽提井及监测井的压力随径向距离的对数变化曲线或者用式（5-19）确定影响半径：

$$p_r^2 - p_w^2 = (p_{R_I}^2 - p_w^2)\frac{\ln(r/R_w)}{\ln(R_I/R_w)} \quad (5-19)$$

式中，p_r 为与抽提井的距离为 r 处的监测井压力，单位为 M/(LT^2)；P_w 为抽提井的压力，单位为 M/(LT^2)；P_{R_I} 为最佳影响半径处的压力，单位为 M/(LT^2)；r 为监测井与抽提井的距离，单位为 L；R_I 为最佳影响半径，单位为 L；R_w 为抽提井的半径，单位为 L。

为合理利用 SVE 系统资源，需要合理布置抽提井的位置，实际应用中一般采用"三角法"进行布井。该方法可以保证抽提井之间的有效修复范围有一定的重叠，避免修复盲区的产生。如果影响半径为10m，按照等"三角法"计算得到抽提井间距约为17.3m，实际间距可取17m，结合实际的修复区域，可以得到 SVE 抽提井分布。

通常有两种方式确定抽提井的数量。一种方法是基于抽提井均匀分布来计算，公式如下：

$$n = \frac{S}{\pi R_I} \quad (5-20)$$

另一种方法是基于抽气速率与一定时间内（通常为8～24h）修复区域土壤孔隙体积的交换速率来计算，公式如下：

$$n = \frac{\phi V/t}{q} \quad (5-21)$$

式中，n 为抽提井的数量；ϕ 为土壤孔隙率；V 为修复区域内土壤的体积，单位为 L^3；q 为单口抽提井的气体流量，单位为 L^3/T；t 为孔隙体积交换时间，单位为 T。

在设置抽提井间距的时候需要注意以下几点：① 在高浓度区适当减少井间距，以便增加污染物的去除速率；② 如果地表存在覆盖或者准备建造覆盖层，空气不能从地表进入，而是从更远处进入，需要增大抽提井间距，同时需要增加空气注入井；③ 当井屏跨越不同地层时，在透气性较低的地层需要将井屏加密。

（6）抽提井及监测井结构设计

竖直抽提井结构与地下水监测井结构类似，二者使用相同的方法安装。一般以 PVC 管作为抽提井，根据气体流量，其直径大约5～30cm。常用直径约10cm 的管路，抽提井井屏使用纱网缠绕，防止固体颗粒进入管路，然后将井屏与井壁安装在钻孔中

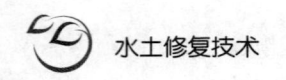

心。在钻孔与抽提井之间装填过滤物（一般为砾砂）。过滤物一般装填至高于井屏上部 0.3～0.6m，再装填 0.3～0.6m 的斑脱土密封，之后使用水泥灰浆填满周围的孔隙。

井屏长度与位置应随地下水位、地层结构以及污染物分布变化。由于影响半径主要由土壤透气性决定，所以井屏长度一般对影响半径影响不大。但井屏开缝密度以及分布与影响半径相关。

监测井结构与抽提井结构类似，但监测井结构相对简单。由于监测井无气体抽出，可以选择较小的管径，一般 5～10cm 即可。井屏分布在关注的地层，一般 0.3～0.5m，且其外部不需缠绕纱网。过滤物、斑脱土以及水泥密封参数与抽提井相同。

（7）抽提工作点设计

1）测定泵特性曲线。气泵的特性曲线采用空测法进行测定。与井相接的软管与大气相通，采用 U 形压力计（±1 000mm，水为指示剂）测量泵吸入口的真空度，得到流量与真空度的关系。

2）测定系统的操作曲线。以其中某一抽提井为主井测试，将气泵吸入口旁路阀完全打开，井口阀门全开，调节气泵吸入主管路上的阀门，测定不同井头真空度条件下，气相的抽提速率与对应井内抽提的空气量的关系。

3）工作点的确定。由步骤 1）和 2）做出泵与系统的操作曲线，找到其交点即为工作点。

（8）污染物去除速率计算

SVE 过程的污染物去除速率可通过下面方法进行计算：

污染物去除速率（$R_{removal}$）可由抽提气相速率（Q）乘以气相浓度（G）得到：

$$R_{removal} = QG \quad (5-22)$$

应该注意 G 和 Q 的单位要统一，且 G 应该为质量浓度单位。

值得注意的是，一般计算得到的气相浓度是理想的平衡值。由于存在质量传递限制，整个空气流没有全部通过污染层，一般系统为非平衡状态。然而计算值仍然提供了有用的信息，可以将计算值和实际测试数据进行比较，建立两者的关系，通过修正计算公式而用于后面的预测。

例如，如果考虑空气流通过污染层的比例，污染物去除速率公式可以修正为：

$$R_{removal} = \eta GQ \quad (5-23)$$

从上式求得的去除速率仍表示的是气相浓度的上限，因为没有考虑质量传递的限制。因子 η 可以认为是整个的效率因子，为流过污染层的百分数。

5.2.2 热解吸修复技术

1. 概述

热解吸修复技术是通过一定的方式加热土壤介质，促进污染物的蒸发或分解，从而实现污染物与土壤分离的目的。地下温度的升高有利于提高污染物的蒸气压和溶解度，同时促进生物转化和解吸，增加的温度也降低非水相液体的黏度和表面张力。

热解吸修复技术主要包括土壤加热系统、气体收集系统、尾气处理系统、控制系统等。这种方法可视为 SVE 技术的强化，能够处理传统 SVE 技术所不能处理的含水量较高的土壤，当污染物变为气态时，通过抽气井收集挥发的气体后，送至尾气处理部分。

使用热解吸修复技术时需注意，由于加热会造成局部压力增大，可能会造成热蒸气向低温地带的迁移，并有可能污染地下水。还需注意地下潜在的易燃易爆物质的危险。

2. 加热方式

主要的加热方式有蒸气注入、射频加热（RF）、电阻加热、电磁波加热、热导加热等，也可以根据场址情况考虑其他潜在的原位加热技术。

（1）蒸气注入

蒸气注入是通过注入井将热蒸气注入污染区域，导致温度升高，产生热梯度，利用蒸气的热量降低污染物的黏度，使其蒸发或促进其挥发，蒸气注入还能增加溶解的污染物和非水相液体 NAPL 的回收。

有大量报告证明了蒸气注入的优点，整治不饱和区的注蒸气实验在利弗莫尔国家实验室取得了成功。

在深处注入蒸气能够产生向上的热对流，有助于 SVE 法除去污染物。蒸气注入法进行修复最成功的实例是在加利福尼亚州维塞利亚的南加利福尼亚州木材处理厂，注入蒸气后增加了木馏油和相关的化合物的质量回收率，约为抽出处理法的 1 000 倍。在维塞利亚厂注入的蒸气大大增加了非水相液体 NAPL 的回收率，大多是水乳液中的 NAPL。通过挥发和 NAPL 去除了大部分的污染物，另外，由于原位加热导致了一些污染物受到水热解氧化也被认为是污染物去除机制之一。

（2）射频加热

射频电能也可以用来加热土壤，通过蒸发和蒸气辅助联合作用造成地下温度升高，促进土壤中污染物挥发，然后可以用 SVE 系统除去挥发的污染物。电极被安装在一系列的钻孔中，和地面的电源相连。原理上使用这种方法可以使土壤的温度大于 300℃，小试实验中射频加热过程中远高于 100℃ 的情况容易实现，但对于实际修复规模，不能在热传导器附近超过 100℃ 的温度，特别是潮湿的土壤。由于表面效应，射频电能在热传导器处被转换成热，并且依靠热传导进行热传递，而非热辐射。射频加热过程成本的其他因素还有土壤体积、土壤水分含量和最终处理温度。根据所必须处理土壤量的不同，美国 EPA 在 CLU-IN 数据库中估算的成本为每立方米 100～250 美元不等。当这一技术提高土壤温度达到接近水的沸点时，如蒸气注入技术一样，也会发生原位热裂解、热氧化和增强的生物降解等现象。

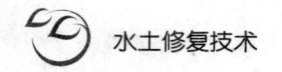

（3）电阻加热

土壤的电阻加热是依靠地下电流的电阻耗散加热的一种方法。当土壤和地下水被加热到水的沸点后发生汽化并产生气提作用，从孔隙空间中气提出挥发和一些半挥发性的污染物，一般用于渗透性较差的土壤，如黏土和细颗粒的沉积物等。这一技术应用最为广泛的是六相电土壤加热。SPSH采用电压控制变压器将传统的三相电转换成六相电，然后通过标准钻井技术安装垂直、倾斜或水平的电极传递到地下。电极被以一个或多个圆形阵列的方式插入到地下，每个阵列有六个电极。土壤毛孔中的水可以传导每对不同相电极之间的电能，电阻导致土壤加热达到100℃以上。在此高温下产生蒸气并使污染物蒸发。水分蒸发后，土壤会产生一些裂缝，这增大了土壤的透气性，通过抽提井可将污染物去除。土壤水分是电流的主要载体，在电阻加热过程中需要不断地补充水分，以保证土壤水分含量。位于阵列中心的第七中性电级同时也作为SVE通气孔。使用常规变压设施的六相电土壤加热技术，其成本只是射频加热（RF）或微波加热成本的1/10～1/5。该技术现场验证是在Savannah河场地（SRS）进行的，是SRS土壤中的挥发性有机物综合验证的一部分，所选的位置包含被PCE和TCE污染的渗透率非常低的黏土。土壤被加热到100℃，超过99℃的污染物被除去，同时还以蒸气的形式除去了在土壤中存在的大量水分。该技术也显示出了提高BV的希望。由于干燥后，土壤的导电性急剧下降，这种技术最高能把土壤温度提高到接近水的沸点，发生和在蒸气注入中所发生的原位热裂解（HPO）、热氧化和增强的生物降解相同的现象。

（4）电传导加热或原位热脱附（ISTD）

原位加热中，电传导加热或原位热脱附（ISTD）通过地面或在地下外加热量和施加真空度使污染物蒸发，然后将污染物气相抽提到地上进行处理。地面加热如覆盖电加热毯，热毯温度可达到1 000℃，并且可通过直接接触式热传导，将地下1m左右的污染物变成气态。地毯表面设有气体收集系统，避免污染蒸气进入到大气中。

ISTD最早是石油工业生产重油所开发的技术，包括使用导电加热土壤的热井，以及联合使用真空泵或者加热器把气相诱导至地上处理单元。除可融化土壤的原位玻璃化技术外，ISTD的操作温度比其他原位加热技术的温度都高很多，温度达到接近700℃。靠近加热器真空井附近的污染物被较长时间暴露于升高的温度下，大部分污染物被转化为二氧化碳和水。由于ISTD在如此高的温度下操作，它可以被用于处于大多数有机污染物。已处理的污染物包括多氯联苯、氯代溶剂、燃料油、煤焦油化合物（PAHs）、农药和二噁英等。使用ISTD的去除效率通常是非常高的，该技术依赖于土壤的热传导，所以它可以有效地应用于非均相和低渗透性的土壤中。

这项技术的主要缺点是加热井之间的间隔必须相对比较小，约1.5～3.0m，因此，往往需要许多水井和大量的资金投入。加热器和加热真空井设计的最新进展，使得可以在更广泛的地下条件下使用直接贯入的方法安装，所以有可能大幅减少成本。

（5）其他技术

除了上述描述的加热技术外，也可以考虑其他替代技术。

热氧化装置的余热可以通过注射井用于土壤的原位加热。当然，经热处理后的缺氧尾气回注，会抑制微生物的降解。与水和土壤相比，空气的热容量较低，这就限制了传递到地下的热量，达不到期望的温升。也可以向地下埋设发热电缆或渗透热水而引入热量。电磁波加热是原位使用电磁能加热土壤，促进污染物蒸发的一种技术。加热的能量由埋在钻孔中的电极导入土壤介质，加热机理与微波炉原理类似。使用时应注意避免电磁波逸散，并注意所选频率不要影响正常的无线通信业务，一般使用的频率为2～2 450MHz。

5.2.3 热脱附技术

1.概述

热脱附作为一种非燃烧技术，污染物处理范围宽、设备可移动、修复后土壤可再利用，特别是对含氯有机物，非氧化燃烧的处理方式可以避免二噁英的生成，广泛用于有机污染物污染土壤的修复。异位热脱附是通过异位加热土壤、沉积物或污泥等，使其中的污染物蒸发，再通过一定的方式将蒸发的气体收集并处理，从而达到修复目的。主要由原料预处理系统、加热系统、解吸系统、尾气处理系统和控制系统等组成。主要的加热方式有辐射加热、烟气直接加热、导热油加热等。热脱附也可分为土壤连续进料型和间接进料型。热脱附可用于含有石油烃、VOC、SVOC、PCB、呋喃、杀虫剂等物质的土壤。当土壤加热温度为150～315℃时，称为低温热脱附；当土壤加热温度为315～650℃时，称为高温热脱附，可处理沸点高于315℃的有机污染物。

2.热脱附技术特点

热脱附是将污染物从一相转化为另一相的物理分离过程，在修复过程中并不出现对有机污染物的破坏作用。通过控制热脱附系统的温度和污染土壤停留时间有选择地使污染物得以挥发，并不发生氧化、分解等化学反应。

3.几种热脱附技术介绍

（1）滚筒式热脱附技术

Chern等研究表明，滚筒式热脱附技术对于去除土壤中的挥发性和半挥发性有机污染物非常有效。温度、停留时间、挥发性、载流气体流速是影响解吸效果的主要参数，温度越高、停留时间越长，则污染物的去除效率越高。加热时间20分钟，温度分别为100、200、150和250℃时，十二烷、十六烷、萘、蒽的去除效率达到98%。北京建工修复、杭州大地等两家污染土壤修复企业引进了两台国外热脱附设备。清华大学蒋建国教授课题组在国内率先研发出了滚筒式逆向热脱附技术，开发了国内第一台具有自主知识产权的逆向热脱附系统。

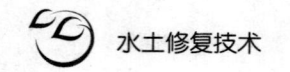

（2）流化床式热脱附技术

流化床技术具有优点：

1）污染土壤在悬浮状态下与流体接触，液—固相界面积大，利于非均相反应；

2）土壤颗粒在流化床内混合激烈，颗粒在全床内的温度和浓度均匀一致，床层与内浸换热表面间的传热系数很高，全床热容量大，热稳定性高；

3）气体与土壤颗粒之间传热、传质速率也较其他接触方式高；

4）操作弹性范围高，单位设备生产能力大，设备结构简单、造价低，符合工程化需要。

Joong Kee Lee 等采用流化床热脱附技术修复石油污染土壤，分别考察了间歇式进料和连续进料情况下石油污染土壤的热脱附效率。研究表明，间歇式进料情况下，温度300℃，时间30分钟，热脱附效率达到99%以上；连续式进料情况下，300℃以上，进气量与进料量的比值对于热脱附效率影响不大。

（3）微波热脱附技术

微波热脱附是最近兴起的一种热脱附技术，不同于一般的常规加热方式，微波辐射能穿透土壤、加热水和有机污染物使其变成蒸汽从土壤中排出，其能量以电磁波的形式传递，具有高效的转换效率。此法适用于清除挥发和半挥发性成分，并且对极性化合物特别有效。目前仅处于实验室研究阶段。利用微波能量不仅能使反应时间减少，在某些情况下，还能促进一些具体反应。在短短几分钟之内，无机氧化物与其他一些物质的混合物可以迅速达到1 200～1 300℃。因此，可以在一密封系统内利用微波迅速升至高温，将土壤中的多氯联苯之类的氯代有机芳烃分解。利用微波能量热解六氯苯、五氯苯酚、2,2,5,5-四氯联苯的2,2,4,4,5,5-六氯联苯的实验结果表明，在向土壤中加入Cu_2O或Al粉末，并加入浓度为10mol/L的NaOH溶液后，芳烃分解速率更快。

从微波修复污染土壤的机理来看，现存的土壤污染物都能够经微波加热而得以去除，只是去除高低的问题。关键是如何发挥微波的最大功效，将其用于治理和修复污染土壤上。这就需要研究其主要影响因素：污染物的介电常数、土壤的理化特性和吸波介质。

（4）真空强化远红外线热脱附技术

随着对热脱附技术研究和应用的不断深入，发现传统热脱附技术能耗较高，并且土壤颗粒内部的有机污染物不易脱附出来。这些不足是由于传统热脱附技术均是通过热风直接和污染接触，热量从外到内传递所致。而远红外线加热是从土壤颗粒内部向外加热，直接结果就是颗粒内部的污染物容易脱附，整体热脱附效率较高，同时耗能较低。从物理学角度，在密闭空间内抽真空，可以降低密闭空间体系中土壤有机污染物的沸点，在较低的温度下，就可以实现有机物的脱附。

美国、我国台湾地区等地研究人员曾利用该技术处理有机物污染土壤，脱附效率在

99.99%以上，但多是针对汽油、苯等低沸点、挥发性有机物污染土壤的修复，对沸点高、挥发性低的有机物污染土壤远红外热脱附修复研究甚少。清华大学蒋建国教授课题组在国内率先开展了该方面的研究，已经开发了一套实验室层面的真空强化远红外热脱附系统，并对八溴二苯醚等半挥发性有机物污染土壤进行了初步热脱附研究，发现效果良好。

4. 影响因素

（1）粒径分布：划分细颗粒和粗颗粒的界限是0.075mm，黏土和粉土中细颗粒较多。在旋转干燥系统中，细颗粒可能会被气体夹带带出，从而加大对尾气处理系统设备的负荷，有可能超过除尘设备的处理能力。

（2）土壤组成（砂粒、黏土、粉土、岩石等）：从传热和机械操作角度考虑，粒径较大的物质，如砂粒和砾石，不易形成团聚体，有更多的表面积可暴露于热介质，比较容易进行热脱附。对于团聚的颗粒，热量不易传递到团聚颗粒内部，污染物不易蒸发，因而质量传递也较困难。一般在旋转干燥系统中，进料最大的直径为5cm。

（3）含水量：由于在加热过程中水分蒸发会带走大量的热，因而含水量增加则能耗加大。同时，水分的蒸发也会使尾气湿度增加，会加大尾气处理的负荷和难度。在旋转热脱附系统中，原料含水量20%以内都不会对后续操作和费用造成显著影响。当含水量超过20%时，则需要进行含水量与操作费用的影响评价。原料含水量也不能过低，一方面，少量的水分能够减少粉尘；另一方面，由于水蒸气的存在，会降低污染物气相中的分压，会促进污染物挥发。一般进料含水量为10%～20%为宜。

（4）卤化物含量：土壤中卤化物有可能造成尾气酸化，当尾气中相应的卤代酸含量超过排放标准时，需要增加相应的除酸过程。

5.2.4 土壤淋洗

土壤淋洗技术是利用化学试剂将污染土壤中的重金属离子从土壤中转移到液相中，使得土壤中的重金属污染因子浓度降低，最终达到土壤修复的目的。目前，常用的淋洗剂有无机溶液、螯合剂、表面活性剂，大量学者对不同淋洗剂的选择与应用做了大量研究。研究表明，2mol/L的HCl对化工厂重金属污染土壤中Cr的淋洗去除效率可以达到80.75%；EDTA为0.05mol/L、pH值为7、液土比为10∶1、淋洗时间为18小时的条件下Cr的去除率为6.29%；柠檬酸的浓度为0.05mol/L条件下，对砂土、壤土、黏土三种土壤的萃取效果都很好。

无机淋洗剂是一种化学结构简单，相对较容易取得的化学物质，相对于其他淋洗剂其生产成本更低，由于其具有较快改变土壤理化性质的能力，因此淋洗效果更好，作用速度更快，但其破坏土壤理化性质、改变土壤肥力而影响了它的应用。

EDTA、NTA、DTPA等均为重金属有效的人工螯合剂，由于人工螯合剂在自然环境中很难取得，都需要人为进行化学合成，因此这种螯合剂的生产成本很高，而且人工螯合剂结构相对复杂，生物降解性很差，而且作为淋洗剂应用到污染土壤淋洗技术中，会对土壤造成二次污染。比人工合成螯合剂更好的淋洗剂的选择就是来自自然，柠檬酸、草酸等都是天然存在的有机酸，这些有机酸酸都具有很好的去除土壤中的重金属，而且这些有机酸在自然界很常见，生产成本很低，且不会对土壤环境中的生物造成危害，生物降解性好，对环境也不会造成污染。

在淋洗技术的应用中，有机污染选择的淋洗剂一般为表面活性剂和有机溶剂，重金属污染选择的淋洗剂一般为无机酸、有机酸、络合剂等，对于有机物和重金属复合污染，可考虑两类淋洗剂的复配。工程应用技术可分为原位处理技术和异位处理技术，但在国内的工程应用中，受到场地条件等因素的限制而很少使用原位处理技术，工程中更多地偏向于使用异位化学淋洗技术。异位处理系统主要包括土壤预处理、筛分、淋洗、水土分离、污水处理及挥发气体控制系统等。主要设备包括土壤预处理设备（如破碎机、筛分机等）、输送设备（如螺旋输送机、带输送机等）、物理筛分设备（如湿法振动筛、滚筒筛等）、增效淋洗设备（如淋洗搅拌罐、水平振荡器、加药配药设备等）、水土分离及脱水设备（如脱水筛、压滤机、离心分离机等）、污水处理系统（如沉淀池、物化处理系统等）、泥浆输送系统（如泥浆泵、管道等）、自动控制设备等。该技术对于污染物集中的大颗粒土壤（如砂砾、沙和细沙及相似土壤等）更为有效，对黏土的处理较为困难，土壤中细粒的百分含量是决定该技术修复效果和成本的关键因素，若土壤中含有25%以上的黏粒，则修复成本会大大提高，这种情况下通常不会考虑采用化学淋洗技术进行修复。

1. 土壤原位淋洗

土壤淋洗（soil washing）是将某种对污染物具有溶解能力的液体与土壤混合、摩擦，从而将污染物转移至液相和小部分土壤中的异位修复方法。通常经过清洗的土壤还需要进一步修复，因此这种方法常与其他方式共同完成修复过程。污染物通常在某类土壤的吸附能力大于其他类土壤，如在黏土或者粉砂的吸附能力大于在颗粒大一些的土壤（如粗砂和砾砂）。反过来，黏土和粉砂易于黏附在粗砂和砾砂之上。土壤清洗帮助黏土、粉砂与颗粒较大的、干净的土壤分离，从而减小了污染物的体积。颗粒较大的部分毒性较低，可以回填；颗粒较小的可以结合其他的修复方式处理。

进行清洗之前需将土壤中的大块岩石以及动植物残枝去除，然后再进行清洗。清洗包括混合、洗涤、漂洗、粒径分级等步骤，有些装置混合和洗涤同时进行。通过土壤与清洗液混合，并通过高压水流或者振动等方法，使污染物溶解或者使含有污染物较多的细颗粒与粗颗粒分离。在经过适宜的接触时间之后，进行土、水分离。较粗的颗粒通过筛网或振动筛等设备移除，较细的颗粒则进入沉淀罐，有时为使细颗粒沉降，需要使用絮凝剂。然后较粗的颗粒进行浮选或者用清水漂洗除去其中夹杂的细颗粒，处理后的粗颗粒可进行回填。最后使用其他的方法处理细颗粒以及污水。

土壤原位淋洗修复技术对土壤的现场条件要求比较高，要求土壤为沙质或者具有高导水率，并且污染带的下层土壤是非渗透性的，这样才能实现将淋洗液注入已污染的土壤，再用泵将含有污染物的淋洗液抽吸到地面，除去污染物，再将淋洗液回收使用的修复过程。该方法较异位修复方法的缺点在于难以控制污染液流的流动路径，这样有可能会扩大土壤被污染的范围和程度，影响土壤清洗的效率，因此在采用该方法的时候应该对当地的水文资料有详细的了解。土壤原位淋洗修复技术有三种方式：注射式、灌溉式、喷淋式，如图 5-2 所示：

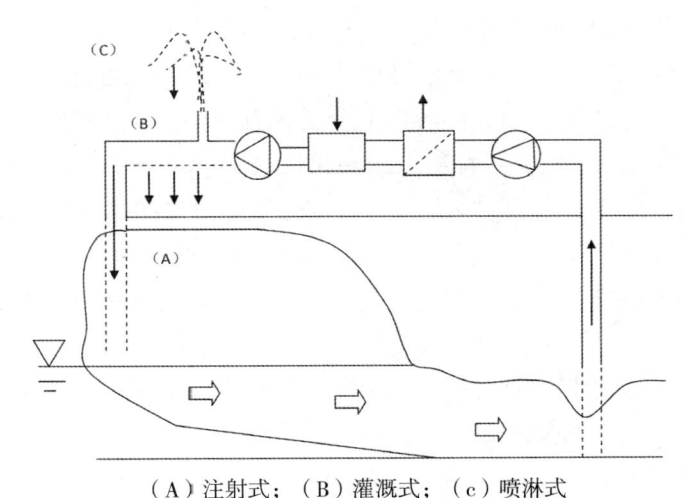

（A）注射式；（B）灌溉式；（c）喷淋式

图 5-2　土壤淋洗原位修复流程图

土壤淋洗技术的研究目前主要集中在对有机污染和重金属污染的治理。按照运行方式有单级和多级清洗；按照淋洗液的不同可分为清水清洗、无机酸（碱、盐）清洗、有机酸和螯合剂清洗、表面活性剂清洗、氧化剂清洗和超临界 CO_2 流体清洗等。

适用范围有：

（1）污染物种类

土壤淋洗适用于多种污染物污染的土壤，包括 VOC、半挥发性有机物（SVOC）、原油、燃料油、多氯联苯（PCB）、多环芳烃（PAH）、重金属、放射性污染物等。这种方法适用范围广，且能够回收其中的部分金属以及有机物。对于燃料油、喷气式飞机燃油以及废油的地下储罐泄露。超级基金创新技术评估（SITE）项目报告表明，在使用表面活性剂或者加热时，对残余金属和烃类的去除率可达 90%～98%。对于 VOC 等具有较高的蒸气压或溶解度较高的污染物，单纯使用水洗去除率就能达到 90%～99%。对于 SVOC，去除率相对较低，在 40%～90% 左右，加入表面活性剂可以提高去除效率。对于金属和杀虫剂之类的水溶性较差的物质，一般需要加入酸或者螯合剂。

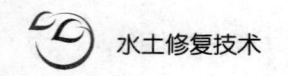

（2）土壤类型

土壤质地特征对土壤淋洗的效果有重要影响。把土壤淋洗法应用于黏土或壤土时，必须先做可行性研究，因为有人认为土壤淋洗法对含 20%～30% 以上的黏质土/壤质土效果不佳。对于砂质土、壤质土、黏土的处理可以采用不同的淋洗方法，对于质地过细的土壤可能需要使土壤颗粒凝聚来增加土壤的渗透性。在某些土壤淋洗实践中，还需要打碎大粒径土壤，缩短土壤淋洗过程中污染物和淋洗液的扩散路径。

（3）清洗液类型

为了提高清洗效率，有时会提高清洗液温度促进污染物的溶解，有时会在清洗液中加入表面活性剂、络合剂、酸等其他试剂，具体试剂需视污染物种类而定。

表面活性剂一方面可以显著降低溶液的表面张力，从而促进土壤中的污染物在清洗液当中的分散。另一方面，由于表面活性剂分子具有亲油亲水的"双亲"结构，当溶液中表面活性剂浓度高于临界胶束浓度（critical micelle concentration，CMC）时，表面活性剂分子会在溶液中形成胶束，表面活性剂分子的疏水端在胶束内部形成一个小的疏水氛围，对有机污染物具有一定的增溶作用。络合剂能够与金属离子形成配位化合物，增加金属离子的溶解性能，从而提高清洗效果。酸能促进土壤中的金属化合物解离，从而增加金属离子的溶解。

需要注意的是，在清洗液中增加其他试剂时，也会增加废水中相应物质的含量，因此在废水处理时也要考虑相关的影响。

2. 土壤异位淋洗技术

污染物主要集中分布于较小的土壤颗粒上，异位土壤洗脱是采用物理分离或增效洗脱等手段，通过添加水或合适的增效剂，分离重污染土壤组分或使污染物从土壤相转移到液相的技术。经过洗脱处理，可以有效地减少污染土壤的处理量，实现减量化。

异位土壤洗脱处理系统一般包括土壤预处理单元、物理分离单元、洗脱单元、废水处理及回用单元及挥发气体控制单元等。具体场地修复中可选择单独使用物理分离单元或联合使用物理分离单元和增效洗脱单元。

主要设备包括土壤预处理设备（如破碎机、筛分机等）、输送设备（皮带机或螺旋输送机）、物理筛分设备（湿法振动筛、滚筒筛、水力旋流器等）、增效洗脱设备（洗脱搅拌罐、滚筒清洗机、水平振荡器、加药配药设备等）、泥水分离及脱水设备（沉淀池、浓缩池、脱水筛、压滤机、离心分离机等）、废水处理系统（废水收集箱、沉淀池、物化处理系统等）、泥浆输送系统（泥浆泵、管道等）、自动控制系统。

淋洗设备简介：

淋洗工艺设备系统主要包括水洗破碎单元、振动筛分单元、水洗搅拌单元、淋洗搅拌单元、沉降单元、压滤单元、淋洗液及清水储存回用单元、污水处理及沉降单元。

水洗破碎单元：经特种破碎设备初步破碎后土壤由上料斗提升至水洗搅拌机内，通过加水强制搅拌使土壤结构充分破碎,成为泥浆状物质,搅拌均匀后通过收料斗导入下一单元。

振动筛分单元:根据小试试验参数,将大颗粒石块进行分离,分离后大石块用清水冲洗表面附着物,筛分出石块为受污染部分,可直接回填;泥浆内细料部分通过分料溜槽导入下一单元。

水洗搅拌单元:水洗搅拌机由数台搅拌电机和搅拌池组成,搅拌池底部串通,通过充分搅拌进一步使未完全解离的土壤结构破碎,同时使泥水混合物更均匀,便于抽提设备将均匀的泥浆导入下一单元。

淋洗搅拌单元:泥浆混合物通过抽提设备导入旋流分离器(分离粒径参数由小试确定),小于某一粒径物质随水仪器进入泥浆沉淀池;粒径大于某一级别的砂质物质进入淋洗搅拌池,加入淋洗剂进行充分反应,反应完成后通过抽提设备导入淋洗沉淀池。

沉降单元:沉降单元由并联的四台沉降池组成,分别将泥浆和砂质物质进行沉降分离,水和淋洗液通过沉降池溢水口进入淋洗液及清水储存回用单元;沉降单元的沉积物通过输送设备导入压滤单元。

压滤单元:由两台大型压滤设备(可根据实际土质情况更换脱水设备),将沉降后的淤泥和泥沙压干脱水,定期进行卸料,压干后物质通过皮带传送机传送至出料口,统一收集;淤泥部分经过稳定化过后回填,淋洗后砂质土壤可以直接回填。

淋洗液及清水储存回用单元:系统中淋洗液和清水均可循环使用,降低修复成本,提高修复效率;淋洗液和清水为两条路线对土壤进行分别冲洗和淋洗;当水或淋洗剂消耗后根据处理量每天进行补充。

污水处理及沉降单元:当淋洗液或水重复应用于系统中淋洗或淋洗达到一定次数(或重金属浓度达到一定限值时),抽出部分循环用水进入混凝反应槽添加药剂反应,充分反应后导入专用沉淀池,沉淀后淤泥导入压滤系统一同处理;经处理后的水重新进入水循环使用。

该系统主要通过吸附方式附着于土壤颗粒,并且土壤颗粒越小,附着污染程度越高。土壤淋洗技术通过土壤粒级分离,将高污染土壤颗粒移除,同时采用水洗或是添加化学萃取方式将附着于土壤颗粒固相低浓度污染物转移至液相,再利用污水系统处理污染物,从而达到去除污染物的目的。

影响土壤洗脱修复效果的关键技术参数包括:土壤细粒含量、污染物的性质和浓度、水土比、洗脱时间、洗脱次数、增效剂的选择、增效洗脱废水的处理及药剂回用等。

(1)土壤细粒含量:土壤组粒的百分含量是决定土壤洗脱修复效果和成本的关键因素。细粒一般是指粒径小于 $63 \sim 75 \mu m$ 的粉/粘粒。通常异位土壤洗脱处理对于细粒含量达到25%以上的土壤不具有成本优势。

（2）污染物性质和浓度：污染物的水溶性和迁移性直接影响土壤洗脱特别是增效洗脱修复的效果。污染物浓度也是影响修复效果和成本的重要因素。

（3）水土比：采用旋流器分级时，一般控制给料的土壤浓度在10%左右；机械筛分根据土壤机械组成情况及筛分效率选择合适的水土比，一般为5：1到10：1。增效洗脱单元的水土比根据可行性实验和中试的结果来设置，一般水土比为3：1至20：1之间。

（4）洗脱时间：物理分离的物料停留时间根据分级效果及处理设备的容量来确定；一般时间为20分钟到2小时，延长洗脱时间有利于污染物去除，但同时也增加了处理成本，因此应根据可行性实验、中试结果以及现场运行情况选择合适的洗脱时间。

（5）洗脱次数：当一次分级或增效洗脱不能达到既定土壤修复目标时，可采用多级连续洗脱或循环洗脱。

（6）增效剂类型：一般有机污染选择的增效剂为表面活性剂，重金属增效剂可为无机酸、有机酸、络合剂等。增效剂的种类和剂量根据可行性实验和中试结果确定。对于有机物和重金属复合污染，一般可考虑两类增效剂的复配。

（7）增效洗脱废水的处理及增效剂的回用：对于土壤重金属洗脱废水，一般采用铁盐加碱沉淀的方法去除水中重金属，加酸回调后可回用增效剂；有机物污染土壤的表面活性剂洗脱废水可采用溶剂增效等方法去除污染物并实现增效剂回用。

由于土壤淋洗法投资大，易使地下水受到污染，而且可以造成土壤中的养分流失、土壤的理化性质发生变化，因此可应用性较差，建议综合考虑治理土壤的性质及周围的环境条件。

工程案例：

某有机氯农药厂，经场地调查与风险评估发现，场地中部分区域土壤存在有机物污染，主要污染物为六六六和滴滴涕，最大浓度分别达46.4mg/kg和33.2mg/kg，工程规模约为1 000m³。污染土壤主要为杂填层，粗粒（2～10mm）含量在58%左右，砂粒（0.3～2mm）含量接近25%，细粒（小于0.3mm）在17%左右，综合场地污染物特性、污染物浓度及土壤性质，选用异位化学淋洗技术对该杂填土进行污染治理，修复后土壤中污染物去除率高于85%，均达到修复目标要求，项目系统设备运行成本约为300元/m³，淋洗剂及污水处理药剂的成本约为240元/m³。

5.2.5 萃取修复技术

萃取过程是一种典型的化工单元操作，设备设计得当与否将在很大程度上影响产品的质量与成本。从19世纪萃取在工业上得到实际应用以来，出现了大量各式各样的萃取设备，但按照原理和结构主要可以分为下面几种类型：混合澄清槽、萃取塔或萃取柱、离心萃取器和其他一些新型设备。

几种萃取过程在土壤修复中的应用：

1. (BEST) 过程

该过程由用三乙醇胺（TEA）作为萃取剂，在低于18℃的条件下，TEA能够与水互溶，用来脱除土壤中的水分，同时也能部分地移除有机污染物。剩下的污染物通过把TEA加温到55～80℃来进行移除，因为在此温度范围内TEA不溶于水，液体分为两层。此过程是在洗涤/干燥设备中实现的，该设备具有蒸气夹套加热和轴横向混合装置，混合时间是5～10分钟。

2. (CF) 系统

CF系统是利用液化气体和超临界流体作为萃取溶剂把有机物从污水、污泥和污染的土壤中分离出来。通常用液化二氧化碳来处理水溶液，用液化丙烷或者丙烷和丁烷的混合物进行沉积物、淤泥和土壤的修复。

具体操作方法如图5-3所示。将液化丙烷和污染土壤自上而下地加入一个高压接触器内。在20℃时，被压缩了的丙烷向上流动，与土壤形成逆向接触过程，从入口开始溶解有机物。干净的沉积物被移出容器，而带有有机污染物的丙烷进入分离器，然后将丙烷气化分离。分离的丙烷重新压缩循环至接触器循环使用，而有机污染物则从分离器中移出进行后续处理。除丙烷外，该过程同样适用于超临界二氧化碳或者其他一些液化轻质石油气的混合物。

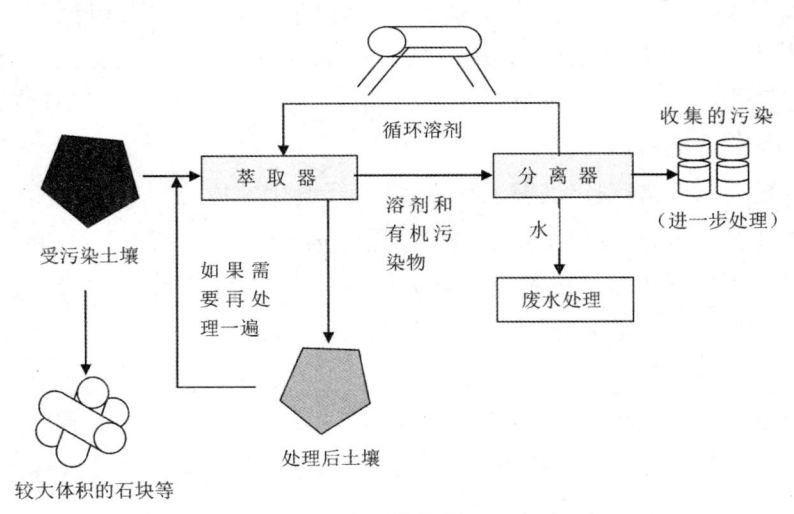

图5-3 溶剂萃取流程示意图

3. Carver-Greenfield 过程

Carver-Greenfield过程是一种干燥和溶剂萃取相结合的过程。该方法实质上是用一种较高沸点的溶剂作为萃取剂将被污染土壤中的土壤、石油污染物和水进行分离。

进料前，先除去土壤中的碎石并研磨成小于6mm的颗粒，然后将其与溶剂通过搅

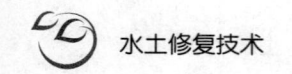

拌混合成泥浆，泥浆中的水通过2～4个多效蒸发器进行蒸发。从蒸发器中出来的蒸气经冷凝器冷却凝结成水并混有少量溶剂，之后再送入油水分离器进行油水分离以回收这部分溶剂。脱水后泥浆中的大部分溶剂及被其萃取的污染物通过离心从土壤中分离出来，残留在沉积物中的溶剂用蒸气抽提的方式去除并回收。离心的液相产物通过蒸馏的方法将污染物与溶剂分离。

4. Extraksol过程

Extraksol过程是一种便携式的系统，该系统采用一种或几种混合溶剂来分批萃取土壤中的有机污染物。有机污染物的萃取分三个阶段进行：洗涤、干燥和溶剂再生。

萃取器是一个没有内部搅拌装置的混合槽，因为不采用内部搅拌能够扩大系统处理土壤类型的范围，可处理高达0.6m的无孔隙固体物料和小于5.1cm的有孔隙固体物料。该过程使用亲水性溶剂对污染土壤进行萃取，萃取过程中通过萃取槽的旋转将多孔土壤打碎。每次萃取结束后，停止旋转，使土壤颗粒沉积，并将溶有污染物的溶剂送到蒸馏单元，分离出污染物，同时回收溶剂以循环使用。萃取次数和时间视污染情况不同而定。

排干溶剂后将加热的氮气打入萃取器，从而使土壤中剩余的溶剂挥发出来，在抽真空系统的作用下将气体抽出并冷却。

5. 低能耗萃取过程（LEEP）

低能耗萃取过程是用亲水性溶剂将有机污染物从土壤基质中萃取出来，然后采用疏水性溶剂或蒸馏的方式使溶剂再生。ART公司开发了两种工艺过程：一种是用来修复污染物为煤焦油及相关化合物的"LEEP-Tar-plant"过程；另一种是用来处理污染物为PCB及相关化合物的"LEEP-PCB-plant"过程。这两种过程有相同的过程设备，但在溶剂的使用和回收方面有所不同。

浸取过程是在一个常压连续逆流液—固接触设备中完成的。

浸取后的土壤以及残留在土壤中的溶剂通过连续的干燥器进行干燥，溶剂循环使用。从污染物中萃取出的水通过蒸馏的方法与丙酮分离或者用活性炭吸附进行分离。最后，干净的土壤与水重新混合并填埋处理。

6. NKD开发的修复过程

德国核化学冶金公司（NKD）开发了两种溶剂萃取处理废物的过程。一种是以修复污染土壤为主要目标，采用混合/澄清萃取技术；另一种是以炼厂废水和罐底泥为处理对象，采用塔式连续萃取技术。

7. SRU

SRU过程包括洗涤、干燥和溶剂再生。在SRU过程中，土壤由传送器连续地加入一个特殊设计的萃取单元中与溶剂进行混合，之后又被连续地运送到干燥单元进行干燥，溶剂在萃取过程中循环使用。当溶剂与土壤混合后，土壤中的有机物被溶解到溶剂中而脱除。连续地用新鲜溶剂冲洗土壤，使土壤中有机污染物的浓度降低。由于脱除率受到扩散和土壤解吸的限制，萃取时间可以在达到最佳脱除率所需时间和过程所需最少时间之间进行调节。土壤干燥单元采用加热空气和氮气的混合气来脱除土壤中残留的溶剂。

通过以上介绍不难发现，溶剂萃取技术主要包括萃取单元、干燥单元和溶剂再生单元。而萃取单元中萃取设备的设计是影响萃取效果的一个重要因素，如采用搅拌混合澄清装置或采用液—固萃取器。前者大多是间歇操作，后者可以是半间歇或者连续操作。可见，对于基于溶剂萃取法的土壤修复技术，萃取装置的设计是影响修复工程化和生产效率的关键。

8. 适用范围

溶剂萃取技术主要采用"相似相溶"原理，可以适用于多种污染物的类型，如PCB、杀虫剂、除草剂、PAH、焦油、石油等。但其对重金属和无机污染物的去除效果不太理想。这种方法也能用于修复如黏土之类的含有较多细颗粒的土壤以及底泥等。其最佳的条件是黏粒含量低于15%，湿度低于20%。黏粒含量越高，循环提取的次数要相应地增加。如果黏粒含量高于15%，该方法的效率较低，因为污染物强烈地吸附于土壤胶体上。

溶剂萃取具有选择性高、分离效果好和适应性强等特点。很多萃取溶剂都可以有效地去除土壤中不同性质的有机污染物，因此国内外学者对于溶剂的筛选和复配进行了大量研究。

由于溶剂萃取过程中所用的大部分有机溶剂具有一定的毒性，且具有易挥发和易燃易爆的特点，因此，在萃取过程中任何溶剂的挥发以及萃取后土壤中任何溶剂的存在都会对人类健康和环境带来一定的风险。为降低环境风险，在实际的萃取操作过程中，大部分萃取设备都是在密闭条件下运行的；另外，对于萃取后滞留在土壤中的残余溶剂，可通过相应处理方法来进行去除和回收。如使用土壤加热处理的方法，使残余溶剂由液态变成气态而从土壤中逸出，然后冷凝成液态后回收，从而达到残余溶剂去除和再生的目的。最后，还要监测修复后的土壤中所含污染物和溶剂的含量是否降到所要求的标准以下。如果已经达到预期目的，这些土壤才可以进行原位回填。由上述分析可以得出，通过适当的设计和操作，溶剂萃取技术是一种非常安全的土壤修复技术。

9. 萃取效率

萃取过程中溶剂萃取效率的计算方法如下：

$$E\% = m_r / m_0 \times 100\% \quad (5-24)$$

式中，E 为溶剂的萃取效率；m_r 为萃取过程中去除的污染物含量（mg）；m_0 为土壤中的初始石油污染物含量（mg）。

土壤中污染物的溶剂萃取过程也就是污染物从土壤颗粒表面脱附到萃取溶剂中的过程。当萃取过程中溶剂与污染土壤间接触一定时间后，萃取液中污染物的浓度不发生变化时，萃取过程近似达到平衡。也就是污染物在固相和液相间达到脱附平衡。在土壤与地下水系统的研究中常采用 Henry、Freundlich、Langmuir 和 Tcmkin 四种模式来描述污染物的吸附和脱附过程。以 Henry 模式为例，如果脱附达到平衡时，脱附到液相中的污染物浓度与固相中污染物的浓度成正比，则脱附等温线为一直线。这种脱附模式称为线性（Henry）脱附模式，表示为：

$$C_s = K_d C \tag{5-25}$$

式中，K_d 为分配系数，为脱附达到平衡时固相浓度与液相浓度的比值（L/kg）；C_s 为固相中污染物的浓度（mg/kg）；C 为液相中污染物浓度（mg/L）。

污染物固相浓度的计算方法如式：

$$C_s = C_{s,0} - C(V/M) \tag{5-26}$$

式中，C_s 和 $C_{s,0}$ 为土壤中污染物的平衡浓度和初始浓度（mg/kg）；V 为所用的溶剂体积（L）；M 为土壤的质量（kg）。

将式（5-25）和式（5-26）进行合并，得到：

$$C_{s,0} - \alpha C - K_d C = 0 \tag{5-27}$$

式中，α 为液固比（L/kg）；$\alpha = V/M$。

对式（5-26）求解，得：

$$C = C_{s,0}/(\alpha + K_d) \tag{5-28}$$

在萃取过程中，含有萃取液和土壤的混合物经过液固分离后会有一少部分萃取液残留在土壤中。于是，固液分离后获得的萃取液的体积为：

$$V_r = (\alpha - \alpha_r)M \tag{5-29}$$

式中，α_r 为残余在单位土壤中的萃取液体积（L/kg）。

那么，就可以得到萃取过程中去除的污染物：

$$m_r = CV_r \tag{5-30}$$

土壤中的初始石油污染物含量为：

$$m_0 = C_{s,0}M \tag{5-31}$$

将式（5-30）、式（5-31）、式（5-25）和式（5-28）代入式（5-24）中，得到：

$$E\% = (\alpha - \alpha_r)/(\alpha + K_d) \times 100\% \tag{5-32}$$

10. 影响因素

（1）溶剂类型

溶剂萃取法修复土壤的关键问题之一在于萃取剂的选取。萃取一般是依据相似相溶原理，指由于极性分子间的电性作用，使得极性分子组成的溶质易溶于极性分子组成的溶剂，难溶于非极性分子组成的溶剂；非极性分子组成的溶质易溶于非极性分子组成的溶剂，难溶于极性分子组成的溶剂；结构相似者可能互溶。若溶质、溶剂都是非极性分子，相互作用以色散力为主；若一种为极性分子，另一种为非极性分子，相互作用是分子间作用力；在强极性分子间以取向力为主。工业上要求萃取剂的选择性要高，即对萃取物有较高的溶解度,而且萃取剂本身在水中的溶解度要低。为了使萃取相与萃余相较快地分层,要求萃取剂与水有较大的密度差。溶剂应易与溶质分离,可以较方便地实现溶剂再生循环。溶剂毒性应尽可能小,另外对设备腐蚀性小、不易燃、易爆、价格低、易获得等。

不同的污染物,所选取的溶剂也不尽相同。人们针对不同的污染物,开展了大量的溶剂筛选工作。土壤修复中常用的溶剂有醇类、酯类、烃类、酮类、卤代烃,以及不同物质的混合物等。

(2)水分含量

由于所用的大部分萃取溶剂和土壤中的有机污染物为憎水性有机物,土壤中水分的存在通常会影响土壤中石油污染物的去除效果。对于水分含量较高(>20%)的土壤,需要采用预脱水处理。通常情况下,可以先利用自然风干进行初步脱水处理,当土壤中水分含量降低到一定程度后再进行溶剂萃取处理。

(3)操作温度

温度对于物质的溶解性能有较大的影响,一般而言,适当地提高温度能够提高物质的溶解度。但对于超临界萃取而言,操作温度有特定的范围,超出一定的范围后,溶解度可能随着温度的升高而降低。提高温度会造成萃取剂的蒸气压变大,如果使用的萃取剂易燃易爆或者毒性较大,需做好相关防护。同时,提高温度也会一定程度上提高操作成本。

(4)液固比

液固比是指萃取剂的体积和萃取时的土壤质量的比例。在一定程度上降低固液比,能够提高污染物的去除率。一般溶剂对土壤中有机污染物的去除率随着液固比的增大而不断上升,这主要是因为随着液固比的增加,液固两相接触面积增加、浓度梯度增大,从而使得溶剂对石油污染物的去除率不断增加。但增加液体体积会增加萃取剂再生的操作费用,同时也需要增加设备体积或者降低处理能力。

(5)萃取级数

在相同的液固比下,萃取级数的增加会大幅度增加溶剂的萃取效率,但级数增加到一定值后,效果不再显著。例如在液固比为2:1的条件下,一级和二级错流萃取分别去除了74.1%和92.9%的石油污染物,当萃取级数增加到三级时,石油污染物的去除率为96.5%,仅增加了3.5%,由此可见,多级萃取虽然可以提高萃取效率,但其中土壤中的大部分石油污染物是在一级和二级萃取过程中去除,当萃取级数进一步增加到三级后,溶剂萃取效率增加的幅度明显降低。为了获得较高的萃取效率和降低萃取过程中溶剂的消耗量,可以在较低液固比条件下对石油污染土壤进行二级萃取。另外,研究表明逆流萃取比错流萃取效率高。

(6)土壤物化性质影响

土壤和污染物性质对物理、化学及生物修复过程的影响,其中包括对溶剂萃取过程的影响。他认为土壤性质对污染物的分离有显著影响，使得解吸过程呈现复杂性。目前溶剂萃取等物理化学方法修复有机污染物的实验室研究一般都采用模拟的受污染土壤，这与实际修复场地土壤的不均匀性和污染物质的复杂性差异很大，导致污染物修复行为有很大不同，假定土壤为均匀体系和模拟土壤污染物质的方法会导致有些重要的相互作用机理被忽略。可见，只有确立土壤特性对修复过程中重要参数的影响，才能使修复过程的数学模型更接近真实物理过程而具有实际指导意义。

（7）溶剂萃取后处理

用溶剂萃取技术可以有效地去除土壤中的污染物，但在萃取过程中使用的大部分溶剂都具有一定的毒性、易挥发、易燃易爆等特点。在萃取过程中溶剂的挥发以及萃取后土壤中残余的溶剂都会对人类健康和环境产生一定的危害，因此，需要对萃取过程中所使用的溶剂和土壤中残余的溶剂进行回收和再生利用。对萃取溶剂的回收可通过如下两种方式：① 除去萃取液中的溶质从而得到纯溶剂，利用植物油萃取修复多环芳烃污染土壤的过程中，用活性炭吸附萃取液中的污染物来实现植物油的再生利用；② 直接从萃取液中分离出纯溶剂。

目前，在萃取溶剂的再生利用方面，多数学者把目光集中在萃取液中所含的溶剂上，而对于液固分离后土壤中残余溶剂回收的研究却少见报道。在 US EPA 关于溶剂萃取技术的介绍中，建议可以采用加热方法来去除和回收土壤中残余的溶剂。使用土壤加热处理的方法，使残余溶剂由液态变成气态而从土壤中逸出，然后冷凝为液态，从而达到残余溶剂去除和再生的目的。然而热处理是一种非常耗能的工艺，并且有机溶剂具有易燃易爆的特点，这就对相应工艺设备的安全性有较高的要求。

水洗法也是一种安全有效的溶剂回收方法。水是一种对环境无毒无害的环境友好型溶剂，利用其与大多数有机溶剂互不相溶的特点，可以有效去除土壤中的残余溶剂。水洗过程中水溶液在与土壤充分接触的条件下会进入土壤孔隙中，通过水对溶剂的置换和洗脱作用，吸附在土壤表面和土壤孔隙中的溶剂分子会从土壤进入水相中。水洗过程结束后，通过溶剂与水溶液互不相溶和密度差的作用进行分离，可实现溶剂与水溶液的再生利用。在水洗过程中，通常需要加入一些表面活性剂来降低水溶液的界面张力和增加其对污染物的溶解性来提高对溶剂或污染物的去除效率。常用的表面活性剂有阴离子表面活性剂十二烷基硫酸钠（SDS）和十二烷基苯磺酸钠（LAS），非离子表面活性剂吐温80（Tween 80）和曲拉通 X-100（Triton X-100）。在表面活性剂辅助水洗去除土壤中有机污染物的过程中，土壤性质、表面活性剂浓度、水洗时间、水洗温度和水量为主要因素，会在很大程度上影响到对土壤中污染物的去除效率。此外，在表面活性剂辅助水洗过程中，大部分表面活性剂溶液可进行重复利用，从而可以使得水洗过程中表面活性剂的使用成本大大降低。

5.2.6 原位化学氧化

1. 技术概述

原位化学氧化（ISCO）技术通过向土壤中添加氧化剂，促使土壤中污染物分解成无毒或低毒的物质，从而达到修复目的。该技术既适用于不饱和区土壤修复，也适用于地下水的修复。

化学氧化方法在氧化剂化学组成和使用量方面的选择取决于污染物种类、数量、在地下的特征和中试实验结果。在加入氧化剂的同时，还需要使用稳定剂，以防止某些有机污染物的挥发。常用的氧化剂有过氧化氢、Fenton试剂、臭氧以及高锰酸盐等。

该技术一般均包括氧化剂加入井、监测井、控制系统、管路等部分。其中氧化剂的注入最为重要。使用不同的氧化剂修复时，将氧化剂释放到受污染界面的方法有很多。

2. 影响因素

化学氧化法对于渗透性较好的砂土和沙砾层效果较好，在土壤黏土含量较高或者渗透性较低的地层中，氧化剂不易与污染物接触。土壤渗透性与化学氧化的关系：自然界中的土壤并不是完全均质分布的，其含有渗透性不同的部分。土壤在大尺度和小尺度上的非均质性对修复效果也有影响。氧化剂优先进入渗透性较好的部分，如砂土层。对于渗透性较差的部分，氧化剂不易进入，但一般这部分容易富集污染物。此外，渗透性较好的部分会成为将来土壤气体的优先流通道。因此在土壤不是均质分布的情况下，有必要弄清地下污染物的具体分布。这也是确立修复目标的重要参考，如果50%的污染物分布在低渗区，则不可能使用单一的修复技术达到95%的污染物去除率。

土壤本身理化性质对化学氧化法有重要的影响。理想状态下，加入的氧化剂全部与污染物发生反应。实际上，由于将氧化剂加入后，孔隙水的稀释作用以及被非污染物的消耗，都会造成氧化效率的下降。这些非污染物降解引起的消耗称为自然氧化需求（NOD）。土壤中天然有机质、二价铁、二价锰、二价硫等，都能够消耗氧化剂。因此需要进行批次实验，确定NOD值，从而达到修复目的。当污染物紧紧吸附于土壤有机质上时，氧化降解难度较大。

污染物的种类也是决定化学氧化法是否可行的重要因素，同时也是选择氧化剂种类的决定因素。对化学氧化影响较大的污染物自身的性质主要是其溶解度和Koc值。石油烃类污染物在水中溶解度一般较小，其分配于土壤有机质的量通常要远大于水中溶解的量。溶解度与Koc值能够帮助判断平衡条件下污染物在有机质与水中分配的比例。化学氧化法更易去除具有较高溶解度和较低的Koc值的污染物。

（1）Fenton试剂

过氧化氢氧化性很强，能与有机污染物反应生成水、二氧化碳、氧气等。当过氧化氢遇到亚铁离子（Fe^{2+}）形成Fenton试剂时，其更加有效。土壤和地下水中都可能

存在 Fe^{2+}，也可以加入 Fe^{2+} 催化相关的反应。1890 年 H. J. H Fenton 发现在较低的 pH（2.5～4.5）条件下，会发生如下反应，该反应成为 Fenton 反应。

$$H_2O_2 + Fe^{2+} \rightarrow Fe^{3+} + OH\cdot + OH^- \quad (5-33)$$

当 pH 低于 5 时，Fe^{3+} 会还原成 Fe^{2+}，因此该反应需在较低的 pH 下进行。$OH\cdot$ 可以迅速地无选择性地与含有不饱和键的化合物发生反应，如苯系物、PAHs 等，也可与 MTBE 发生反应。早期的 Fenton 反应中，过氧化氢的浓度约为 0.03%。现在修复中使用改进的无须添加 Fe^{2+} 的 Fenton，反应的过氧化氢浓度达到 4%～20%，并且反应条件为中性，避免了对土壤和地下水 pH 的改变，在没有有机物的情况下，过剩的 Fe^{2+} 可与 $OH\cdot$ 发生反应：

$$Fe^{2+} + OH\cdot \rightarrow Fe^{2+} + OH^- \quad (5-34)$$

这意味着如果 Fe^{2+} 浓度过高，试剂本身将消耗氧化剂。因此需要优化使用 Fenton 的条件。

Fenton 反应为放热反应，会加快土壤和地下水中的气体蒸发，造成气体的迁移。另外，Fenton 反应还可能产生易爆气体，使用时需要注意安全。

（2）臭氧和过氧化物

臭氧和过氧化物像典型 Fenton 试剂一样，由于形成自由基，臭氧反应在酸性环境中最有效。臭氧氧化性要强于过氧化氢，可与 BTEX、PAH、MTBE 等有机污染物直接发生反应。与其他的化学修复方式不同，臭氧修复技术需要引入气体。当臭氧用于非饱和区域内时，重要的是注意湿度水平，在非饱和区域内，臭氧在低湿度水平下的分布比高湿度水平下的分布状况好。当用于饱和区域时。由于气体向上运动，并且土壤通常水平成层，地下非均质活动造成的优先流动路径更快形成。对于臭氧和臭氧/过氧化物，土壤消耗的氧化剂量不太重要，通常不需要进行实验室实验来确定氧化剂消耗量，一般而言，每立方米土壤消耗的臭氧量大约为 15g。理想的 pH 为 5～8，pH 为 9 被视为上限。通常臭氧通过膜分离系统在线生成，通过喷射井注入地下，注入井通常要在污染区域附近。当污染物浓度较高时，使用臭氧进行修复也会产生热量和 VOC，因此需要类似 SVE 的系统收集气体，避免其向周边迁移。

（3）高锰酸盐

高锰酸盐也是一种强氧化剂，常用的有 $NaMnO_4$ 和 $KMnO_4$，二者具有相似的氧化性能，只是使用上有些差别。$KMnO_4$ 是由晶体而来，因此使用最大的浓度为 4%，成本较低，便于运输和使用。而 $NaMnO_4$ 是溶液态的供给，可以达到 40% 的浓度，成本较高，若成本不是很重要的情况下，更倾向于使用 $NaMnO_4$。

高锰酸盐在较宽的 pH 范围内可以使用，在地下起反应的时间较长，因而能够有效地渗入土壤并接触到吸附的污染物，并且通常不产生热、蒸气或者其他与健康、安全因素相关的事情。然而，高锰酸盐容易受到土壤结构的影响，因为高锰酸盐的氧化会产生二氧化锰（也称为褐色砂岩），这在污染负荷高时，会降低渗透性。当使用高锰酸盐时，有必要在修复之前进行实验室实验，以便确定土壤消耗的氧化剂量。这一实验就是天然土需氧量（SOD 或 NOD）实验。天然土需氧量取决于实验条件下的高锰酸盐浓度，这意味着必须在多个高锰酸盐浓度下进行实验，包括进行修复用的浓度。根据经验，当每千克土壤中的 NOD 值超过 $2gMnO_4^-$ 时，使用高锰酸盐进行修复成本将过高。

使用高锰酸盐进行原位氧化修复会降低局部 pH 至 3 左右，以及较高的氧化还原点位，这些可能使部分土壤环境中的金属发生迁移。这些金属离子可能被生成的 MnO_2 吸附。$KMnO_4$ 中可能含有砂粒，使用时需注意防止其堵塞井屏。$NaMnO_4$ 浓度较高时，$NaMnO_4$ 可能会造成注入井口附近的黏土膨胀并堵塞含水层。

3. 化学氧化技术的主要优缺点

化学氧化技术能够有效地处理土壤及地下水中的三氯乙烯（TCE）、四氯乙烯（PCE）等含氯溶剂，以及苯系物、PAH 等有机污染物，主要优缺点如下。

该法的主要优点是：能够原位分解污染物；可以实现快速分解、快速降解污染物的效果，一般在数周或者数月达到显著的降低污染物；除 Fenton 试剂外，副产物较低；一些氧化剂（除 Fenton 试剂）能够彻底氧化 MTBE；较低的操作和监测成本；与后处理固有衰减的监测相容性较好，并可促进剩余污染物的需氧和厌氧降解；一些氧化技术对场地操作的影响较小。

该法的主要缺点是：与其他技术相比，初期和总的投资可能较高；氧化剂不易达到渗透率低的地方，那里的污染物不易被氧化剂氧化；Fenton 试剂会产生大量易爆炸的气体，因此使用 Fenton 试剂时，需要应用其他的预防措施，如联合 SVE 技术；溶解的污染物在氧化数周之后可能产生"反弹"现象；化学氧化可能改变溶解的污染物羽的区域；使用氧化剂时需考虑安全和健康因素；将土壤修复至背景值或者污染物浓度极低的情况在技术和经济上可能代价较大；由于与土壤或岩石发生反应，可能造成氧化剂的大量损失；可能造成含水层化学性质的改变以及由于孔隙中的矿物沉淀而造成含水层的堵塞。

4. 原位化学氧化修复对土壤的影响及注意事项

在运用化学氧化技术时，注入的氧化剂可能对这一生物过程起到抑制作用。常用的氧化剂，如 H_2O_2、MnO_4^-、O_3 和 $S_2O_8^{2-}$ 都是强杀菌剂，在较低的浓度下，就能抑制或者杀死微生物，而且注入的氧化剂引起的电位和 pH 的改变也会抑制某些微生物菌落活性，使得氧化剂消失后微生物种类比运用 ISCO 技术之前有所减少。根据经验，注入 H_2O_2 在增加生物活性方面饱受争议，因为 H_2O_2 具有较高的分解速率和微生物毒性，有限的氧气溶解度导致非饱和区 O_2 的损失，以及引起渗透率减小和过热问题等。

有学者采用短期的氧化实验——混合土壤浆批处理反应堆和流通柱方法，来研究氧化剂对微生物活动的潜在影响。这种实验方法可进行完全的液压控制并使氧化剂、地下蓄水材料和微生物群之间保持良好的接触，从而了解氧化过程对微生物活性的抑制作用。实际情况往往比较复杂，这种实验还不能完全表征在非理想条件和时间较长情况下ISCO 对微生物活性的影响。例如，在野外条件下，氧化环境比较苛刻，这会强烈地影响微生物的存活率和活性。

另外，需要关注氧化剂的存在对微生物的长期效应而非短期影响。

ISCO 修复是否会影响土壤和地下水中微生物的活性目前还没有定论。一方面，污染物被氧化可能导致土壤的含氧量增加，如在荷兰，尤其是在地下水位之下数米，土壤缺氧或氧含量很低。当使用 Fenton 试剂、过氧化物和臭氧时，地下水中的氧含量上升，将对生物降解过程产生积极作用。另一方面，有机物质构成的细菌也被氧化了，这是不利的方面。但是，经过 ISCO 修复之后，土壤中的生物并没有全部死亡，可能是由于氧化剂无法进入土壤中的极其小的孔隙，细菌仍能够在此生存。

除了使土壤变得更加含氧之外，使用任何氧化剂都会形成酸，降低土壤和地下水的pH。对于涉及氯代烃类的污染，会形成盐酸，降低 pH 的效应会更强烈。在低 pH 时，金属的活动性增加，对金属的作用产生不利影响。以上这些作用均需要考虑，尤其对于有机污染和含有重金属的污染。

对于氧化剂可能引起的土壤渗透率方面的变化，实验室实验进行高锰酸盐的研究发现，氧化锰（也成为黑锰）的形成降低了土壤的渗透性。然而在实地应用高锰酸盐溶液（浓度高达 4%）时，却没有发现这一现象。在实地应用 Fenton 试剂时发现增加了土壤的渗透性，土壤渗透性的增加使氧化剂更好地分布在土壤中，但是在有机物质含量高的土壤中，可能发生剧烈的反应，使得土壤温度过度升高，导致安全风险超出可接受范围。例如，当有泥炭层时，也会有泥炭层下沉的风险；在城市中心区的电缆和管道等其他地下基础设施也会受到影响。

综上所述，化学氧化修复前需要做到以下几点：弄清待修复区污染浓度最高的区域；摸清并评价优先流的通道；清理气体可能迁移或积累区域的公用设施和地下室等；确保在修复区域内无石油管线和储罐。进行化学氧化修复时，应当考虑以下因素：使用离子荧光检测器或离子火焰检测器（PID/FID）监测爆炸物的情况；当使用 Fenton 试剂时，安装并使用土壤气体收集系统，直到没有危险时为止；使用过氧化氢时，降解温度需在 65℃ 以上。为保证有效降解，需在地下安装温度传感器。密切监视修复区注入的过氧化氢和催化剂，根据土壤气体和地下水的分析结果调整其注入量。注意观察地下水的水压，尽量减小化学反应造成的污染羽的扩张。但气体溶解于地下水中使得该方法的效率低于预期的效率。

5. 原位化学氧化修复设计及修复实例

进行原位化学氧化（ISCO）修复设计时，我们需要关注下面所列的土壤参数的信息及注入系统的设计参数。

(1) 土壤参数

土壤结构：ISCO修复最重要的方面是使氧化剂和污染物相互接触。尽管土壤存在不均质性，但主要由高渗透性沙子组成的土壤比主要由连续的沙子和黏土组成的土壤更适合于原位修复。土壤结构异质性越强，ISCO就越容易应用。在非均质土壤中，如能更快地生成最佳注入通道，注入的氧化剂就会全部接触到污染物。

土壤的渗透性：ISCO修复过程中土壤的渗透性越高越好。与低渗透性土壤相比，高渗透性土壤中的氧化剂分布更好更均匀。

地下水位：在ISCO修复期间需要注入液体和气体，由于土壤和地下水压力的存在，需要一定的反压以便于注入。如果地下水位低于1.5m，反压就不足，就不可能进行注入。当地下水位低时，地下水也可能因为注入的原因而上升，增加了发生事故的风险。如果地面水平有封盖，如块石面路，即使地下水位低，也可能进行正常工作。

土壤消耗的氧化剂：土壤修复中使用的氧化剂氧化哪些物质通常不很具体。重要的是知道土壤将消耗多少氧化剂，以便注入足够数量的氧化剂来氧化污染物。对于任何一种氧化剂，建议在ISCO修复之前进行实验室实验，据此来确定土壤消耗氧化剂的量。预先确定ISCO修复的重要土壤参数为有机物质的含量、化学需氧量（COD）和天然土需氧量（NOD），在所有ISCC修复应用过程中，这些参数的重要性各有不同。

缓冲容量：尤其是使用典型的Fenton试剂时，重要的是知道必须注入多少酸来产生氧化反应的最优环境。可以通过碳酸盐的含量和地下水的pH来确定这一缓冲容量。

地下基础设施：在城市地区，地下基础设施也是土壤参数之一。优先流动路径的风险越大，氧化剂沿着地下基础设施（如电缆/管道，以及混凝土基础）到达污染物的机会就减少。

(2) 注入系统设计参数

注入点之间的水平距离根据修复工程的有效半径确定。有效半径主要取决于土壤结构和注入深度。根据经验，一般有效半径取4.6m，也就是说，注入点之间的水平距离最大约为5m。使用臭氧和臭氧/过氧化物时，有效半径更大，介于10~20m。

注入氧化剂的量：需要注入氧化剂的数量包括污染负荷消耗的氧化剂量和土壤消耗的氧化剂量之和。当污染负荷程度已知时，可以根据氧化剂与污染物之间的化学反应来确定污染负荷消耗的氧化剂量。至于土壤消耗的氧化剂的量，则由土壤样品的实验室实验来确定。有机物质的含量和化学需氧量（COD）也可用于确定土壤消耗的氧化剂量。使用Fenton试剂时，必须考虑足够的过量，一般注入的过氧化物只有10%~20%参与了反应。

日注入量：日注入量决定修复期限，并在很大程度上决定修复的费用。对于高渗透性的土壤，Fenton试剂与高锰酸盐的注入量约为1~1.5m³未稀释溶液。

以上设计参数可以通过下述方式获得：① 将初步研究时的化学分析和水文地质资

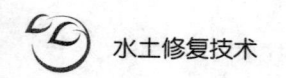

料与为了实施修复而进行的土质调查结果一起综合考虑，在此基础上，可以确定 ISCO 的一般适用性。②通过专门的实验室实验，包括土柱实验和批量实验，检查 ISCO 的适用性和证实应用该技术时的一些假设。在用高锰酸盐进行 ISCO 修复之前，可以先确定天然土需氧量（NOD）。③通过在注入位置进行一次实验性修复，以确定 ISCO 在具体的注入位置是否适用，并作为全面修复设计的重要参数。

（3）修复实例

【例 5-1】两座住宅下的芳香族化合物/矿物油污染原位化学氧化修复。

荷兰 Overijssel 省某市的两座住宅附近曾经存储着一个油罐。该油罐在建房之前已移走，但部分污染物残留在土壤中。土壤中矿物油的污染物使得地下水中挥发性芳香烃（BTEX）的浓度高达 26g/L。由于苯系物对地下水的污染给公共卫生和居民造成直接危险，于是决定对土壤进行专门的修复。

在考虑不同的修复选择时，由于房屋的存在，考虑采用原位修复，典型 Fenton 试剂的化学氧化技术（ISCO）修复被证明是最好的选择。Fenton 试剂的修复时间短，缩短了对居民造成不便的时间，这是进行评价时 Fenton 试剂方案获选的重要原因。修复计划是至少消除 80% 的污染负荷，将每部分地下水中的污染物浓度降至最高为 65mg/L。

修复过程中决定不进行实验性修复，而是直接进行完全修复。除了将氧化剂注入系统之外，在房屋前面安装了一个地面抽气系统。在两个注入周期内，大约注入了 3m³ 浓度为 50% 的过氧化物。第一个注入周期之后，地下水中的污染物浓度降低了 90% 以上。大约 4 个星期之后，进行了第二次注入，地下水中的污染物苯的浓度降到了所期望的 65mg/L。在主动修复期间，采取了全面的风险监控措施。在各个时期内，没有超过爆炸下限（LEL），房屋下面没有测量到氧气、矿物油或挥发性芳香烃浓度上升的情况。12 个星期之后，进行一次重复监测，以便确定是否有污染物从土壤中扩散出来。监测发现，由于土壤中的污染扩散，苯系物的浓度上升。经过修复后，地下水中污染物浓度的总体下降度仍然大于 90%。

在 ISCO 修复之后，正面效应很快显现出来，地下水中的氧化还原条件改善，氧含量逐渐升高，有利于残留污染物的生物降解。此时，仍然需要对房屋下面进行最终监测，以便确定是否存在任何公共健康风险。

5.2.7 土壤固化/稳定化

1. 概述

固化/稳定化（S/S）技术通过物理或化学方式将土壤中有害物质"封装"在土壤中，降低污染物的迁移性能。该技术既能在原位使用，也能够在异位进行。通常用于重金属和放射性物质的修复，也可用于有机物污染的场地。固化稳定化具有快速、有效、经济等特点，在土壤修复中已经实现了工业化应用。

固化/稳定化技术包含了两个概念。固化是指将污染物包起来,使其成为颗粒或者大块的状态,从而降低污染物的迁移性能。可以将污染土壤与某些修复剂,如混凝土、沥青以及聚合物等混合,使土壤形成性质稳定的固体,从而减少了污染物与水或者微生物之类的接触机会。稳定化技术将污染物转化成不溶解、迁移性能或毒性较小的状态,从而达到修复目的。使用较多的稳定化修复剂有磷酸盐、硫化物以及碳酸盐等。两个概念放在一起是因为两种方法通常在处理和修复土壤时联合使用。

玻璃化技术也是固化/稳定化技术的一种,是通过电流将土壤加热到1 600~2 000℃,使其融化,冷却后形成玻璃态物质,从而将重金属和放射性污染物固定在生成的玻璃态物质中,有机污染物在如此高的温度下通过挥发或者分解去除。

对于固化技术,其处理的要求是:固化体是密实的、具有稳定的物理化学性质;有一定的抗压强度;有毒有害组分浸出量满足相应标准要求;固化体的体积尽可能小;处理过程应该简单、方便,经济有效;固化体要有较好的导热性和热稳定性,以防内热或外部环境条件改变造成固化体结构破损,污染物泄漏。

2. 用固化技术

固化技术使用的修复材料主要分为三类,包括无机黏合剂(水泥、火山灰质材料、石灰、磷灰石和矿渣等)、有机黏合剂(有机黏土、沥青、环氧化物、聚酯和蜡类等)以及专用添加剂(活性炭、pH调节剂、中和剂和表面活性剂等)。工程应用包括原位和异位两种处理技术,在国内的工程应用中,更多地偏向于使用异位固化/稳定化技术。异位处理系统主要包括土壤预处理、药剂添加及混合搅拌系统等。主要设备包括土壤挖掘设备(如挖掘机等)、土壤水分调节设备(如输送泵、喷雾器、脱水机等)、土壤破碎筛分设备(如破碎机、破碎斗、振动筛、筛分破碎斗等)、土壤与药剂混合搅拌设备(双轴搅拌机、单轴螺旋搅拌机、切割锤击混合式搅拌机等)。在修复实施过程中,土壤和药剂的混合程度是该技术能否成功应用的一个关键性指标,混合越均匀固化/稳定化效果越好,而对土壤的预处理破碎有利于后续与药剂的充分混合接触,一般要求破碎后的土壤颗粒最大的尺寸不宜大于50mm。分别介绍如下:

(1)水泥固化

水泥是一种水硬性材料,是由石灰石与黏土在水泥窑中烧结而成,成分主要是硅酸三钙和硅酸二钙,经过水化反应后可生成坚硬的水泥固化体。

水泥固化就是一种以水泥为基材的固化方法,最适用于无机污染物的固化,其过程是:废物与硅酸盐水泥混合,最终生成硅酸铝盐胶体,并将废物中有毒有害组分固定在固化体中,达到无害化处理的目的。常用的添加剂为无机添加剂(蛭石、沸石、黏土、水玻璃)、有机添加剂(硬脂肪丁酯、柠檬酸等)。水泥固化需要满足一定的工艺条件,对pH、配比、添加剂、成型工艺有一定的要求。

当用酸性配浆水配置水泥浆时,液相中的氢氧化钙的浓度积减小,延迟氢氧化钙的结晶，水化产物更容易进入液相，加快水泥熟料的水化速率。游离的钙离子和硅酸根离子结合生成水化硅酸钙凝胶，使水泥石的微观结构更加致密，提高了水泥石宏观的抗压强度。中性的配浆水不会有这种作用，碱性的配浆水反而会阻碍熟料矿物水化，增大氢氧化钙的形核，增加氢氧化钙的量，对水泥的宏观抗压强度产生不利的影响。水泥与废物之间的用量比，应该用实验来测定，水与水泥的配比要合适，一般维持在0.25。水分过小，无法保证充分的水合作用；水分过多，容易造成泌水现象，会影响固化块的硬度。加入添加剂，可以改性固化体，使其具有良好的性能，如膨润土可以提高污泥固化体的强度，促进污泥中锌、铅的稳定。控制固化块的成型工艺，其目的是为了达到设计预定的强度。对于最终固化块的处理方式不同，固化块的强度要求也不同，因而其成型工艺也不同。

水泥固化处理前，需要将原料与固化剂、添加剂进行混合均匀，以获得满足要求的固化体。水泥的固化混合方法主要有外部混合法、容器内部混合法、注入法三种方法。外部混合法是将废物、水泥、添加剂和水在单独的混合器中进行混合，经过充分搅拌后再注入处理容器中，其优点是可以充分利用设备，缺点是设备的洗涤费时耗力，而且会产生污水；容器内部混合法是直接在最终处置使用的容器内进行混合，然后用可移动的搅拌装置混合，其优点是不产生二次污染物，缺点是受设备的容积限制，处理量有限，不适用于大量的操作；注入法是对于不利于搅拌的固体废物，可以将废物置于处置容器当中，然后注入配置好的水泥。

近年来，在若干方面开展了研究以改进以上的缺点。例如，用纤维和聚合物等增加水泥耐久性；用天然胶乳聚合物改性普通水泥以处理重金属废物，提高水泥浆颗粒和废物间的键合力，聚合物同时填充了固化块中小的孔隙和毛细管，降低了污染物的浸出；用改性水泥处理焚烧炉灰，提高了固化体的抗压强度和抗拉强度。并且增加了固化体抵抗酸和盐（如硫酸盐）侵蚀的能力。例如：S Wang and Cipulanandan 用沙土（79%）、高岭土（20%）和有机质（1%）混合制得土样，使其含有7 000mg/kg 的 Cr（Ⅵ），其浸出液中 Cr（Ⅵ）的含量为273mg/L，加入水泥处理（水泥、土壤比为0.2）后将浸出液中 Cr（Ⅵ）的含量减少了37%；加入10%的 FeCl2 后，污染土壤中以将 Cr（Ⅵ）转化为 Cr（Ⅲ），浸出液 Cr（Ⅵ）的含量减少了92%；通过结合 Cr（Ⅵ）减量化技术（FeCl2）和 S/S 处理，效率达到了99%。再如：徐小希等对比了单掺硅酸盐水泥熟料、FeCl2 以及复掺硅酸盐水泥熟料和 FeCl2 对铬污染土壤的固化/稳定化效果，结果表明，熟料水化产物包裹和连接土壤颗粒，填充孔隙和离子渗出通道，而 FeCl2 在碱性条件下仍具有良好的还原性，两者共同作用，使土壤获得较高的强度，同时降低 Cr（Ⅵ）的浸出浓度。

这种技术操作的前提就是需要把土清挖出原来的位置，在其他的工作区域进行混药固化，固化过程中需要大量的人力、物力、财力，而且固化均匀程度和固化效果仍然不清晰，还需要后续的跟踪，且该技术还需要进一步地提高。

(2) 石灰固化

石灰固化指以石灰、垃圾焚烧灰分、粉煤灰、水泥窑灰、炼炉渣等具火山灰性质的物质为固化基材而进行危险废物固化/稳定化处理技术。其基本原理与水泥固化相似,都是污染物成分吸附在水化反应产生的胶体结晶中,以降低其溶解性和迁移性。但也有人认为水凝性物料经历着与沸石类化合物相似的反应,即它们的碱金属离子成分相互交换而固定于生成物胶体结晶中。该法适用于处理含重金属污泥和湿法烟气脱硫污泥等。

由于石灰固化体的强度不如水泥,因而这种方法很少单独使用。

(3) 塑性材料固化

1) 热固性塑料包容技术。利用热固性有机单体,如脲醛与粉碎后废物充分混合,并在助凝剂和催化剂作用下受热形成海绵状的聚合体,在每个废物颗粒周围形成一层不透水的保护膜而达到固化和稳定化的目的。它的原料是脲甲醛、聚酯、聚丁二烯、酚醛树脂和环氧树脂等,利用热固性塑料受热时从液态小分子通过交链聚合反应生成固体大分子的不可逆反应过程实现对废物的包容过程,但并不与废物发生任何化学反应。所以固化处理效果与废物粒度、含水量和聚合反应条件有关。

2) 热塑性塑料包容技术。利用热塑性材料,如沥青、石蜡、聚乙烯等在高温条件下熔融并与废物充分混合,在冷却成型后将废物完全包括。适用于低放射性残液(渣)、焚烧灰分、电镀污泥和砷渣等。但由于沥青固化不吸水,所以有时需要预先脱水或干化。采用的固化剂一般有沥青、石蜡、聚乙烯、聚丙烯等,尤其是沥青具有化学惰性,不溶于水,又具有一定可塑性和弹性,对废物具有典型的包容效果。但是,混合温度要控制在沥青的熔点和闪点之间(150~2 300℃),温度太高容易产生火灾,尤其在不加搅拌时因局部受热容易发生燃烧事故。

3) 自胶结固化。自胶结固化技术是利用废物自身的胶结特性而达到固化目的的方法。$CaSO_4$ 和 $CaSO_3$ 会有结合水的形式,其自然界的存在形式为 $CaSO_4 \cdot 2H_2O$、$CaSO_3 \cdot 2H_2O$。当温度升高到一定范围的时候,两种水合物会脱水生成 $CaSO_4 \cdot 0.5H_2O$、$CaSO_3 \cdot 0.5H_2O$。这两种物质在遇水后,会重新与水反应,生成二水化合物,然后迅速凝固、硬化。如果在处理的污染物中含有大量此种物质,经过适当的处理,加入合适的添加剂,就可以利用这一特性来实现固化。这种固化体具有抗渗透性高,抗微生物降解和浸出率低的特点。

美国泥渣固化技术公司(SFT)利用自胶结固化原理开发了一种名为 Terry-Crete 的技术,用以处理烟道气脱硫的泥渣。其工艺流程是:首先将泥渣送入沉降槽,进行沉淀后再将其送入真空过滤器脱水。得到的滤饼分为两路处理:一路送到混合器,另一路送到煅烧器进行煅烧、经过干燥脱水后转化为胶结剂,并被送到储槽储存。最后将煅烧产品、添加剂、粉煤灰一并送到混合器中混合,形成黏土状物质。添加剂与煅烧产品在物料总量中的比例应大于10%。

这种方式只适用于含大量硫酸钙废物，它的应用面较窄，不如水泥和石灰固化应用广泛。

4）熔融固化（玻璃固化）。熔融固化技术，也被称作玻璃固化技术，该技术是将待处理的危险废物与细小的玻璃质，如玻璃屑、玻璃粉混合，经混合造粒成型后，在高温熔融下形成玻璃固化体，借助玻璃体的致密结晶结构，确保固化体的永久稳定。在美国EPA提供的非燃烧处理技术中，这种技术受到了足够的重视。

熔融固化法被用于POP高浓度污染的土壤的修复，这项技术在原位和异位修复均适应。使用的装置既可以是固定的也可以是移动的。该技术是一个高温处理技术，它利用高温来破坏POP，然后土壤和产物冷却玻璃化降低了处理产物的迁移能力。熔融固化法原位处理技术可在两个设备中进行，即原位玻璃化（ISV）和地下玻璃化（SPV）。两个装置都是电流加热、融化，然后玻璃化。ISV适合3m以下的土壤，SPV适合于比较浅的地方。其中SPV的演变技术DEEP-SPV，可以在深度超过9m的地下狭小的部分进行玻璃化。

处理时，电流通过垂直插入土壤中的一系列电极由土壤表面传导到目标区域。由于土壤不导电，初始阶段在电极之间加入可导电的石墨和玻璃体。当给电极充电时，石墨和玻璃体在土壤中导电，对其所在的区域加热，临近的土壤熔融。一旦熔融后，土壤变得导电，于是融化过程开始向外扩展。操作温度一般为1 400～2 000℃，随着温度的升高，污染物开始挥发。当达到足够高的温度后，大部分的有机污染物被破坏掉，产生二氧化碳和水蒸气，如果是有机氯化物的污染物，还会产生氯化氢气体。二氧化碳、水蒸气、氯化氢气体或在高温下挥发出来的污染物等气相反应产物，在地表被尾气收集装置收集后进行处理，处理后无害化的气体再排放至大气。当停止加热后，介质冷却玻璃化，把没有挥发和没有被破坏的污染物固定。

异位熔融处理过程又称为容器内玻璃化。在耐火的容器中加热污染物，其上设置尾气收集装置。热量由垂直插在容器上的石墨电极产生，操作温度为1 400～2 000℃，在该温度下，污染土壤基质融化，有机污染物被破坏或者挥发。过程产生的尾气进入尾气处理系统。当熔融固化后进行符合环保要求的处置。

3. 稳定化技术

通常稳定化技术与固化技术一同使用。稳定化处理技术一般表现为药剂稳定化处理。药剂稳定化处理常见的有pH控制技术、氧化/还原电位控制技术、沉淀与共沉淀技术、吸附技术、离子交换技术、超临界技术等。对于有机污染物，常用的方法是添加吸附剂来实现稳定化。

吸附技术是用活性炭、黏土、金属氧化物、锯末、沙、泥炭、硅藻土、人工材料作为吸附剂将有机污染物、重金属离子等吸附固定在特定吸附剂上，使其稳定并固化/稳定化处理。在治理过程中常用过的吸附剂是活性炭和吸附黏土。

（1）活性炭

Alberto用活性炭做添加剂辅助水泥固化处理铸造污泥，结果表明活性炭能降低污泥中有机物的溶出。目前，以活性炭为添加剂的无机胶结剂固化/稳定化技术主要研究对象为芳香族化合物（苯酚、苯胺、萘等）、持久性有机物（二噁英等）等，在实验室研究和工程实践中均有较好的处理效果，但较高的使用成本使技术的应用受到限制。

（2）吸附黏土

有机黏土有很强的吸附效果，可增强对有机污染物的稳定化作用，在含毒性有机物危险废物的固化/稳定化过程中应用越来越广泛。目前，以有机黏土为添加剂的无机胶结剂固化/稳定化技术的主要研究对象包括苯、甲苯、乙苯、苯酚、3-氯酚等。有机黏土对有机污染物，尤其是非极性有机污染物具有较好的固定化效果，在含毒性有机物危险废物的固化/稳定化技术中得到广泛应用。

工程案例：

某电子电镀车间，经场地调查与风险评估发现，场地中大部分区域土壤存在重金属污染，主要污染物为铜、锌和银，最大浓度分别达1 560mg/kg，385mg/kg，3 306mg/kg，工程规模约为2 000m³。污染土壤主要为黏性土和粉质黏土，污染深度1～4m。综合场地污染物特性、污染物浓度及土壤性质，选用异位固化/稳定化技术对污染土壤进行污染治理，修复后土壤均满足修复目标要求，项目综合成本约为600元/m³。

4. 影响因素

影响土壤固化/稳定化修复效果的因素很多，主要有土壤的性质、污染物的性质等。

土壤性质的影响主要有：① 水分或有机污染物含量过高，土壤容易形成聚集体，修复剂不易与土壤混合均匀，从而降低修复效果；② 干燥土壤或者黏性土壤也容易导致混合不均匀；③ 土壤中石块比例过高会影响土壤与修复剂的混合效果。

污染物性质的影响主要有：① 不适用于挥发性/半挥发性有机物；② 不适用于成分复杂的污染物。

5. 修复实例

【例5-2】美国南Carolina一场地在1940—1977年进行木材加工，使用了杂芬油、五氯苯酚以及砷铜酸，生产过程的废水排放到一个地沟中。1978年到20世纪80年代，该场地存放废物。场地调查表明该地区沉积物被PAHs和DNAPL污染。为了消除污染物对水生生物影响以及对食物链上层的潜在风险，决定对1 873m³的沉积物进行修复，但没有给出具体的修复目标。

2001年9—12月对此沉积物进行了固化/稳定化修复。修复使用特殊的两栖型挖掘机，通过特制的管状注射器将水泥基泥浆注入地下0.6m的沉积物中。在河边修复中，修复进行到地下7.62m。修复过程使用移动搅拌器，总共使用了686m³水泥浆，其中含632t水泥、15m³化学药剂以及606m³水。但尚未有相关的修复效果的报道。

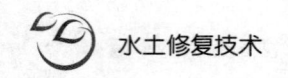

使用该技术修复该场地总费用为561 154美元，包含使用管状注入器、两栖挖掘机、水泥和药剂，以及242 300美元的设备运输安装费用。平均每立方米的修复费用为300美元。

5.2.8 土壤焚烧

1. 概述

土壤焚烧是将土壤在温度为870～1 200℃的条件下，使土壤中的有机污染物蒸发或者燃烧分解的方法。一般需要外加燃料以保持燃烧所需高温。这种方法去除污染物的效率能够超过99.99%，对PCB和二噁英等甚至可达到99.999 9%。土壤焚烧主要由焚烧炉、尾气处理系统和控制系统等组成。

焚烧炉主要包括流化床、旋转窑和炉排炉。旋转窑是常用的焚烧炉，旋转窑的温度一般高于980℃。土壤在旋转窑中时，旋转窑慢慢转动，使土壤翻滚，实现均匀受热。污染物受热后挥发，也可能产生某些化学反应，生成其他气态物质，这些气态物质将进入后燃器。后燃器温度较高，一般为1 200℃左右。有机污染物在此高温下，与氧气发生反应生成CO_2和水。后燃室产生的尾气进入尾气处理系统冷却和净化，以除去其中的粉尘和酸性物质。

土壤焚烧在美国的场地修复中逐渐减少。在1982—2004年，美国超级基金修复场地中，该技术占11%；而2005—2008年，该技术比例降为3%。

2. 污泥焚烧的影响因素

污泥燃烧的效果决定了焚烧法处理的质量。燃烧效果受多方面的影响，主要的影响因素有燃烧时间、操作温度、与空气之间的混合程度等。

（1）燃烧时间

固体废物的燃烧时间是燃烧反应的时间，这就要求固体废物在燃烧层有适当的停留时间，燃烧在高温区的停留时间应该超过燃料燃烧所需的时间，燃烧时间与固体废物粒度的1～2次方成正比，加热时间近似两次方成正比。固体的粒度越细，与空气的接触面积越大，反应速率越大，固体在燃烧炉中的时间就越短。

（2）操作温度

燃料的温度至少应该达到着火温度，这样才能与氧气发生反应而燃烧。所以燃烧炉的温度应该在燃料的着火点以上。通常情况下，较高的温度会使得颗粒的比表面积增大，也会提高传热的速率，所以燃烧速率快，废物在炉内的停留时间短。但在温度高达一定程度后，燃烧速率提高的幅度就不大了。所以考虑到经济因素，要选合适的温度才有利。

（3）废物与空气间的混合程度

为了使固体完全燃烧，氧气应该是过量的。氧气的浓度越高，燃烧越快。另外，空气在炉内的分布状况和流动形态也是一个重要的参数。总地来说，应该充分地混合均匀，提高氧气在炉内的传质效率。

3. 焚烧法优缺点

焚烧法的主要优点和缺点是：焚烧法处理污染物彻底，这是其最大的一个优点。但是伴随着燃烧反应，会有有毒的中间产物产生，如若控制不当，会有二次污染，这是其一个缺点。通过比较其优缺点，可以更好地认识这种方法，更加有效地处理污染物。

焚烧法的优点：可以使污泥的体积减少到最小，有利于空间利用；处理速度快，不需要长期储存处理产物；焚烧热可回收。例如，我国首台污泥焚烧发电系统在山东滕州面世。待处理污泥进入全封闭状态的处理池，然后顺序进入干燥仓，利用电厂锅炉产生的余热烘干后进入1 500℃高温的发电锅炉，与煤炭一起焚烧进行发电；该法处理彻底、产物少、性质稳定。

焚烧法的缺点：焚烧法所需的投资较大，管理要求高，在焚烧过程中容易产生剧毒中间产物二噁英。目前消除这一问题的主要方法是设置二燃室，控制燃烧温度等方法，但是由于技术限制，目前尚不能完全有效地监测和控制二噁英，不能彻底解决二次污染问题。另外，由于受污泥含水率、有机质含量等因素的约束，在燃烧过程中还得加入化石燃料，这在一定程度上会增加处理的投入。

5.2.9 原位加热修复技术

原位加热法通过加热移动或"增强"土壤和地下水里有害化学物质的移动性，让这些化学物质通过土壤和地下水向抽取井移动，在那里它们被收集并输送到地表，并用其他技术方法处理。有些化学物质在加热过程中于地下就被摧毁。之所以用"原位"描述是因为热量是在地下直接作用到污染区域。它对于被称为"非水相液体"的化学物质特别管用，这类物质不易溶解于地下水。如不修复的话，非水相液体会在长时间里成为地下水的污染源。溶剂、石油和木榴油（一种木材防腐剂）都属于非水相液体。

原位加热法加热受污染土壤（有时也有附近的地下水）到很高的温度。热量蒸发了化学物质和水分，把它们转变为气体。这些也被称为"蒸气"的气体能更容易地通过土壤。高温也可以摧毁一些位于被加热区域的化学物质。

原位加热法通过不同途径产生热量（见图5-4）：

1. 电阻加热（ERH）给安装在地下被称为"电极"的金属棒之间通上电流。电流遇到来自土壤的阻力产生的热量将地下水和土壤水分转变为蒸气，并气化污染物。

2. 蒸气强化抽提（SEE）通过位于污染区域的注射井将蒸汽泵入地下。蒸气将加热该区域并使污染物流动和蒸发。

3. 热传导加热（TCH）使用放置在地下钢管中的加热器，能加热污染区域到足够高的温度以摧毁一些化学物质。

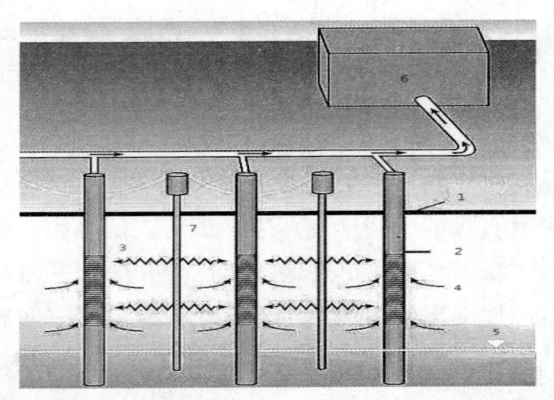

1. 地面　2. 空气收集装置　3. 电流　4. 空气　5. 地下水平面　6. 空气处理装置　7. 电极

图 5-4　原位加热修复示意图

这些化学物质和水的蒸气被抽提到抽提井，并被所施加的真空吸力带到地表。然后这些蒸气在地上通过几种可用的处理方法之一处理。或者，如果浓度高，这些蒸气可以被重新浓缩成液态化学品以再利用。

原位加热法能加速许多种污染物的修复，并且是少数几种能修复非水相液体的原位方法。原位加热可以应用于其他修复方法不容易修复好的粉质或黏性的土壤。它们还可以用于地下深处或建筑物下方的污染物，就是那种如果把土壤挖到地面处理会很难或代价高昂的情况。原位加热已经被选择或正被用于至少 12 个超级基金场地以及全国的另外几十个场地的修复。

4. 工程案例

蒸气强化抽提曾被用于加速修复位于加州的南加州爱迪生公司 Visalia Pole Yard 超级基金场地。该公司在厂区使用化学物质处理木制电线杆污染了土壤和地下水。传统的抽出处理法在 1984 年启用，但是在达成修复目标方面没显示出多少进展。1997 年，14 个蒸气注射井被安装在污染区域。蒸气被注入地下 80～100 英尺（约合 24～30 米）的深度，蒸发了那些化学物质并迫使它们向抽提井移动。

最初，每天约有 13 000 磅（约合 5 900 公斤）污染物被从抽提井中抽出。当 3 年后，每天收集的量还不到 4 磅（约合 1.8 公斤），表明绝大部分化学物质已经被移除，蒸气强化抽提被停止了。抽出处理系统于 2004 年被关闭，总计约有 130 万磅（约合 590 吨）污染物被移除，而且地下水污染物浓度被降到了低于饮用水标准。通过使用蒸汽强化抽提作为修复工作的一部分，这个场地修复整体耗时从预计的 120 年缩短到了（实际的）20 年。

5.2.10　电动修复技术

电动修复技术是在土壤处于酸性条件下，对土壤通直流电，清除土壤中重金属。该方法的缺点在于对土壤的酸碱度有一定的要求，只能在 pH 值低的土壤环境中进行，整个工艺过程需采用添加一些化学药来降低土壤的 pH 值，而且土壤都存在一定的缓冲性，不同土壤的缓冲容量也有很大的差别，当需要治理的受铬污染的土壤的自身缓冲性极强，也就是说这种土壤的缓冲容量很高时，就可能存在处理过程无法达到预期的土壤酸性环境，使得该项技术无法达到预期的效果。此外这种技术耗时长，可能耗时几天到几年。

此法不适用于渗透性较高、传导性较差的砂性土壤，所以此方法的应用范围受到一定的局限。虽然铬污染土壤可以用电动修复和回取，但是需要深入研究铬和土壤胶体之间在物化作用。此法的适用性较差，使用时要综合考虑土壤的污染情况及其基本的理化性质。

5.2.11　客土法

客土法是指用清洁土壤取代或者部分替换污染土壤，以达到减少重金属对食物链污染的目的。虽然客土法可以有效地降低土壤中重金属的含量，但其工程量大，投资成本高，还会破坏土壤的物化性质，破坏土壤整体的理化性质，造成土壤肥力下降，处理处置被清挖出来的污染土壤也是个难题，而且在污染土壤清挖、转运和处置过程中如果防护措施没有做好，还容易导致二次污染。另外，Cr（Ⅵ）的迁向下迁移的能力很强，客土与原土混合的方法并没有消除 Cr（Ⅵ）的迁移性，危害也没有彻底消除。

因此，在铬污染土壤修复中客土法不是首选办法。

5.3　微生物修复法

微生物修复是通过生物的代谢作用或者其产生的酶去除污染物的方式。土壤生物修复可以在好氧和厌氧的条件下进行，但是更普遍的是好氧生物修复。微生物修复需要适宜的温度、湿度、营养物质和氧浓度等条件。土壤条件适宜时，微生物可以利用污染物进行代谢活动，从而将污染物去除。然而当土壤条件不适宜时，微生物可能生长较缓慢甚至死亡。为了促进微生物降解，有时需要向土壤中添加相应的物质，或者向土壤中添加适当的微生物。主要的微生物修复方式有生物通风、土壤耕作、生物堆、生物反应器等。

1. 重金属污染土壤的微生物修复原理

土壤微生物种类繁多、数量庞大，是土壤的活性有机胶体，比表面大、带电荷和代谢活动旺盛，在重金属污染物的土壤生物地球化学循环过程中起到了积极的作用。微生物可以对土壤中重金属进行固定、移动或转化，改变它们在土壤中的环境化学行为，可促进有毒、有害物质解毒或降低毒性，从而达到生物修复的目的。因此，重金属污染土壤的微生物修复原理主要包括生物富集（如生物积累、生物吸着）和生物转化（如生物

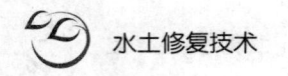

氧化还原、甲基化与去甲基化以及重金属的溶解和有机络合配位降解）等作用方式。

（1）微生物对重金属的生物积累和生物吸着

微生物对重金属的生物积累和生物吸着主要表现在胞外络合、沉淀以及胞内积累等三种形式，其作用方式有以下几种：①金属磷酸盐、金属硫化物沉淀；②细菌胞外多聚体；③金属硫蛋白、植物螯合肽和其他金属结合蛋白；④铁载体；⑤真菌来源物质及其分泌物对重金属的去除。由于微生物对重金属具有很强的亲和吸附性能，有毒金属离子可以沉积在细胞的不同部位或结合到胞外基质上，或被轻度螯合在可溶性或不溶性生物多聚物上。研究表明，许多微生物，包括细菌、真菌和藻类可以生物积累（bioaccumulation）和生物吸着（biosorption）环境中多种重金属和核烈引。一些微生物如动胶菌、蓝细菌、硫酸盐还原菌以及某些藻类，能够产生胞外聚合物如多糖、糖蛋白等具有大量的阴离子基团，与重金属离子形成络合物。Macaskie 等分离的柠檬酸细菌属（Citrobacer），具有一种抗 Cd 的酸性磷酸酯酶，分解有机的 2-磷酸甘油，产生 HPO_4^{2-} 与 Cd^{2+} 形成 $CdHPO_4$ 沉淀。Bargagli 在 Hg 矿附近土壤中分离得到许多高级真菌，一些菌根种和所有腐殖质分解菌都能积累 Hg 达到 100mg/kg。

重金属进入细胞后，可通过"区域化作用"分配于细胞内的不同部位，体内可合成金属硫蛋白（MT），MT 可通过 Cys 残基上的巯基与金属离子结合形成无毒或低毒络合物。研究表明，微生物的重金属抗性与 MT 积累呈正相关，这使细菌质粒可能有抗重金属的基因，如丁香假单胞菌和大肠杆菌均含抗 Cu 基因，芽孢杆菌和葡萄球菌含有抗 Cd 和抗 Zn 基因，产碱菌含抗 Cd、抗 Ni 及抗 Co 基因，革兰氏阳性和革兰氏阴性菌中含抗 As 和抗 Sb 基因。Hirokit61 发现在重金属污染土壤中加入抗重金属产碱菌可使得土壤水悬浮液得以净化。可见，微生物生物技术在净化污染土壤环境方面具有广泛的应用前景。

（2）微生物对重金属的生物转化作用

重金属污染土壤中存在一些特殊微生物类群，它们对有毒重金属离子不仅具有抗性，同时也可以使重金属进行生物转化。其主要作用机理包括微生物对重金属的生物氧化和还原、甲基化与去甲基化以及重金属的溶解和有机络合配位降解转化重金属，改变其毒性，从而形成某些微生物对重金属的解毒机制。在细菌对重金属抗性和生物修复的可行性研究中，人们多关注 Hg 的脱甲基化和还原挥发、亚砷酸盐氧化和铬酸盐还原以及 Se 的甲基化挥发等。细菌对 Hg 的抗性归结于它所含的两种诱导酶：一种 Hg 还原酶和一种有机 Hg 裂解酶，其机制是通过 Hg-还原酶将有机的 Hg^{2+} 化合物转化成低毒性挥发态 Hg。也有研究表明，土壤中分布着多种可以使铬酸盐和重铬酸盐还原的微生物，如产碱菌属（Alcaligenes）、芽孢杆菌属、棒杆菌属（Corynebacterium）、肠杆菌属、假单胞菌属和微球菌属（Micrococus）等，这些菌能将高毒性的 Cr^{6+}，还原为低毒性的 Cr^{3+}。可见，利用无机和有机 Hg 化合物还原及挥发，铬酸盐还原和亚砷酸盐氧化特性，可应用于重金属污染土壤的微生物修复。

微生物也可通过改变重金属的氧化还原状态，使重金属化合价发生变化，改变重金属的稳定性。Silver 等提出，在细菌作用下氧化还原是最有希望的有毒废物生物修复系统。微生物能氧化土壤中多种重金属元素，某些自养细菌如硫—铁杆菌类（Thiobacillus ferrobacillusl）能氧化 As、Cu、Mo 和 Fe 等，假单孢杆菌属（Pseudomonas）能使 As、Fe 和 Mn 等发生生物氧化，降低这些重金属元素的活性。硫还原细菌可通过两种途径将硫酸盐还原成硫化物：一是在呼吸过程中硫酸盐作为电子受体被还原，二是在同化过程中利用硫酸盐合成氨基酸，如胱氨酸和蛋氨酸，再通过脱硫作用使 S^{2-} 分泌于体外，与重金属 Cd 形成沉淀，这一过程在重金属污染治理方面有重要的意义。另外，金属价态改变后，金属的络合能力也发生变化，一些微生物的分泌物与金属离子发生络合作用，这可能是微生物具有降低重金属毒性的另一机理。

2. 有机污染土壤的微生物修复原理

（1）有机污染物进入微生物细胞的过程

土壤中大部分有机污染物可以被微生物降解、转化，并降低其毒性或使其完全无害化。微生物降解有机污染物主要依靠两种作用方式：① 通过微生物分泌的胞外酶降解；② 污染物被微生物吸收至其细胞内后，由胞内酶降解。微生物从胞外环境中吸收摄取物质的方式主要有主动运输、被动扩散、促进扩散、基团转位及胞饮作用等。

（2）微生物降解有机污染物的主要反应类型

微生物降解和转化土壤中有机污染物，通常是依靠以下基本反应模式来实现的。

1）氧化作用：① 醇的氧化，如醋化醋杆菌（Acetobacter aceti）将乙醇氧化为乙酸，氧化节杆菌（Arthrobacter oxydans）可将丙二醇氧化为乳酸；② 醛的氧化，如铜绿假单胞菌（Pseudomonas aeruginosa）将乙醛氧化为乙酸；③ 甲基的氧化，如铜绿假单胞菌将甲苯氧化为苯甲酸，表面活性剂的甲基氧化主要是亲油基末端的甲基氧化为羧基的过程；④ 氧化去烷基化，如有机磷杀虫剂可进行此反应；⑤ 硫醚氧化，如三硫磷、扑草净等的氧化降解；⑥ 过氧化，艾氏剂和七氯可被微生物过氧化降解；⑦ 苯环羟基化，2,4-D 和苯甲酸等化合物可通过微生物的氧化作用使苯环羟基化；⑧ 芳环裂解，苯酚系列的化合物可在微生物作用下使环裂解；⑨ 杂环裂解，五元环（杂环农药）和六元环（吡啶类）化合物的裂解；⑩ 环氧化，环氧化作用是生物降解的主要机制，如环戊二烯类杀虫剂的脱卤、水解、还原及羟基化作用；等等。

2）还原作用：① 乙烯基的还原，如大肠杆菌（Escherichia colitiform）可将延胡索酸还原为琥珀酸；② 醇的还原，如丙酸梭菌（Clostridium propionicum）可将乳酸还原为丙酸；③ 芳环羟基化，甲苯酸盐在厌氧条件下可以羟基化，也有醌类还原、双键、三键还原作用等等。

3）基团转移作用：① 脱羧作用，如戊糖丙酸杆菌（Propionibacterium pentosaceum）可使琥珀酸等羧酸脱羧为丙酸；② 脱卤作用，是氯代芳烃、农药、五氯酚等的生物降解途径；③脱烃作用，常见于某些有烃基连接在氮、氧或硫原子上的农药降解反应；还存在氢卤以及脱水反应等。

4）水解作用：主要包括有酯类、胺类、磷酸酯以及卤代烃等的水解类型。

5）其他反应类型：包括酯化、缩合、氨化、乙酰化、双键断裂及卤原子移动等。

（3）典型有机污染物的微生物转化与降解机理

1）氯代芳香族污染物的微生物转化与降解机理

前人研究表明，土壤中存在大量可降解氯代芳香族污染物的微生物类群，它们对氯代芳香族污染物的降解主要依靠两种途径，即好氧降解和厌氧降解。脱氯是氯代芳香族有机物生物降解的关键，好氧微生物可通过双加氧酶/单加氧酶作用使苯环羟基化，形成氯代儿茶酚，进行邻位、间位开环，脱氯；也可在水解酶作用下先脱氯后开环，最终矿化。如 Mars 等发现恶臭假单胞菌（Pseudomonas putida）GJ31 存在特异的氯代儿茶酚 2,3-双加氧酶，通过间位裂解途径降解氯苯，可使 3-氯代儿茶酚同时进行开环与脱氯，形成 2-羟基粘康酸。但是，也有部分氯代芳香族污染物的降解是通过单加氧酶作用实现的，如 2,4-D、2,4,5-三氯苯氧乙酸和 2,4,5-TCP 等可通过单加氧酶作用得到转化降解。

氯代芳香族污染物的厌氧生物降解主要是依靠微生物的还原脱氯作用，逐步形成低氯代中间产物或被矿化生成 CO_2+CH_4 的过程。一般情况下，高氯代芳香族有机物易于还原脱氯，低氯代的芳香族有机物厌氧降解较难。近年来，人们已经分离到一些厌氧还原脱氯降解微生物，如对单氯酚、二氯酚类、羟基氯代联苯具有间位、邻位等。Fennell 等发现四氯乙烯脱氯降解菌对多种氯代芳烃具有还原脱氯活性，如将 1,2,3,4-TeCDD 转化为 1,2,4-TrCDD 和 1,3-DiCDD，2,3,4,5,6-五氯联苯还原脱氯形成 2,3,4,6-四氯联苯或 2,3,5,6-四氯联苯和 2,4,6-三氯联苯，1,2,3,4-四氯萘转化为二氯萘，六氯苯序列还原脱氯形成 1,2,3,5-四氯苯和 1,3,5-三氯苯。以上研究表明，氯代芳香族污染物的厌氧微生物降解具有很大的应用潜力，已成为有机污染土壤环境修复的研究热点。美国 EPA 已提出将有机污染物厌氧生物降解作为生物修复行动计划的优先领域。

2）多环芳烃（PAHs）的微生物转化与降解机理

微生物对 PAHs 的降解通常有两种方式：一种是微生物在生长过程中以 PAHs 作为唯一的碳源和能源生活而降解 PAHs。一般情况下，微生物对 PAHs 的降解都是需要氧气的参与，产生加氧酶，然后再在加氧酶的作用下使苯环分解。其中真菌主要产生单加氧酶，首先进行 PAHs 的羟基化，把一个氧原子加到 PAHs 上，形成环氧化合物，接着水解生成反式二醇和酚类。而细菌一般产生双加氧酶，把两个氧原子加到苯环上形成双氧乙烷，进而形成双氧乙醇，接着脱氢产生酚类。不同的途径会产生不同的中间产物，其中邻苯二酚是最普遍的。这些中间代谢产物经过相似的途径降解：苯环断裂，丁二酸，反丁烯二酸，丙酮酸，乙酸或乙醛。这些物质都能被微生物所利用，同时产生 H_2O 和 CO_2。

另外一种是微生物可通过共代谢途径即 PAHs 与其他有机物共氧化降解大分子量的 PAHs。在共代谢降解过程中，微生物分泌胞外酶降解共代谢底物维持自身生长的物质，同时也降解了某些非微生物生长必需的物质。多环芳烃环的断开主要靠加氧酶的作用，加氧酶能把氧原子加到 C—C 键上形成 C—O 键，再经过加氢、脱水等作用而使 C—C 键断裂，从而达到开环的目的。刘世亮等曾比较了邻苯二甲酸、琥珀酸钠作为共代谢底物时 B[ap] 的降解效率，其结果表明琥珀酸钠加强了 B[ap] 的共代谢作用，促进了 B[ap] 的降解。事实上，共代谢已成为大分子量 PAHs 微生物降解的唯一代谢方式，在 PAHs 污染土壤修复中具有很大的应用潜力。

微生物修复可分为原位和异位。原位土壤生物修复是采用土著微生物或者注入所培养驯化的微生物的方法降解有机污染物，强化方法有输送营养物质和氧气等，异位土壤生物修复是将土壤挖出，异位进行微生物降解的方法。该法通常在以下三个典型的系统中进行：① 静态土壤反应堆；② 罐式反应器；③ 泥浆生物反应器。

5.3.1 生物强化技术

生物强化修复技术主要包括外源微生物的生物强化和本土微生物的生物强化。外源微生物认为是由于生物刺激法具有一定的环境因素的局限性，因此在石油降解的过程中，为了提高石油物质去除率，常常引入其他高效降解菌种。这些菌种基本不属于自然环境下的土著菌种，而属于外来菌种。因此在接种初期，势必会受到接种环境中土著菌种的竞争，修复过程中需要大量的接种微生物形成优势种，投菌法应注意氮和磷是土壤微生物治理系统中最主要的营养元素，微生物生长所需的 C、N、P 的质量比大致为 100：10：1。本土生物强化技术主要从石油污染的土壤中分离出具有石油降解能力的本土微生物，将其培养富集后重新投入到石油污染土壤中进行生物强化试验，降解石油类物质的技术。

1. BV 生物强化技术（见表 5-1）

表 5-1　BV 优势和应用限制

优势	应用限制
使用设备简单容易安装	高浓度污染物初始会对微生物有毒性作用
现场操作所产生的干扰小，因此可被用于其他技术难以进行操作的地区（如建筑物）	对于某些现场条件不适用（如土壤渗透性低、黏土含量高）
修复所需时间不是很长，通常为 6 个月到 2 年	不是总能达到非常低的净化标准

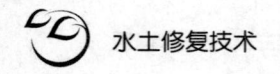

续表

优势	应用限制
修复费用低，每吨受污染的土壤所需费用为 45～140 美元	可能需要增加添加营养物的井
容易和其他修复饱和匡的拉术相结合（如空气喷射 AS 地下水多相抽提等）	不能够修复不可降解的污染组分
适当操作条件下，可以不需要地上尾气处理装置	

2. 主要的影响因素

BV 作为 SVE 的生物强化技术，也会受到许多因素影响。主要的影响因素有土壤的 pH、土壤湿度、土壤温度、电子受体、生物营养盐、优势菌等。

（1）土壤的 pH

土壤 pH 影响微生物的降解活性。微生物需要在一定的 pH 范围生存，每一种微生物会有一个最适 pH，大多数微生物生存的 pH 范围为 5～9，pH 的变化会引起微生物活性的变化。通常降解石油污染物的微生物的最佳 pH 是 7。但是实际土壤环境中，偏酸或是偏碱的情况并不少见，这样就需要通过调整土壤的 pH，提高生物降解的速率。常用的方法有添加酸碱缓冲液或中性调节剂等，在酸性土壤治理中，价格低廉的石灰石常被用于提高 pH，但要注意防止 N、P 等元素的生物可得性。

（2）土壤湿度

土壤通风需要适宜的湿度。微生物完成代谢转化需要为它们的生长和活性提供足够的水分。实验室中研究表明，不饱和条件下，在较高的土壤湿度中生物的转化速率较大。然而，有研究者提出了与之相反的结论：在一些生物通风现场，增加土壤湿度后对生物降解速率影响很小，甚至发现湿度增加后由于阻止了氧气的传递而使生物通风特性消失。另外，土壤中水分含量过高，水便会将土壤孔隙中的空气替换出来。浸满水的土壤很快从好氧条件变为厌氧条件，不利于好氧生物降解。

（3）土壤温度

生物活动受温度的影响较大，温度过高或过低，都不利于污染物的降解。在适宜的温度条件下，微生物的活性加强，有利于污染物的降解。对于较寒冷的地区，适当提高土壤温度，还能够提高污染物在土壤气相中的分压，利于污染物的去除。

（4）电子受体

限制生物修复的最关键因素是缺乏合适的电子受体。土壤修复中普遍使用的电子受体是氧气。空气中氧含量高、黏度低，是将氧输送到地下环境的理想载体。BV 过程使用较低的空气流速，以使微生物有足够的时间利用所有的氧来转化有机物。增加气速可使生物修复速率增加，但在高气速下，其他的因素会限制代谢速率，且微生物不能消耗所有的氧，进一步增加气速不会使生物降解更多的污染物。另外，气速增大会使挥发去除的污染物比例加大，生物降解的贡献率相对减少。因此需优化操作条件，使气速最小，但在整个受污染土壤中能够维持足够的氧水平来支持好氧生物降解。

（5）生物营养盐

微生物生长需要 N、P、K、Ca、Na、Mg、Fe、S、Mn、Zn 和 Cu 等元素。在有机污染壤修复中，一般有机污染物作为微生物的碳源，而 N、P 相对缺乏，需要加入营养盐类，以提供微生物生长所需的其他元素。

（6）优势菌

有机污染物进入土壤后，土壤土著微生物在污染物的作用下，可能会加强某些微生物的活动，也可能会抑制某些微生物的活动。如果向土壤中加入能够降解污染物的优势菌，则可大大提高生物降解速率。

3. BV 过程理论

BV 过程既包括相间传质过程，又包括生物降解过程，因此两种作用需同时考虑。

（1）相间传质

对于相间传质，研究人员先后发展了局部相平衡（LEA）理论，采用亨利模型的假定，使气相、液相和固相中的浓度为相平衡关系。但后来发现局部相平衡假设太过乐观，需要考虑非相平衡过程。

（2）生物降解

在生物通风修复土壤过程中，微生物降解作用的大小直接影响生物通风的效果，提高微生物降解作用，可以提高整个生物通风的效率。确定微生物的生长条件，对于生物通风的现场操作具有重要的意义。对微生物进行筛选和分离可以选出降解能力较强的微生物即优势菌，在土壤中添加这些优势菌，可以在一定程度上提高微生物对污染物的降解作用。在生物降解过程中，微生物的增长是底物降解的结果，彼此之间存在着定量关系。

从土壤中污染物平均浓度变化、污染物平衡气相浓度变化可以看出，在 BV 修复过程中，由于空气的通入促进微生物降解发生，后期修复效果好于没有生物作用的通风过程。在现场应用中，SVE 修复技术由于使用较大的空气速率，生物降解贡献率相对于 BV 技术很小，要使土壤中的残留污染物浓度达到更小，前期使用 SVE 技术，后期使用 BV 技术会收到很好的效果，因为后期可以充分利用微生物来转化不易挥发的污染物。

近年来，人们逐渐重视和采用生物遗传工程手段研究和构建高效的基因工程菌。具体所采用的手段有：构建多个质粒的菌种、降解性质粒 DNA 的体外重组和原生质体融合技术等。利用生物强化修复手段，可以修复一些极端的不利于大多数微生物存在和生长的环境。研究表明，生物强化技术的优点是可以非常显著地提高石油类物质的降解效

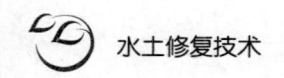

率，具体见表5-2。表中显示，经过生物强化技术修复后的土壤，石油类物质去除率明显增加。不足之处在于投入的微生物易受土壤环境的理化性质和生物学特性影响，从而在很多情况下限制了生物强化技术的应用。因此，如何优化生物强化修复体系和研究出更适合的生物强化修复方法，使得微生物更容易适应不同的自然环境则成为近年来研究的热点。

表5-2　不同具体方法的石油去除率

修复手段	修复途径	石油去除率
生物强化	投菌	37%–39%；对照：（不投菌）2%
	投菌+营养物质	68%–69.4%；对照：（营养物质）30.6%
	投菌+翻土（40℃）	68.82%；对照：（不翻土）63.91%
	投菌+调理剂	51%–62%；对照：投菌（无调理剂）36%–43%；空白对照组：几乎无变化
	投菌+土壤激活剂	63.1%；对照：投菌（无土壤激活剂）49.4%

5.3.2　微生物共代谢作用

三氯乙烯（TCE）是环境中普遍存在的一类重要有机污染物，为无色透明液体，经常用作为有机溶剂，在环境中具有持久性，对生物的毒性很强，并且具有致癌性和致突变性，被认为是危险物质。TCE大规模的使用，使其成为地表水、地下水中分布最广泛的污染物。但是到目前为止，还没有分离出把TCE作为唯一碳源和能源的微生物。不过利用微生物的共代谢来降解TCE，已经取得较大的成功。TCE和其他氯代烃污染物本身不是微生物的营养物质，对微生物具有毒性所以只有在共代谢基质如甲苯、苯酚和甲烷等存在的条件下，它才可以被微生物降解。

1. 共代谢的定义及其特点

共代谢指微生物利用营养基质的同时将污染物降解，其含义为微生物能氧化污染物却不能利用氧化过程中的产物和能量维持其生长，必须在营养基质的存在下才能够维持细胞的生长。大部分难降解有机物是通过共代谢途径进行降解的。在共代谢降解过程中，微生物通过共代谢来降解某些能维持自身生长的物质的同时也降解了某些非生长必需的物质。共代谢过程的主要特点可以概括为：① 微生物利用一种易于摄取的基质作为碳和能量的来源，用于微生物的生长。② 有机污染物作为第二基质被微生物降解，此过程是需能反应，能量来自营养基质的产能代谢。③ 污染物与营养基质之间存在竞争现象。④ 污染物共代谢的产物不能作为营养被同化为细胞质，有些对细胞有毒害作用。

进一步的研究发现共代谢反应是由有限的几种活性酶决定的,又称为关键酶,不同类型微生物所含关键酶的功能都是类似的。例如,好氧微生物中的关键酶主要是单氧酶和双氧酶。关键酶控制着整个反应的节奏,其浓度由第一基质诱导决定,微生物通过关键酶提供共代谢反应所需要的能量。

由于共代谢过程具有以上特点,因此比一般的微生物降解过程更复杂。鉴于维持共代谢的酶来自初级基质的利用,利用次级基质的共代谢也就只能在初级基质消耗时发生。次级基质也可以和酶的活性部位结合,从而阻碍了酶与生长基质的结合。这样,在一个同时存在着两种基质的系统内,必然存在着代谢过程中酶的竞争作用,两种基质的代谢速率之间也就存在着相互作用,反应动力学将变得更为复杂。

2. 影响共代谢的因素

上面已经提到,基质浓度影响共代谢过程。研究表明,单独的 TCE 不会被降解。TCE 浓度为 1 时,如加入 20 甲苯,则有 60%~75% 的 TCE 被降解,100% 的甲苯被降解;甲苯浓度为 100,TCE 降解率达 90%。但是甲苯浓度再提高至大于 1 000 的降解就会停止。另外,TCE 初始浓度对共代谢也有影响,增加 TCE 的初始浓度会使甲苯降解速率降低,且滞后期延长,当 TCE 的初始浓度达到 20 时,TCE 的降解停止。对于甲苯、苯酚、氢气、甲烷等不同的生长基质,TCE 的降解情况也不同。此外,温度也影响 TCE 的共代谢。研究表明温度在 10℃、18℃、25℃时,随着温度的升高,滞后期逐渐减少,TCE 的降解率提高,超过 32℃时,TCE 的降解率反而会降低。

5.3.3 土壤耕作

1. 概述

土壤耕作是在地面通过生物降解作用降低土壤中石油组分浓度的修复方法。该方法一般将污染土壤挖掘并在地表铺成一薄层,通过向土壤中添加水分、营养物质和矿物质,以促进土壤中好氧微生物的活性。通过强化微生物活动,以降解土壤中吸附的石油烃。当污染深度小于 1 时,该方法可原位进行,当污染深度大于 1.5 时,该过程需异位进行。

2. 应用

现已证实土壤耕作几乎能够对挥发性较好的汽油、挥发性很差的燃料油和润滑油等所有的石油烃污染场地进行有效修复。

石油成分非常复杂,含有上百种物质,其挥发性差异也很大。一般而言,汽油、柴油、煤油中含有一定量的挥发性组分。轻组分在土壤耕作过程中主要通过蒸发而去除,部分轻组分也会通过降解作用去除。在修复过程中要根据当地 VOC 排放标准,对排放气体做相应的处理。与汽油相比,柴油、煤油类挥发性物质含量较低,其被生物降解的比例更大。燃料油和润滑油等高沸点油品的挥发性很差,主要通过生物降解去除,其降解的时间比柴油、煤油组分的降解时间更长。

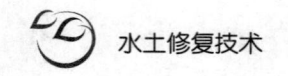

3. 操作原理

土壤中含有多种微生物，排水性较好的土比较适宜进行土壤耕作，其中的微生物一般为好氧的。土壤耕作法修复石油污染土壤过程中主要发挥作用的是好氧微生物和异养微生物。土壤耕作主要取决于土壤性质、污染物性质以及气候条件等。土壤性质包括渗透率、湿度、干密度、pH等。黏土类容易结块，也不便排水，添加的氧气、营养物质等不能很好地分布，不适宜微生物生长。

挥发性有机物在耕作的时候，主要通过挥发去除，生物降解的量较少。根据各地voc排放标准，需进行相应的尾气处理。

除了某些天气情况外，一般的土壤耕作都是在开放的环境中进行的。当大雨过后，土壤湿度会显著增加，不利于一些微生物的降解活动。另外，干旱会使土壤湿度降低，也不利于微生物活动。风会对土壤造成一定的侵蚀，为减小风的侵蚀，可以在室内进行耕作或者增加土壤湿度。温度是影响微生物活动的重要因素，在寒冷地区可以考虑在温室中进行耕作修复。

4. 主要优缺点

主要的优点有：设计和实施相对简单；一般在6个月到2年内完成修复，时间相对较短；修复费用约为每吨土壤30～60美元，价格相对便宜；对土壤自身的结构影响较小。

主要的不足为：较难达到95%以上的去除率；当污染物浓度太高时，如总石油烃浓度高于5 000mg/L时，该方法也不适用；当土壤中重金属含量大于2 500mg/L时，会影响微生物的生长，不利于修复；挥发性有机物主要通过蒸发去除，而不是生物降解；需要大片场地进行修复；需要注意修复过程中产生的VOC以及粉尘；当有渗滤液产生时，需要做衬底。

5.3.4 生物堆

1. 生物堆

生物堆（biopile）是将污染土壤挖掘后堆放到某一地，通过向土壤中添加水分、矿物质、营养物质、氧气等，提高微生物的活性以降解土壤中的污染物质。主要包括生物堆体、通风系统、营养物系统、渗滤液收集处理系统、尾气收集处理系统等。生物堆与土壤耕作有许多相同之处，如二者都是在地上进行，都不适用于黏土，都需要适宜的温度、湿度、pH、通风条件，主要修复污染物都是不易挥发的物质等。然而生物是通过具有开缝的管路向土壤中注入空气或者抽提土壤气体，而土壤耕作是通过耕作或犁田的方式进行通气。

现场的生物堆一般高度为1～3m。长度和宽度没有严格的限制，通常需要翻转的生物堆宽度不会超过1.8～2.4m。有的生物堆可能混入动物粪便，既增加营养物质，又增加了微生物的种类和数量；有的土壤加入石膏、秸秆等，以使生物堆介质保持膨松，有的加入一些化学药剂，调整土壤的 pH 至 6～8，以利于微生物生长。

由于一些挥发性物质没有经过微生物降解而直接挥发到大气中，因此需要收集和处理尾气。一般通过将生物堆用塑料布覆盖并安装相应的收集管路。当空气是通过抽气系统进入生物堆时，挥发性污染物将进入土壤气相，进而可抽出处理。在某些情况下，抽出的气体可以进一步送入生物堆进一步降解，更多情况下需要使用活性炭等进一步处理。为了避免生物堆的渗滤液污染地下水，需要在生物堆下安装防渗膜和管路，收集渗滤液以便进一步处理。

除了具有和土壤耕作相同的优点，如设计和实施较为简单，修复时间短、修复费用廉价之外，生物堆法所需的土地比土壤耕作法少，能够在封闭系统内进行，可以控制气体的排放，能够适应各种场地类型以及石油类污染物。

生物堆法主要的不足为：难达到 95% 以上的去除率；当污染物浓度太高时，如总石油烃浓度高于 5 000mg/L 时，该方法也不适用；当土壤中重金属含量大于 2 500mg/L 时，会影响到微生物的生长，不利于修复；挥发性有机物主要通过挥发去除，而不是生物降解；尽管所需场地小于土壤耕作，但仍需要大片场地进行修复；修复过程中产生的 voc 需要处理后再进行排放；当有渗滤液产生时，需要做衬底。

2. 生物堆肥

生物堆肥（composling）一般分为好氧堆肥和厌氧堆肥。好氧堆肥是在有氧气条件下微生物对有机物的分解过程，其代谢产物主要是二氧化碳、水和热量；厌氧堆肥是在缺氧条件下进行有机物分解，厌氧分解最后的代谢产物是甲烷、二氧化碳和许多相对分子质量低的中间产物，如有机酸等。厌氧堆肥与好氧堆肥相比较，单位重量的有机质降解产生的能量较少，而且厌氧堆肥通常容易产生臭味。由于这些原因，几乎所有的堆肥工程系统都采用好氧堆肥。堆肥工艺能达到较好的污泥脱水、杀灭污泥中病原菌和杂草种子的目的，该方法处理污泥的成本较低，处理后的污泥完全能达到进入填埋场的要求，如果再增加一定的后续制肥工艺，成品能直接土地利用。

（1）好氧堆肥过程

好氧堆肥是在有氧气条件下，借助好氧微生物（主要是好氧细菌）的作用，有机物不断被分解转化的过程。好氧堆肥一般分三个阶段：

1）升温阶段。一般指堆肥过程的初期。在该阶段，堆体温度逐步从环境温度上升到 45℃ 左右。主导微生物以嗜温性微生物为主，包括真菌、细菌和放线菌，分解底物以糖类和淀粉类为主。

2）高温阶段。堆体温度升至 45℃ 以上即进入高温阶段。在这一阶段，嗜温微生物受到抑制甚至死亡，而嗜热微生物则上升为主导微生物。堆肥中残留和新形成的可溶性有机物质继续被氧化分解，复杂的有机物如半纤维素、纤维素和蛋白质也开始被强烈分解。微生物的活动也是交替出现的。通常在50℃左右时最活跃的是嗜热性真菌和放线菌，温度上升到60℃时真菌几乎完全停止活动，仅有嗜热性细菌和放线菌活动，温度升到70℃时大多数嗜热性微生物已不再适应，并大批进入死亡和休眠阶段。现代化堆肥产生的最佳温度一般为55℃，这是因为大多数微生物在该范围内最活跃，最易分解有机物。其中的寄生虫卵和病原微生物大多数可被杀死。

3）降温阶段。高温阶段必然造成微生物的死亡和活动减少，自然进入低温阶段。在这一阶段，嗜温性微生物又开始占据优势，对残余较难分解的有机物做进一步的分解，但微生物活性普遍下降，堆体发热量减少，温度开始下降，有机物趋于稳定化，需氧量大大减少，堆肥进入腐熟或后熟阶段。

（2）供氧方式

好氧堆肥的供氧主要有静态鼓风供氧和动态翻抛供氧两种方式。鼓风机曝气充氧是利用设在堆肥物料下部的风管不断地向堆体传输空气，达到充氧的目的。翻抛充氧是利用翻抛机作业使物料与空气进行短时间接触，从而补充部分氧气。两种充氧方式各有其优缺点。

鼓风曝气充氧的时间长，而且充氧时间比较灵活，可以根据需要随时进行供氧，尤其是采用自动监控系统进行氧气的监测和充氧条件下，可以根据堆体的氧气消耗情况随时进行曝气充氧，保证堆体氧气的充足供应，从而防止堆体出现厌氧发臭的可能性，保证厂区的环境卫生。但是，如果曝气过量或连续曝气，不仅会因通气过多而导致堆体中大量热量的损失，导致堆体温度下降，同时也会增加能耗。因此，通风时间既要适时，通风量也必须合适，不能太大或太少。

翻抛充氧则利用物料被翻抛的瞬间与空气的接触而实现充氧。翻抛充氧能保证整个堆体的均匀，避免发酵仓内的死角，但是翻抛充氧时间短，而且每日翻抛次数有限（一般每天只能翻抛一次），在堆肥过程中的大部分时间中都存在严重的氧气供氧不足问题。由于在堆肥的快速发酵阶段中，氧气消耗非常快，有时在半小时即可以使堆体的氧气浓度下降到产生硫化氢等臭气的氧气临界值（7%～8%）。因此，堆肥过程中仅依靠翻抛进行充氧，则不可避免地会导致大部分时间存在厌氧问题，从而导致恶臭和蚊蝇的环境卫生问题，而且在堆肥高温期频繁翻抛会导致大量氨气的挥发。

污泥好氧堆肥实验和工程运行表明，在堆肥的初期和中期，好氧发酵的耗氧速率很快，特别是在高温阶段，依靠翻抛机的充氧作用无法满足要求，因此会出现长期的厌氧时段，从而导致恶臭和蚊蝇问题的产生，同时大幅度降低堆肥的稳定性。由于翻抛机的翻抛作用，会使得堆体内的温度由高温迅速降低到室温，使堆体温度呈锯齿形变化，破坏理想的好氧发酵温度升温和保持过程，不利于实现堆肥的灭菌和杀灭杂草种子等无害化过程的进程，而且不利于发挥高温阶段微生物的快速降解功能。

（3）堆肥过程的氧气监测与控制

氧气是影响微生物活性和堆肥进程的重要参数，充足的氧气是保证好氧堆肥过程顺利完成的必要条件。采用堆肥氧气自动在线监测装置监测堆体氧气含量状况，可清楚地判断堆肥状态，为鼓风机的控制提供依据。

堆肥初期（起爆期和升温期）微生物数量较少、活性较低，堆体对氧气的需求量不大，此阶段鼓风策略以堆体的氧气含量状况为依据，宜采用小风量鼓风，以免带走堆体热量；当温度升高到高温期后，微生物得到大量繁殖，活性也较高，耗氧速率较快，此阶段易采用较大的鼓风量，以带走堆体水分，为堆体提供充足的氧气；当堆体进入降温期后，堆体的好氧速率降低，对氧气的需求量减少，此阶段采用曝气充氧与翻抛充氧相结合的方式。

（4）堆肥过程的温度监测与控制

堆体温度是高温好氧堆肥的另一项重要指标，它关系到堆肥过程中的发酵速率、稳定化效果、脱水效率、灭菌和生物灭活等无害化程度。在高温阶段，堆体中的嗜高温微生物可以大量繁殖。嗜高温微生物的生物降解效率比其他微生物高，高温不仅有利于加速堆肥过程，而且有利于灭菌和杀灭杂草种子，因此是堆肥无害化处理中最关键的阶段。但是，如果堆体温度太高，则会导致所有微生物都被杀灭或者休眠，从而降低堆肥过程的发酵效率，因此对堆肥过程反而产生不利影响。在好氧堆肥的四个阶段中，温度过高也并不利于堆肥的发酵进程。因此须对堆肥的温度进行监测和控制，以达到最理想的温度条件，以最大限度地促进堆体中有益微生物的大量繁殖和迅速生长。

为了深入研究生物堆肥过程中有机污染物去除机理，仍然有大量研究人员在进行实验室或现场中试规模的影响因素和机理研究。吴国钟研究了堆肥对土壤中多环芳烃（PAH）浓度的影响，认为影响主要有三方面：废弃物（compost）中多孔杆状结构物质为 PAH 提供吸附载体，从而增加吸附、减少生物可用部分浓度；废弃物中类似胡敏酸的化合物（humic acid-like compounds）具有生物表面活性剂功能，能促进脱附从而增加生物可用部分浓度；废弃物中富含微生物及营养物质，增进 PAHs 生物降解。

3. 生物堆肥影响因素

影响生物堆肥的因素有很多，如水分含量、C/N 比、温度和空气流量等。有关最佳的水分量和堆肥所限制水分含量之间的关系方面，有学者提出了有限水分含量的概念，得出 60%～80% 的水分含量是生物堆肥的最佳限制。

（1）温度

根据 GB 7959-87（1987 年中国卫生部）标准，堆肥的内部温度必须在 5～7 天内保持 50～55℃或更高的温度。堆肥必须满足以下条件（US EPA，1985）：密封式堆肥和通风静态堆肥温度必须使内部的温度保持 55℃或更高，至少 3 天；野外堆肥必须保持堆肥温度为 55℃或更高，至少 15 天，并且在此期间具有至少五次翻耕。

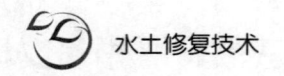

（2）通风

通风是影响堆肥过程的关键因素之一。为了保持堆肥的有氧条件，通风必须能够提供从事分解废物的微生物所需要的氧气。提供的空气也能够去除废气、多余的热量和水分。大量研究者研究了堆肥分解污泥的空气流量控制方法，并且建立了相应的网控方法。

控制策略：① 理想的控制标准为堆体温度保持 50℃ 2h，控制目标是蛔虫卵死亡率为 100%；② 实际控制标准为保持平均堆体温度超过 60℃ 2h（包括间隔时间），控制目标是蛔虫卵的死亡率为 100%。

它有以下特点：① 按 Beltsville 控制策略固定空气流量，按 Rutgers 控制策略控制温度；② 固定鼓风机的大小，以满足实际控制标准，因此空气流量是最大的；③ 采用最大的空气流量可以减少堆肥用期，提高反应器容量。

（3）堆肥腐熟度

堆肥腐熟度指数对堆肥的生产和应用是一个非常重要的参数。已经提出了许多方法，但因为原料和堆肥技术的不同，所以没有一种单一的方法可以普遍适用于所有类型的堆肥。通过全面的研究堆肥过程中的 8 个控制目标，如 COD（化学需氧量）、VM（挥发性物质）、淀粉、纤维素、C/N 比、温度、水分含量和氧的消耗率。

5.3.5　固定化微生物技术

微生物固定化技术（IM）是指利用化学或物理的方法，将游离的微生物或酶固定在适当的载体中，主要优点是：对进行石油降解的微生物进行固定，可以避免人为的破坏生物体细胞和生物酶活性以及进行生化反应的稳定性，解决了微生物在污染环境中容易受到外部环境条件波动的影响，提高了单位介质中的微生物数量；固定化后的微生物能长期保持活性，其生长繁殖的微环境有利于屏蔽土著菌、噬菌体和毒性物质对外源菌种的恶性竞争、吞噬和毒害，提高固定化微生物的生存能力，使其在复杂、极端环境中仍可以稳定地降解石油类物质。

近年来，研究者们通过实验筛选出很多不会对土壤造成二次污染、对环境友好且可以自然降解或不可降解的载体，如花生壳粉末、活性炭、天然有机材料等来固定微生物菌体，解决了载体在土壤环境中不易回收的问题，同时也提高了石油类物质的去除率。选择载体时，应注意以下几个原则：

（1）具有很强的机械和理化性质；

（2）具有较强惰性，不干扰微生物功能；

（3）具有一定容量；

（4）物美价廉。

面对污染土壤的严重局面，生物修复技术越来越引起人们的关注。该修复技术主要有两类：一类是原位生物修复或就地生物修复，一般适用污染现场；另一类是异位生物修复技术，主要包括预制床、堆肥法、厌氧处理法和生物泥浆反应器法。异位生物修复技术一般可保证生物降解的较理想条件，因而处理效果好，还可防止二次污染，是一项具有广阔应用前景的处理技术。

生物反应器法是将受污染的土壤挖掘起来和水混合搅拌成泥浆，在接种了微生物的反应器内进行处理，其工艺类似于污水生物处理方法。处理后的土壤与水分离后，经脱水处理再运回原地。处理后的出水视水质情况直接排放或循环使用。该方法适用于：① 污染事故现场，且要求快速清除污染物；② 环境质量要求较高地区；③ 污染严重，用其他生物方法难处理的土壤。这种液/固处理法以水相为主要处理介质，污染物、微生物、溶解氧和营养物的传递速度快，各种环境条件便于控制，因此去除污染物效率高，对高浓度的污染土壤有较好的治理效果，但运行费用较高。

可见，对于被严重污染的土壤，生物反应器修复技术已经成为最佳选择之一。在最终修复污染土壤时，生物反应器也经常被适用于确定一种生物策略的可行性和实际可能性。事实上，在淤浆条件下，污染物的损耗率主要取决于在系统中可用的微生物的降解活性。所获得的结果一般反映实际的生物净化土壤的潜力。

生物反应器通过机械搅拌作用将污染土壤与水、营养物质混合，以加强微生物的降解活动。这种方法对于黏土的修复效果比其他修复方法要好，并且速率相对较快。土壤修复中使用的生物反应器主要为浆态床生物反应器（SB）。其主要包括污染土壤添加及控制装置、生物反应器主体、净化后土壤操作及处置装置，以及流程辅助设施等四部分组成。从操作角度来看，浆态床生物反应器可分为间歇型、半连续型以及连续型三种。最常用的是间歇型反应器。

5.3.6 生物刺激修复

生物刺激法是人为的利用某些手段对石油污染土壤中的土著菌进行刺激，促进其繁殖与生长，如向土壤中通气、添加肥料或者投入其他添加剂，来加速微生物生理活动，以便达到对石油污染土壤进行降解的一种手段。其主体是土著菌，途径是改变微生物外界生长环境。由于自然环境中微生物种类繁多，因此各种微生物对于石油污染土壤的降解方法、理化反应也不尽相同。但基本途径却基本相同：

（1）石油类物质被微生物细胞膜吸附；

（2）石油类物质进入微生物内部；

（3）石油类物质参与微生物生理反应，微生物进行酶促反应将石油类物质分解成为 CO_2、H_2O 及无污染无毒物质。

目前，国内外对生物刺激法进行了许多研究。实验表明，不同的生物刺激手段，例如通气、添加营养物质、电子受体、表面活性剂等，能够不同程度地提高微生物对污染

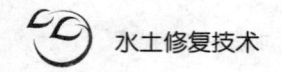

土壤中石油类物质的降解程度，具体见表5-3。这种方法的优点是，操作简便修复后无二次污染，应用前景具有很大潜力；不足之处是不同环境土壤构成、质地等不同，其土著菌种所需营养物质等外部条件不同，操作时应选择与当地土壤环境相适应的刺激手段，以便达到更好效果；另外，土著菌种由于生长速度较慢，代谢活性不高，直接影响石油降解效果。

表 5-3　不同生物刺激手段对石油去除率影响

修复手段	修复途径	石油去除率
生物刺激	电子受体	提高 60.8%
	通气	提高 47.2%；提高 20%（蛭石）
	表面活性剂	提高 8.8%（去除高凝油）；提高 13.2%（去除稀油）
生物刺激	营养物质	提高 28%～39.7%；提高 2%～3%；提高 50%～95%
	多因素改善	去除约 95%～97%（半透膜肥料 N/P/K）；提高约 13%
	激活剂	去除约 56.4%（氮源、H_2O_2、木屑）

5.4　植物修复法

5.4.1　植物修复基本概念

植物修复（phytoremediation）是经过植物自身对污染物的吸收、固定、转化与累积功能，以及为微生物修复提供有利于修复的条件，促进土壤微生物对污染物的降解与无害化。广义的植物修复包括利用植物净化空气（如室内空气污染和城市烟雾控制等）、车用植物及其根际圈微生物体系净化污水（如污水的湿地处理系统等）和治理污染土壤。狭义的植物修复主要指利用植物及其根际圈微生物体系清洁污染土壤，包括无机污染土壤和有机污染土壤。植物修复技术由以下几个部分组成，包括植物提取、植物稳定、根际降解、植物降解、植物挥发。

重金属污染土壤植物修复技术在国内外首先得到广泛的研究，国内目前研究和应用比较成熟。近年来，我国在重金属污染农田土壤的植物吸取修复技术应用方面在一定程度上开始引领国际前沿研究方向，已经应用于砷、镉、铜、锌、镍、铅等重金属，并发展出包括络合诱导强化修复、不同植物套作联合修复、修复后植物处理处置的成套集成技术。这种技术的应用关键在于筛选具有高产和高去污能力的植物，摸清植物对土壤条件和生态环境的适应性。近年来，国内外学者也开始关注植物对有机污染物的修复作用，如多环芳烃复合污染土壤的修复。虽然开展了利用苜蓿、黑麦草等植物修复多环芳烃、多氯联苯和石油烃的研究工作，但是有机污染土壤的植物修复技术的田间研究还很少。

1. 植物修复所需草种的选择

（1）马尼拉草

喜温暖、湿润环境；生长势与扩展性强，草层茂密，分蘖力强，覆盖度大；较细叶结缕草（天鹅绒草）略耐寒，病虫害少，略耐践踏；抗干旱、耐瘠薄；适宜在深厚肥沃、排水良好的土壤在生长。

马尼拉草生长缓慢，观赏价值较高。马尼拉草为我国西南地区常用暖季型草坪，因为匍匐生长的特性，其突出的耐践踏性在常用草坪中十分优越，常用于运动场草坪。而对于同样耐践踏的狗牙根，马尼拉的绿期更长，因此马尼拉为过渡型草坪首选，可以用来建设足球场、高尔夫球场、网球场等。

（2）百慕大草

百慕大草即狗牙根草（Bermuda），因而在民间直译为百慕大。北美洲南部球场最常见的草型，属于狗牙根类型，原产于欧洲南部，后来引入到世界较温暖的地区。

暖季型草坪，叶片质地中等细腻柔软，密度适中，根系发达，生长极为迅速，耐旱耐踏性突出，所建成的草坪健壮致密，杂草难以入侵。常用于运动场草坪，也是优良的水土保持植物。喜温暖湿润环境，适合湖南、湖北、河南、江西、江苏、安徽等地气候。

主要特点：叶片柔软，生长迅速，草坪平浅，耐旱、耐踏，突出景观。用途：公园开放式绿地，公路绿化带运动场。种植方式：草皮铺种，脱壳种子每公斤360万粒，单播 $10\sim15g/m^2$；未脱壳种子每公斤330万粒，播种量 $15\sim20g/m^2$。长江流域及以南地区均可播种。

（3）百喜草

巴哈雀稗俗称百喜草，为一种暖季型的多年生禾草，有粗壮多节的匍匐茎，枝条高 $15\sim80cm$。叶片扁平，长 $20\sim30cm$，宽 $3\sim8mm$。原产加勒比海群岛和南美洲沿海地区，近年我国台湾、广东、上海、江西等地大面积引种，作为公路、堤坝、机场跑道绿化草种或牧草。

生性粗放，对土壤选择性不严，分蘖旺盛，地下茎粗壮，根系发达。种子表面有蜡质，播种前宜先浸水一夜再播种，以提高发芽率。密度疏，耐旱性、耐暑性极强，耐寒性尚可，耐阴性强，耐踏性强。

百喜草适宜于热带和亚热带，年降水量高于750mm的地区生长。广东、广西、海南、福建、四川、贵州、云南、湖南、湖北、安徽等南方大部分地区都适宜种植。对土壤要求不严，在肥力较低、较干旱的沙质土壤上生长能力仍很强。基生叶多而耐践踏，匍匐茎发达，覆盖率高，所需养护管理水平低，是南方优良的道路护坡、水土保持和绿化植物。

（4）高羊茅

分布于中国东北和新疆地区。欧亚大陆也有分布。

形态特征：秆成疏丛，直立，粗糙，幼叶折叠；叶舌呈膜状，长0.4~1.2cm，平截形；叶耳短而钝，有短柔毛；茎基部宽，分裂的边缘有茸毛；叶片条形，扁平，挺直，近轴面有背且光滑，具龙骨，稍粗糙，边缘有鳞，长15~25cm，宽4~7mm。收缩的圆锥花序。

生长习性：性喜寒冷潮湿、温暖的气候，在肥沃、潮湿、富含有机质、pH值为4.7~8.5的细壤土中生长良好。不耐高温，是最耐热和耐践踏的冷季型草坪，在长江流域可以保持四季常绿；喜光，耐半阴，对肥料反应敏感，抗逆性强，耐酸、耐瘠薄，抗病性强。适宜于温暖湿润的中亚热带至中温带地区栽种。

高羊茅夏季养护极不易，需大量灌水，时刻注重病虫害的防治，主要害虫为斜纹夜蛾，一旦发现草坪即会在数小时内失去观赏价值。

繁殖培育：种子繁殖。耐粗放管理，修剪高度为4.3~5.6cm，干旱时浇灌，施肥有利于生长。易染褐斑病和稻赤霉病。

景观用途：大量应用于运动场草坪和防护草坪。

高羊茅为亚热带常用冷季型草坪草种，其突出的抗旱特性和耐热性在冷季型草坪中首屈一指，其中高羊茅和早熟禾的经典搭配被经常运用建植与管理。高羊茅适于广泛的土壤类型，为优良的冷季型草，在暖湿带和冷凉的亚热带气候条件下种植最佳。高羊茅采用播种方式建坪，一般草坪或保持水土用的平地粗放草坪的采用撒播，斜坡上可以采用水横向的条播，覆土深度0.5~1cm，播种量30~50g/m²。单播、混播都可以，常与早熟禾、多年生黑麦草混播或用多个高羊茅品种混播。由于苗期生长缓慢，出苗后应注意松土。高羊茅的萌发时间为播后7~14天，约50天后可以成坪。

高羊茅夏季不休眠，全年绿期较长。做一般草坪用，修剪留茬高度应保持在4~6cm，如果长到12cm以上，滚筒式剪彩草机很难操作，会增加剪草困难，同时容易损坏机具，应采用旋刀式剪草机。

（5）皇竹草

皇竹草是美洲狼尾草与象草杂交而成的牧草新品种。它不仅是产量最高的优质牧草，还是水土保持、绿化美化中，快速生长和分蘖量特大的多年生禾本科植物。

用于坡地水土保持方面：

皇竹草根多发达，生长迅速，抗旱力强，用于25°以上坡耕地，退耕还林后治理水土流失的效果更为迅捷；植于河畔、滩地、泥石流多发地带以及公路旁，对水土保持，治理生态环境恶化、防风固沙固水、改善生态环境等都具有积极作用。

景观用途：用于庭院、公园、园林区、风景区的绿化方面。

皇竹草植株高大，茎节灰白，光滑发亮，具有观叶观节的实用价值，种植后合理修剪、管护，可迅速形成葱绿的"草林"，美化当地环境，减少了环境污染，改善人们生活和工作环境，确属绿化、观赏于一体的好品种。

皇竹草的亲本原产于热带地区，不耐严寒，喜温暖湿润气候。但它具有明显的杂种优势，其耐寒性明显优于象草。在长期浸渍或干旱的条件下均生长良好。对土质要求不严，酸性、粗沙、黏性、红壤土和轻度盐碱性土壤均能生长。但以土层深厚、有机质丰富的黏质壤土最为适宜。

（6）类芦

又名石珍茅、望冬草、羊茅草，禾本科类芦属植物，具木质根状茎，须根粗且坚硬，为大型的密丛型多年生草本植物，茎秆坚硬直立，高 2～3m，径 5～10mm，通常节具分枝，节间被白粉；叶片长 30～60cm，宽 5～10mm；圆锥花序长 30～60cm，分枝细长，开展或下垂；种子红棕色，长棒形，细小；花果期10月至翌年2月；在我国分布广泛，海南、广东、广西、贵州、云南、四川、湖北、湖南、江西、福建、台湾、浙江、江苏均有分布；生长于山坡、草地、弃荒地，尤其是在广东沿海各地的荒坡地常形成优势群落。

类芦与其他常用草种比较，具有以下特点：

1）类芦分布广泛，资源丰富，种子数量极多且发芽率高。

2）适应性强，耐旱、耐贫瘠、耐热、耐酸。

3）地下根系发达，能形成强大的根网，固土护坡效果显著。

4）抗病虫害能力强，容易管理。

5）寿命长，草层稳定、四季常绿，生态景观效果稳定。

中国科学家开发出了一种耐盐草，他们说，这种草可以有助于帮助数百万公顷的退化土地重新恢复生机。

（7）台湾草

台湾草叫作细叶结缕草、天鹅绒草，是禾本科结缕草属多年生草本植物，通常呈丛状密集生长，有地下茎和匍匐枝。叶片丝状内卷，长 2～6cm，宽约 0.5mm。总状花序顶生，常被叶片所覆盖。花果期 6～7 月。种子少，成熟时易脱落，采收困难。

台湾草属于暖季型草，该草色泽嫩绿，与杂草竞争力较强，外观平整美观，具有弹性，容易形成草皮，具有一定的耐磨和耐践踏性。因此，它不仅可栽种于封闭花坛草坪作为观赏，也广泛种植于医院、学校、宾馆、住宅区等专用绿地上作为开放型草坪。要管理好台湾草草坪，需要注意的主要问题有：

第一，种植地点。台湾草喜光，不耐阴，所以要种植在有阳光照射的地方。

第二，修剪。新铺设的草坪前2年，叶片平整而不密集，外形像天鹅绒地毯一样美观，但进入第三年后，草丛会逐渐形成馒头状突起，所以从第二年起要定期修剪。

第三，浇水和施肥。在高温干燥的夏秋季，一般每周浇1~2次水，冬天可以减少浇水次数。春夏秋季可以各干施氮肥一次，要均匀，每次用量为每亩8~10kg，施肥后要立即浇水。

第四，限制人为践踏。台湾草草坪如果践踏过于频繁，不但损伤植株，而且会造成土壤板结，要通过打孔等办法来改善土壤的通气状况，这时要保护起来，让它重新恢复生机。

第五，繁殖。台湾草一般采用无性繁殖。

（8）黑麦草

多年生黑麦草是禾本科黑麦属多年生疏丛型草本植物；株高80~100cm；须根发达，主要分布于15cm深的土层中；茎直立，光滑中空，色浅绿；单株分蘖一般60~100个，多者可达250~300个。叶片深绿有光泽，长15~35cm，宽0.3~0.6cm，多下披。叶鞘长于或等于节间，紧包茎；叶舌膜质，长约1毫米。穗状花序长20~30cm，每穗有小穗15~25个，小穗无柄，紧密互生于穗轴两侧，长10~1mm；有花5~11枚，结实3~5粒。第一颖常常退化，第二颖质地坚硬，有脉纹3~5条，长6~12mm。外稃长4~7毫米，质薄，端钝，无芒；内稃和外稃等长，顶端尖锐，透明，边有细毛。颖果梭形。种子千粒重1.5克。

多年生黑麦草原产西南欧、北非和西南亚的温带。目前世界各国均有栽培。在我国主要分布于华东、华中和西南等地，以长江流域的高山地区生长最好，是一种良好的牧草，具有广泛的饲用价值，可用于大力发展畜牧业。

多年生黑麦草是一草多用的优良牧草。由于其根系发达，生长迅速，耕地种植可增加种植地的土壤有机质，改善种植地土壤的物理结构；坡地种植，可护坡固土，防止土壤侵蚀，减少水土流失。

5.4.2 植物修复污染环境的基本原理

重金属污染环境的植物修复往往是寻找能够超累积或超耐受该有害重金属的植物，将金属污染物以离子的形式从环境中转移至植物特定部位，再将植物进行处理。或者依靠植物将金属固定在一定环境空间以阻止进一步的扩散。而植物修复有机物污染环境的机理要复杂得多，经历的过程有可能包括吸附、吸收、转移、降解、挥发等。植物根际的微生物群落和根系相互作用，提供了复杂的、动态的微环境，对有机污染物的去毒化有较大的潜力。植物修复利用植物进行提取、根际滤除、挥发和固定等方式移除、转变和破坏土壤中的污染物质，使污染土壤恢复其正常功能。目前国内外对植物修复技术的研究和推广应用多数侧重于重金属元素，因此狭义的植物修复技术主要指利用植物清除污染土壤中的重金属。已有的实验室和中试研究表明，具有发达根系（根须）的植物能够促进根际菌群对除草剂、杀虫剂、表面活性剂和石油产品等有机污染物的吸附、降解。

1. 可处理的污染物类型

重金属（如砷、镉、铅、镍、铜、锌、钴、锰、铬、汞等）以及特定的有机污染物（如石油烃、五氯酚、多环芳烃等）。

2. 应用限制条件

不适用于未找到修复植物的重金属，也不适用于（1）中指明之外的有机污染（如六六六、滴滴涕等）污染土壤修复；植物生长受气候、土壤等条件影响，本技术不适用于污染物浓度过高或土壤理化性质严重破坏不适合修复植物生长的土壤。

3. 系统构成和主要设备

主要由植物育苗、植物种植、管理与刈割系统、处理处置系统与再利用系统组成。富集植物育苗设施、种植所需的农业机具（翻耕设备、灌溉设备、施肥器械）、焚烧并回收重金属所需的焚烧炉、尾气处理设备、重金属回收设备等。

4. 关键技术参数或指标

关键技术参数包括：污染物类型，污染物初始浓度，修复植物选择，土壤 pH 值，土壤通气性，土壤养分含量，土壤含水率，气温条件，植物对重金属的年富集率及生物量，尾气处理系统污染物排放浓度，重金属提取效率等。

（1）污染物初始浓度：采用该技术修复时，土壤中污染物的初始浓度不能过高，必要时采用清洁土或低浓度污染土对其进行稀释，否则修复植物难以生存，处理效果受到影响。

（2）土壤 pH：通常土壤 pH 值适合于大多数植物生长，但适宜不同植物生长的 pH 值不一定相同。

（3）土壤养分含量：土壤中有机质或肥力应能维持植物较好生长，以满足植物的生长繁殖和获取最大生物量以及污染物的富集效果。

（4）土壤含水率：为确保植物生长过程中的水分需求，一般情况下土壤的水分含量应控制在确保植物较好生长的土壤田间持水量。

（5）气温条件：低温条件下植物生长会受到抑制。在气候寒冷地区，需通过地膜或冷棚等工程措施确保植物生长。

（6）植物对金属的富集率及生物量：由于主要以植物富集为主，因此，对于生物量大且有可供选择的超富集植物的重金属（如砷、铅、镉、锌、铜等），植物修复技术的处理效果往往较好。但是，对于难以找到富集率高或植物生物量小的重金属污染土壤，植物修复技术对污染重金属的处理效果有限。

5. 主要实施过程

（1）对污染土壤进行调查与评价（包括污染土壤中重金属的含量与分布，土壤 pH 值、土壤有机质及养分含量、土壤含水率、土壤孔隙度、土壤颗粒均匀性等）；

（2）提出修复目标，制订修复计划；

（3）为了缩短修复周期，可采用洁净土稀释污染严重的土壤或将其转移至污染较轻地方进行混合；

（4）选取合适的修复植物并育苗；

（5）污染场地田间整理、植物栽种、管理与刈割，管理时需根据土壤具体情况进行灌溉、施肥和添加金属释放剂；

（6）植物安全焚烧。

6. 镉污染土壤的植物修复

（1）超积累镉植物

遏蓝菜（十字花科遏蓝菜属）是常见的超积累镉植物，当前已有许多关于其超积累镉的机理的研究。镉污染土壤植物修复的修复效果主要与植物生长速率、植物地上部金属含量、生物量等有关。遏蓝菜呈莲座状生长，生物量小，生长速率较慢，很多学者认为其不适合用于严重镉污染土壤的修复。印度芥菜是一种生物量大、生长速度快的积累镉植物，在相同的条件下，其生物量达遏蓝菜的 10 倍，对镉的吸收量和对土壤的净化能力也远远高于遏蓝菜。我国学者在温室栽培后发现，印度芥菜对镉的吸收随土壤镉处理浓度的增加而增加，但印度芥菜的生长具有地域性，在中国的面积很小。

大量研究表明，十字花科芸薹属的很多植物都具有较强的镉积累的特性，如在我国广泛种植的油菜，就是该属植物，且部分油菜品种在镉累积方面甚至超过了印度芥菜，如"溪口花籽"。我国土壤镉污染的治理，最根本的是利用我国众多的油菜种类选择出适合大面积种植的积累镉植物，并研究其镉积累特征，为提高土壤修复效率提供理论基础。

（2）超积累镉植物的修复机理

超积累植物大多对重金属具有非常强的吸收与积累能力，该能力不但表现在重金属浓度高的环境中，即使是在重金属浓度偏低的土壤和溶液中，超积累植物中的重金属含量也可高出普通植物达几十倍，乃至上百倍。超积累镉植物之所以能大量吸收重金属元素且在浓度高的情况下也不会被毒害，有赖于其高效的根部吸收、运输与分解能力。

1）超积累镉植物对镉的吸收

在土壤养分作用下，植物可改变根系环境，从而提高养分的有效性。根分泌物的释放与根际酸化是共同作用的两个机制。植物根系分泌出的特殊有机物，尤其是有机酸，能螯合重金属，酸化植物根际，从而溶解土壤重金属，增强根系吸收。也有研究成果表明，根际酸化并非影响植物吸收重金属的主要因素，根分泌物之所以能够增强植物对重金属的吸收能力，极可能与重金属的超积累有关。据 Robinson 等的研究，遏蓝菜植株内的镉含量与土壤中的有效态镉呈正相关关系，但与土壤的酸碱度却无明显相关性。根系分泌物对重金属修复具有多途径的影响，如酶类的还原作用、微生物对活性的增加、有机酸和氢离子的酸化作用等。重金属在土壤中通常以难溶态存在，只有将其从固态中溶解到溶液中才可以为植物吸收。有学者认为，燕麦系植物的根系分泌物能够溶解铁氧化物，从而增强镉的植物有效性。而根据Cieslinski等的研究，高镉积累量与植物根际土壤中有机酸的含量呈现正相关性。Yang等人发现，在镉胁迫下，超积累植物如黑麦草的根系能够分泌出草酸、柠檬酸、苹果酸三种有机酸，但其对植物的镉累积并无明显影响。Knight等人则认为遏蓝菜吸收的镉，只有约一半来自土壤的交换态与水溶态，这说明镉超积累植物还能吸收难溶态镉，其原因可能为：在环境的胁迫下，植物根系能分泌出某种特殊分泌物，能针对性螯合溶解根系附近的难溶性镉，增加其生物有效性。我国蒋先军和苏德纯等也发现印度芥菜的根系分泌物能活化土壤中的难溶态镉。也有其他研究发现超积累镉植物遏蓝菜的根系分泌物并不能显著提高土壤中镉的活性，与镉的超积累无明显关系。

2）超积累镉植物对镉的运输

有研究认为，印度芥菜地上部的镉积累主要是通过饱和运输系统进行调节。印度芥菜幼苗细胞中的镉积累也是主要通过饱和运输系统进行调节，而锌、锰、钙等则对地上部的镉积累具有竞争性抑制，但对根系镉的积累则具有非竞争性抑制。Lombi等通过镉跟踪技术认为，遏蓝菜基因型内有一个高亲和镉的运输系统。

3）超积累镉植物对镉的螯合与储存

超积累植物体内的有机酸能够有效降低重金属的毒性，促进重金属运输，其机制可能为：生物代谢产生的有机酸对重金属具有螯合包被作用，在超积累植物体内，镉主要积累于下表体细胞，其液泡中储藏的镉很可能是其忍耐镉的原因。根据Salt等人的研究，印度芥菜木质部汁液中的镉，主要是通过氧键和有机酸结合，而其叶片中的镉则主要是积累在叶表皮毛中，从而避免了对叶肉细胞的直接损害，其叶表皮毛中的镉的含量达正常叶片组织的43倍。

4）金属结合蛋白的解毒作用

进入超积累植物体内的重金属，通常在与植物体内的成分发生反应后失去毒性。当重金属元素穿过植物细胞壁和细胞膜进入细胞后，可与蛋白质、柠檬酸、草酸等形成稳定的螯合物，降低金属离子的活性，从而缓和了毒害。重金属结合肽是较为常见的植物络合素，简称PC。通常，PC在植物体内含量并不高，但在重金属离子的诱导下，植物可快速合成PC，并结合重金属离子，形成无毒化合物，从而降低细胞内游离重金属离子的浓度，减轻其对植物的毒害作用。

5）植物钝化土壤中的镉的机理

除利用超积累植物进行修复镉污染土壤外，植物钝化也是一种处理污染的有效方式。植物钝化是指利用植物根系强大的吸收能力与根系表面积去除被污染土壤和水体中的重金属元素，降低其生物有效性，或通过某些植物降低土壤中的重金属的毒性，防止其进入食物链，从而减轻其对环境的污染与对人类健康的威胁。采用植物钝化处理镉污染土壤，能有效避免受污染土壤继续被侵蚀，并可减少土壤渗漏导致的镉污染物的迁移，使污染物聚集在植物根部。此外，还可通过种植低转移、低积累植物，普通植物与高吸收植物并作的方式来做到植物钝化修复。

7. 工程实例

1）工程背景：某地因开矿和尾矿大坝损坏引起农田大面积砷污染，经场地调查与风险评估，砷污染土壤面积总计约 1 000 余亩。先期进行了 17 亩蜈蚣草治理砷污染土壤示范工程，直接采用种植蜈蚣草、蜈蚣草＋桑树套种技术，将污染土壤修复至 30mg/kg 以下。

2）工程规模：17 亩。

3）主要污染物及污染程度：土壤污染物为砷，另有铅、锌和镉污染。砷的检出浓度超出国家环境标准 5～10 倍，最高超出 50 倍以上。

4）土壤理化特性：土壤 pH 值范围为 3.8～7.0，大部分区域呈酸性，重污染区 pH 值低至 3.8。

5）技术选择：主要进行重金属污染与酸污染修复。在进行砷、铅等复合污染土壤的植物修复过程中，应充分考虑修复植物对这些重金属的抗性、耐性和富集性，以及酸污染对修复植物的毒害，搭配适宜的富集植物蜈蚣草以修复重金属复合污染与酸污染土壤。富集砷的蜈蚣草晾干后采用焚烧方式处理。

6）工艺流程及关键设备：富集植物育苗设施、种植所需的农业翻耕设备、灌溉设备、施肥器械、焚烧炉、尾气处理设备等。

7）主要工艺及设备参数：主要包括场地调查、育苗、移栽、田间管理、刈割和安全焚烧。蜈蚣草采用孢子育苗，育苗温室温度控制在 20～25℃，湿度 60～70%，种植密度约 7 000 株/亩。在田间种植条件下，蜈蚣草叶片含砷量高达 0.8%。蜈蚣草生长至 0.5m 时收割，年收割 4 次。收获的蜈蚣草晾干后，通过添加重金属固定剂，进行安全焚烧处理。

5.4.3 植物修复类型

1. 植物提取技术

植物提取是指种植一些特殊植物，利用其根系吸收污染土壤中的有毒有害物质并运移至植物地上部分，在体内蓄积直到植物收割后进行处理。收获后可以进行热处理、微生物处理和化学处理。植物提取作用是目前研究最多、最有发展前景的方法。该技术利用的是对污染物具有较强忍耐和富集能力的特殊植物，要求所用植物具有生物量大、生长快和抗病虫害能力强的特点，并具备对多种污染物有较强的富集能力。此方法的关键在于寻找合适的超富集植物和诱导出超级富集体。环境中大多数苯系物、有机氯化剂和短链脂肪族化合物都是通过植物直接吸收途径去除的。

植物提取是以植物为原料，按照对提取的最终产品的用途的需要，经过物理化学提取分离过程，定向获取和浓集植物中的某一种或多种有效成分，而不改变其有效成分结构而形成的产品。随着植物提取技术的不断发展以及人们对于绿色、生态、自然产品的不断重视，植物提取物、天然食品等已经成为当下最热门的话题之一；此外，由于人民生活水平的逐渐提高，对于健康的关注已经不再局限于疾病的治疗，而更加重视疾病的防御和自身的保健，因此具备功能性的天然保健食品逐渐受到关注。

2. 植物稳定技术

植物稳定是指通过植物根系的吸收、吸附、沉淀作用等，稳定土壤中的污染物的作用。植物稳定发生在植物根系层，通过微生物或者化学作用改变土壤环境，如植物根系分泌物或者产生的 CO，可以改变土壤 pH。植物在植物固定中主要有两种功能：保护污染土壤不受侵蚀，减少土壤渗漏来防止污染物的淋移；通过植物根部的积累和沉淀或根表吸持来加强土壤中污染物的固定。应用植物稳定原理修复污染土壤应尽量防止植物吸收有害元素，以防止昆虫、草食动物及牛、羊等牲畜在这些地方觅食后可能会对食物链带来的污染。

3. 根际降解技术

根际降解主要机理是土壤中植物根际分泌某些物质，如酶、糖类、氢基酸、有机酸、脂肪酸等，使植物根部区域微生物活性增强或者能够辅助微生物代谢活动，从而加强对有机污染物的降解，将有机污染物分解为小分子的 CO_2 和 H_2O 或转化为无毒性的中间产物。

4. 植物降解技术

植物降解是指植物从土壤中吸收污染物，并通过代谢作用，在体内进行降解。污染物首先要进入植物体，吸收取决于污染物的疏水性、溶解性和极性等。实验证明辛醇-水分配系数 lgK。在疏水性适度的有机物容易被植物吸收。植物对污染物的吸收，还取决于植物种类、污染时间以及其他的土壤理化性质。吸收的效率同时取决于 pH、吸附反应的平衡常数、土壤水分、有机物含量和植物生理学等。植物降解的处理对象主要有军需品（TNT、DNT、HMX、硝基苯、硝基甲苯）、阿特拉津、卤代化合物、DDT 等。

5. 植物挥发技术

植物挥发是植物吸收并转移污染物，然后通过蒸发作用将污染物或者改变形态的污染物释放到大气中的作用，可用于 TCE、TCA、四氯化碳等污染物的修复。

6. SAP 技术

高分子保水剂（SAP）是具有吸水和保水能力的一类高分子聚合物，一般可吸收自身 400～600 倍甚至更高倍数的纯水，其所吸水分可缓慢释放供植物利用。近年在农业

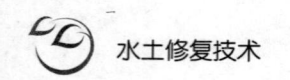

生产、水土保持和污染治理中应用受到重视。

　　SAP应用于土壤可以改善植物根系与土壤界面的环境状况，直接提供植物的水分供应；还可通过改善植物根际土壤结构而促进土壤保水，间接供应植物水分。由于SAP有应用量少、见效快、应用范围广等特点，因此在农业生产、水土与保持和环境治理等方面得到了广泛应用，发展前景广阔。

　　（1）高分子保水剂的效应原理

　　1）高分子保水剂自身吸水、保水和释水原理

　　高分子保水剂具有吸水速度快、吸水倍数大的特点，主要是其含有大量羧基、羟基及酰胺基、磺酸基等亲水性基团，对水分有较强的吸附能力，对纯水的吸水倍数可达400~600倍；其次，SAP的保水能力也很强，其保水方式有吸水和溶胀两种方式，以后者为主；此外，SAP的释水性能也很好，可直接为作物提供较长时间供水。研究发现，SAP吸水力13~14kg/m²，植物根系对水的吸力达17~18kg/m²。因此，保水剂所吸持水分的85%以上可为植物可利用水。

　　实验证明，SAP具有吸水和释水，在干燥和再吸水的反复吸水能力，保水剂的每次反复吸水，其吸水倍率可下降10%~70%，最终失去吸水功能。

　　不同类型保水剂在保水特性方面，特别是对去离子水、自来水（电导率0.8~1.0s/cm）和不同离子溶液中的吸水倍数降低率、反复吸水性等方面有较大差异，对其应用范围有重要影响。

　　有机单体聚合保水剂（聚丙烯酸盐）在去离子水吸水倍数最高，在自然条件下10多天的保水性能；淀粉聚合类保水剂成本较低易分解，适宜作物成苗等短时期的土壤保水；有机无机复合保水剂（凹凸棒/聚丙烯酸钠）、有机单体与功能性成分复合保水剂（腐殖酸型保水剂），反复吸水性和抗二价（Ca^{2+}）和三价（Fe^{3+}）离子特性明显，适合盐碱地和废弃地的土壤改良应用。

　　2）高分子保水剂促进土壤改良和水分保持效应原理

　　SAP自身有多种官能团，能与周边土壤发生各种物理化学反应而促进土壤结构改变，增加土壤的团聚体数量。

　　试验表明，SAP对0.5~5mm土壤粒径的大团粒形成效应明显，经过比较发现，SAP添加土壤0.005%~0.01%量使土壤团聚体增加效果最明显。根据SAP在土壤溶液中吸水倍数降低60%左右的结果反推，SAP直接作用土壤水分的效应为40%，其余效应为其提高土壤吸水能力，增加土壤含水量，SAP改良土壤结构的效应则占其效应力的60%。正是该效应使SAP使土壤的容重下降、孔隙度增加，土壤的水、肥、气、热得到协调而促进作物生长。

　　研究证明，土壤加入0.1%保水剂在15%坡度模拟降雨条件下，土壤第一次降雨的水分入渗率达到11mm/h，较无保水剂土壤对照处理高43%，土壤径流量和土壤流失量

分别较对照降低 1% 和 34%；第二次降雨时的水分入渗率、水分和土壤流失量分别较对照高 44%、5% 和 9.4%。

3）高分子保水剂可促进肥料、农药等农化品的利用效率原理

SAP 的表面含有多种官能团，可与土壤间可进行多种离子的吸附和交换。化学氮肥的铵离子等官能团被 SAP 上离子交换或络合，在植物根系量作用下缓慢释放，提高氮肥利用效率。另一方面，SAP 上的一些官能团受土壤中离子效应，也会降低其自身的吸水和保水能力，故应用 SAP 是应考虑此问题。

试验表明，不同类型保水剂对氮素（硝态氮、铵态氮和尿素）保肥效果差异很大，尿素等非电解质肥料与 SAP 混用保肥效果都较好；聚丙烯酸钠保水剂对尿素保持较对照提高 16%～22%，但对铵态氮保肥效果很差，甚至加速流失；有机无机复合保水剂对尿素和铵态氮保氮效果较对照提高 5%～12%；腐殖酸型保水剂对硝铵氮保肥提高 20%～30%，对尿素氮肥保持效果在 20%。

田间试验发现，SAP 与尿素氮肥配合使用，吸氮量和氮肥利用率分别提高 18.7% 和 27.1%。陕西延安试验，沟施 SAP 和尿素的马铃薯经济产量分别较对照增加 42.7% 和 33.3%，但 SAP 与尿素混用则使马铃薯增产达 75% 以上。

目前中国农田的当季氮肥利用率仅 30%～35%，磷肥 20%～30%，钾肥 40%～50%；全国每年农药用量 50～60 万吨，其中高毒农药占总量 70%。过量或不合理使用使 70%～80% 农药逸失到环境。因此，SAP 应用化肥和农药，促进其利用效率提高是治理农田面源污染的重要途径。

4）高分子保水剂对植物生理节水的调节效应原理

SAP 的植物效应与其应用方法有关。SAP 直接可为种子包衣材料促进种子发芽；采取土壤穴施或沟施应用 SAP，可明显改善植物的根际土水环境，形成干湿交替或植物部分根系受旱，受旱根系产生一种植物受旱信号——植物激素 ABA（脱落酸），ABA 随植物茎秆运输到叶片部分调节气孔，减少蒸腾而产生植物生理节水效应。

试验证明，作物生长发育过程中在土壤干湿交替或者部分根系受旱时，会产生生长补偿效应来弥补产量减少。

（2）高分子保水剂与土壤修复治理

土壤重金属污染的修复技术，按照学科可分为工程技术、物理化学技术、化学技术和生物技术。文献计量分析表明，生物修复技术和化学固化修复技术及其配套是目前主要的研究和应用方面。其中，化学稳定化或钝化固化是重要发展方向，其原理是向土壤添加钝化剂材料，通过物理化学的吸附、沉淀、络合和氧化还原等效应改变重金属的价态，增加重金属残渣态和有机态的比例，降低重金属的生物有效性。

目前，农田应用的重金属钝化固化材料主要有石灰、黏土矿物、磷酸盐，以及沸石等矿物吸附材料，以及有机肥及微生物等。

SAP是近年发现对重金属有固化效应的新材料。报道证明，交联合成的SAP可促进污水中微生物菌对Cd和Zn稳定化去除。据报道，SAP不仅促进土壤保水改土，还明显降低土壤中Cu、Zn、Pb水溶性态含量。研究发现，聚丙烯酸盐类SAP可改变土壤理化性质，提高土壤pH，降低土壤Cu、Cd和Ni、Zn等的生物有效性。盆栽试验证明，土壤添加0.2% SAP，可降低高粱对土壤Cd的生物有效性并促进植物生长。在含有重金属Cu、Pb、Al、As等污染的废矿物堆场修复中添加SAP施用75～170kg/hm²，可明显促进土壤水分保持和营养吸收，降低植物吸收重金属。

研究表明，SAP在农田对植物有直接效应，还有就是通过改良土壤理化性能和调节土壤生物的间接作用，通过两方面降低重金属的生物有效性。

单个环境材料及复合较对照明显减少作物吸收重金属Pb、Cd，并促进作物生长。SAP及其复合材料F3、F2对土壤重金属Pb、Cd的固化效果明显。对比发现，SAP复合材料可使玉米的Pb吸收量较对照降低50%以上，Cd降低80%以上；SAP复合材料使大豆吸收重金属Pb降低69%以上，Cd降低33%以上。研究发现，SAP及其复合材料对土壤Pb、Cd的钝化固化效应与土壤pH、EC、有机质、养分及土壤酶活性等变化紧密相关。

5.4.4 有机污染物的植物降解机理

1. 植物主要通过三种机制降解、去除有机污染物

即植物直接吸收有机污染物；植物释放分泌物和酶，刺激根际微生物的活性和生物转化作用；植物增强根际的矿化作用，植物直接吸收有机污染物。

植物从土壤中直接吸收有机物，然后将没有毒性的代谢中间体储存在植物组织中，这是植物去除环境中中等亲水性有机污染物的一个重要机制。疏水有机化合物易于被根表强烈吸附而难以运输到植物体内，而比较容易溶于水的有机物不易被根表吸附而易被运输到植物体内。化合物被吸收到植物体后，植物根对有机物的吸收直接与有机物的相对亲脂性有关。这些化合物一旦被吸收后，会有多种去向：植物可将其分解，并通过木质化作用使其成为植物体的组成部分，也可通过挥发、代谢或矿化作用使其转化成CO_2和H_2O，或转化成为无毒性的中间代谢物如木质素，储存在植物细胞中，达到去除环境中有机污染物的目的。环境中大多数BTEX化合物、含氯溶剂和短链的脂肪化合物都是通过这一途径去除的。

有机污染物直接被植物吸收取决于植物的吸收效率、蒸腾速率以及污染物在土壤中的浓度，而吸收率反过来取决于污染物的物理化学特征、污染物的形态以及植物本身特性。蒸腾率是决定污染物吸收的关键因素，其又取决于植物的种类、叶片面积、营养状况、土壤水分、环境中风速和相对湿度等。

2. 植物释放分泌物和酶去除环境中有机污染物

植物可释放一些物质到土壤中，以利于降解有毒化学物质，并可刺激根际微生物的活性。这些物质包括酶及一些有机酸，它们与脱落的根冠细胞一起为根际微生物提供重要的营养物质，促进根际微生物的生长和繁殖，且其中有些分泌物也是微生物共代谢的基质。Nichols 等研究表明，植物根际微生物明显比空白土壤中多，这些增加的微生物能强化环境中有机物质的降解。

3. 根际的矿化作用去除有机污染物

根际是受植物根系影响的根—土界面的一个微区，也是植物—土壤—微生物与其环境条件相互作用的场所，这微区与无根系土体的区别即是根系的影响。由于根系的存在，增加了微生物的活动和生物量，微生物在根际区和根系土壤中的差别很大，一般为 5～20 倍，有的高达 100 倍。这种微生物在数量和活性的增长，很可能是使根际非生物化合物代谢降解的因素，而且植物的年龄、不同植物的根，如有瘤或无瘤，根毛的多少以及根的其他性质，都可以影响根际微生物对特定有毒物质的降解速率。

微生物群落在植物根际区繁殖活动，根分泌物和分解物养育了微生物，而微生物的活动也会促进根系分泌物的释放。最明显的例子是有固氮菌的豆科植物，其根际微生物的生物量、植物生物量和根系分泌物都有增加。这些条件可促使根际区有机化合物的降解。

植物促进根际微生物对有机污染物的转化作用，已被很多研究所证实，植物根际的菌根真菌与植物形成共生作用，有其独特的酶途径，用以降解不能被细菌单独转化的有机物。植物根际分泌物刺激了细菌的转化作用，在根区形成了有机碳，根细胞的死亡也增加了土壤有机碳，这些有机碳的增加可阻止有机化合物向地下水转移，也可增加微生物对污染物的矿化作用。另有研究发现微生物对阿特拉津的矿化作用与土壤有机碳成分直接相关。

5.4.5 植物修复优缺点

植物修复技术最大的优点是花费低、适应性广和无二次污染物，平均每吨土壤的修复成本为 25～100 美元，能够永久地修复场地。此外，由于是原位修复，对环境的改变少；可以进行大面积处理；与微生物相比，植物对有机污染物的耐受能力更强；植物根系对土壤的固定作用有利于有机污染物的固定。植物根系可以通过植物蒸腾作用从土壤中吸取水分，促进了污染物随水分向根区迁移，在根区被吸附、吸收或被降解，同时抑制了土壤水分向下和其他方向的扩散，有利于限制有机污染物的迁移。

但这种技术也同其他技术一样有其自身缺点：修复周期长，一般在 3 年以上；对于耀层污染的修复有困难，只能修复植物根系达到的范围；由于气候及地质等因素使得植物的生长受到限制、存在污染物通过"植物—动物"的食物链进入自然界的可能；生物降解产物的生物毒性还不清楚；修复植物的后期处理也是一个问题。目前经过污染物修

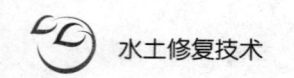

复的植物作为废弃物的处置技术主要有焚烧法、堆肥法、压缩填埋法、高温分解法、灰化法、液相萃取法等。

5.4.6 植物修复有机污染物的研究与应用

1. 植物促进农药的降解研究

植物以多种方式协助微生物转化氯代有机化合物，其根际在生物降解中起着重要的作用并可以加速许多农药以及三氯乙烯的降解。植物—微生物界面相互作用与加速降解的研究仍是一个活跃领域，也是氯代有机化合物土壤修复技术的一个良好发展方向。

2. 植物促进多氯联苯降解的研究

多氯联苯（PCB）是一类性质稳定、具有急性和慢性毒性、典型的持久性有机污染物。土壤像一个大的仓库，不断接纳由各种途径输入的PCB，土壤中的PCB主要源自颗粒沉降，少量来自做肥料用的污泥、填埋场的渗滤液以及农药配方中使用的PCB等。据报道，土壤中PCB的含量一般比它上面的空气中含量要高出10倍以上。若只按挥发损失计算，土壤中PCB的半衰期可达10～20年。不同的植物对PCB的去除效果不同，这在很大程度上取决于植物本身的吸收能力，此外还受到许多因素的影响，如植物组织培养的类型、生物量、PCB的初始浓度及其理化性质等。

3. 植物促进多环芳烃（PAH）降解的研究

环境中的多环芳烃主要来源于石油化工产品以及化石燃料不完全燃烧产物，已被许多国家列为优先考虑的环境持久性有机污染物。虽然它们在环境中含量很低，但即使是低浓度的PAH也能对动物产生致癌、致突变作用。

已有的生物修复（一般指微生物修复）的研究表明，种类繁多的细菌、真菌和藻类以及它们纯化的酶可以代谢PAH，但事实上由于吸附动力学、可降解PAH的微生物群落、电子受体竞争能力等方面的限制，土壤中的PAH降解非常缓慢。如果在污染土壤中种植植物，植物根系以及植物自身可以对PAH的吸附、降解起到复杂的促进作用。

5.4.7 植物修复有机污染土壤在实际工程中应考虑的因素

尽管植物修复是实现原位修复的一种有效途径，但成功地实现修复也需要考虑到一些相关因素。

1. 土壤的理化特性

土壤颗粒组成直接关系到土壤颗粒比表面积的大小，从而影响其对持久性有机污染物的吸附能力。土壤水分能抑制土壤颗粒对污染物的表面吸附能力，促进生物可给性；但土壤水分过多，处于淹水状态时，会因根际氧分不足，而减弱对污染物的降解能力。土壤酸碱性条件不同，其吸附持久性有机污染物的能力也不同。碱性条件下，土壤中部分腐殖质由螺旋状转变为线形态，提供了更丰富的结合位点，降低了有机污染物的生物可给性；相反，当 pH<6 时，土壤颗粒吸附的有机污染物可重新回到土壤中，并随植物根系吸收进入植物体。矿物质含量高的土壤对离子性有机污染物吸附能力强，降低其生物可给性。有机质含量高的土壤会吸附或固定大量的疏水性有机污染物，降低其生物可给性。

2. 污染物的归趋

在对持久性有机污染土壤进行植物修复前应先明确污染物的归趋问题。一些持久性有机污染物如石油烃类化合物、挥发性有机污染物等已得到了广泛的研究，其在植物体内的归趋模型得到了很好的建立，通过查阅相关的资料就能够预测植物修复的结果。然而，对许多其他的持久性有机污染物的研究还不是很多，没有建立起对应的植物修复模型。通过准确设计的实验室盆栽实验、采集原土进行的室内实验或现场的初步研究，能够观察污染物的迁移转化，从而为持久性有机污染物的原位实际修复。

3. 共存有机物

当前植物修复大多针对单一有机污染物，而复合有机污染土壤的植物修复主要研究了表面活性剂对土壤有机污染植物修复效率的影响。表面活性剂本身对植物具有一定的危害作用，但若将其浓度控制在合理范围内，将会促进疏水性有机污染物的生物可给性，提高其植物修复效率。一定浓度的表面活性剂 Tw-80 能提高土壤中 PAH 的植物吸收率和生物降解率。国际上不少学者已意识到表面活性剂在土壤有机污染植物修复领域的应用前景，并开展了初步研究。但当前的研究大多局限于比较表面活性剂应用前后修复效率的变化，对表面活性剂的作用过程、机理及其对生物危害机制的研究较少。植物—表面活性剂结合的修复技术将是土壤有机污染植物修复领域的一个发展方向。

实际环境往往是复合污染，因此研究复合污染环境的植物修复更具有实际意义。已有学者对 MTBE 和 BTEX 复合污染的生物降解进行了研究，发现其降解过程是先降解 MTBE，数小时后再降解 BTEX，这时 MTBE 的降解速率明显放慢，直到 BTEX 被彻底降解，MTBE 的降解才得以继续进行。由此可见，复合有机污染环境的植物修复比单一有机污染环境植物修复更复杂。

4. 植物种类的筛选

植物的选择要根据所要修复的持久性有机污染物的种类及其浓度来确定。对于有机污染物的植物修复来说，要求植物生长速率快，并能够在寒冷的或干旱的气候等恶劣环境下生存，能够利用土壤水分蒸发蒸腾所损失的大量水分，并能将土壤中的有毒物质转化成为无毒的或低毒产物。在温带气候条件下，地下水生植物及湿生植物（如杂交的白杨、柳树、棉白杨和白杨树）由于其生长速率快、深及地下水的根系、旺盛的蒸腾速率以及广泛地生长于大多数国家，因而往往被用于植物修复技术。选择植物必须坚持适地适树的原则，即选择那些在生理上、形态上都能够适应污染环境要求，并能够满足人们对污染水体和污染土壤修复的目的，而且具有一定经济价值的植物。

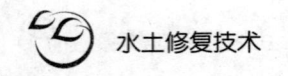

5. 定期检查

实际工程应用中常见的错误观点就是植物修复不需要跟踪维护，这在很多失败的修复实例中得到了验证。植物修复的定期检查费用远少于常规修复，但直接关系到最终的修复结果。检查包括对植物浇水、施肥、修整以及适当地使用杀虫剂等。值得注意的是，由昆虫和动物对修复植物所造成的自然破坏能够在短时间内导致整个修复计划的失败。例如，由于海狸的活动几乎毁掉了美国俄亥俄州的植物修复工程；在马里兰州的修复植物也遭到了鹿的严重破坏。因此，在动物可能造成破坏的修复区域，应该设立栅栏等对修复植物进行保护。

5.4.8 植物修复技术的展望

综上所述，植物修复是一种环境友好、费用低的环境污染治理新技术，具有很大的开发潜力。植物修复研究取得了很大进展，但仍存许多有待完善之处。

（1）深化植物修复机理。当前对植物修复机理的研究大多还处于实验现象描述阶段，对机理的探讨带有猜测性。因此，迫切需要深入研究植物修复机理，尤其需加强研究植物体内和根际降解有机污染物的过程及机制。

（2）完善植物修复模型。当前的植物修复模型均基于较多假设，侧重于模拟植物吸收有机污染物的过程，较少涉及植物根际和植物体内对有机污染物的降解过程，适用范围不广。建立适用范围广的动态模拟整个植物修复过程（包括植物根系降解、体内代谢等）的模型具有重要的理论与实践意义。

（3）加强植物—微生物协同修复的机理研究和技术应用。植物—微生物结合可提高土壤有机污染的修复效率。

（4）利用表面活性剂提高植物修复效率。表面活性剂可提高土壤中有机污染物的生物可给性，从而提高植物修复效率，但表面活性剂的最佳用量及如何减少其本身对植物和环境的影响等都有待进一步研究。

（5）加强复合有机污染植物修复研究。当前，植物修复研究大多针对单一有机污染物，但现实环境一般为复合有机污染，因此加强复合有机污染植物修复研究具有重要的现实意义。

5.4.9 生物修复

利用生物，特别是微生物催化降解有机污染物，从而修复被污染环境或消除环境中污染物的一个受控或自发进行的过程。其中微生物修复技术是利用微生物、土著菌、外来菌、基因工程菌，对污染物的代谢作用而转化、降解污染物，主要用于土壤中有机污染物的降解。通过改变各种环境条件，如营养、氧化还原电位、共代谢基质，强化微生物降解作用以达到治理目的。

1. 生物修复技术的定义及分类

广义的生物修复，指一切以利用生物为主体的环境污染的治理技术。它包括利用植物、动物和微生物吸收、降解、转化土壤和水体中的污染物，使污染物的浓度降低到可接受的水平，或将有毒有害的污染物转化为无害的物质，也包括将污染物稳定化，以减少其向周边环境的扩散。一般分为植物修复、动物修复和微生物修复三种类型。根据生物修复的污染物种类，它可分为有机污染生物修复和重金属污染的生物修复和放射性物质的生物修复等。

（1）生物修复按作用方式中有无人为的有目的的活动分两类：

自然生物修复。没有人为的有目的的生物修复，叫自然生物修复，又称为生物恢复，便于与生物修复相区别。

人为生物修复。有人为的有目的的生物修复，叫人为生物修复，通常简称为生物修复。

（2）狭义的生物修复，是指通过微生物的作用清除土壤和水体中的污染物，或是使污染物无害化的过程。它包括自然的和人为控制条件下的污染物降解或无害化过程。

植物修复，就是利用植物去治理水体、土壤和底泥等介质中的污染的技术。植物修复技术包括植物萃取、植物稳定、根际修复、植物转化、根际过滤、植物挥发等技术。

微生物修复，即利用微生物将环境中的污染物降解或转化为其他无害物质的过程。

动物修复，指通过土壤动物群的直接（吸收、转化和分解）或间接作用（改善土壤理化性质，提高土壤肥力，促进植物和微生物的生长）而修复土壤污染的过程。

2. 生物修复技术在水土保持中的应用

（1）微生物修复技术在改善水质方面的应用

受污染的水体中的污染物质成分极其复杂，一般生活污水的主要成分是代谢废物和食物残渣。工业废水可能含有较多的金属、酚类、甲醛等化学物质。此外，污水中还含有大量非病原微生物和少量病原菌及病毒。污水的生物处理就是以污水中的混合微生物群体作为工作主体，对污水中的各种有机污染物进行吸收、转化，同时通过扩散、吸附、凝聚、氧化分解、沉淀等作用，以去除水中的污染物。因此，污水的微生物处理实际上是水体自净的强化，不同的是，在去除了污水中的污染物后，必须将微生物从出水中分离出来，这种分离主要是通过微生物本身的絮凝和原生动物、轮虫等的吞食作用完成的。

根据微生物对氧的需求不同，污水生物处理可分为好氧处理和厌氧处理两大类。根据构筑物的不同类型可以分为多种方法。

1）好氧生物处理

好氧生物处理是在水中有溶解氧存在的条件下，借好氧和兼性厌氧微生物（其中主要是好氧菌）的作用来进行的。在处理过程中，绝大多数的有机物都能被相应的微生物氧化分解。整个好氧分解过程可分为两个阶段：第一阶段，主要是有机物被转化为

CO_2、H_2O、NH_3 等；第二阶段，主要是 NH_3 转化为 NO_2 和 NO_3。

用好氧法处理污水，基本上没有臭气，处理所需的时间比较短。

根据处理构筑物的不同，好氧生物处理的方法可分为活性污泥法、生物膜法、氧化塘等。其中活性污泥法和生物膜法应用最广泛。

2）厌氧生物处理

厌氧生物处理是在无氧的条件下，借厌氧和兼性厌氧微生物（其中主要是厌氧菌）的作用来分解污水中有机物的，也称厌氧消化或厌氧发酵。

有机物厌氧分解的过程是由三类生理上完全不同的细菌分三个阶段完成的：第一阶段，复杂有机物如纤维素、蛋白质、脂肪等在微生物作用下降解为简单的有机物如糖类、有机酸、醇等，是水解、发酵阶段；第二阶段，由产氢产乙酸细菌群将有机酸等转化成乙酸、H_2 及 CO_2，为产氢产乙酸阶段；第三阶段，在产甲烷细菌作用下将乙酸（包括甲酸）、CO_2、H_2 转化为 CH_4，是产甲烷阶段。

厌氧生物处理主要应用于有机污泥和高浓度有机污水的处理。由于所需时间长，对设备要求严格，因而影响其迅速推广。

（2）动物修复技术在改善水质方面的作用

水体中的污染物首先被细菌和真菌作为营养物质摄取，并将有机污染物分解为无机物。细菌和真菌又被原生动物吞食，所产生的无机物如氮、磷等作为营养盐类被藻类吸收。藻类通过光合作用产生的氧可供其他水生生物利用，但若藻类过多又会产生新的有机污染，但水中的浮游动物，鱼、虾、蜗牛、鸭等，恰恰以藻类为食，抑制了藻类的过度繁殖，不至于产生再次污染，使水体的自净作用占绝对优势。国内外的许多学者和研究人员都致力于利用水生动物对水体中无机物和有机物的吸收与利用来净化水。尤其是利用水体生态系统中食物链中的蚌、螺、草食性浮游动物和鱼类，直接吸收营养盐类、有机碎屑和浮游植物，取得明显的效果，这些水生动物就像小小的生物过滤器，昼夜不停地过滤着水体。

（3）植物修复技术在改善水质方面的应用

植物修复技术在改善水质方面主要用到的是根滤作用。其原理是：借助植物羽状根系所具有的强烈吸持作用，从污水中吸收、浓集、沉淀金属或有机污染物，植物根系可以吸附大量的铅、铬等金属。另外也可以用于放射性污染物、疏水性有机污染物（如三硝基甲苯 TNT）的治理。进行根滤作用所需要的媒介以水为主，因此根滤是水体，浅水湖和湿地系统进行植物修复的重要方式，所选用的植物也以水生植物为主。

3.利用生物修复技术改变土壤性质

（1）植物萃取和植物固定技术

植物萃取的原理：种植一些特殊植物，利用其根系吸收污染土壤中的有毒有害物质并运移至植物地上部，通过收割地上部物质带走土壤中污染物的一种方法。植物提取作用是目前研究最多，最有发展前景的方法。该技术利用的是一些对重金属具有较强忍耐和富集能力的特殊植物，要求所用植物具有生物量大、生长快和抗病虫害能力强的特点，并具备对多种重金属较强的富集能力。此方法的关键在于寻找合适的超富集植物和诱导出超级富集体。

植物固定的原理：利用植物根际的一些特殊物质使土壤中的污染物转化为相对无害物质的一种方法。

植物在植物稳定中主要有两种功能：

1）保护污染土壤不受侵蚀，减少土壤渗漏来防止金属污染物的淋移；

2）通过金属根部的积累和沉淀或根表吸持来加强土壤中污染物的固定。

应用植物稳定原理修复污染土壤应尽量防止植物吸收有害元素，以防止昆虫、草食动物及牛、羊等牲畜在这些地方觅食后可能会对食物链带来的污染。

然而植物稳定作用并没有将环境中的重金属离子去除，只是暂时将其固定，使其对环境中的生物不产生毒害作用，但并没有彻底解决环境中的重金属污染问题。如果环境条件发生变化，重金属的生物可利用性可能又会发生改变。因此，植物固定不是一个很理想的方法。

（2）动物改善土壤性质

主要体现在土壤内的无脊椎动物，有节肢动物、软体动物、环节动物等的运动与代谢，增加土壤的肥力与疏松性。

利用生物修复技术保持水土主要体现在修复水体和土壤，并将两者修复结合起来，达到防止水土流失及改善水土环境的目的。

4. 生物修复技术的工程实例

深圳市水土保持科技示范园位于深圳市南山区西丽镇乌石岗，紧邻西丽水库，一期工程占地面积22万平方米。该工程主要包括水土保持护坡技术展示工程、水土保持试验及展示工程、道路工程、园林景观工程等内容。

深圳水土保持科技示范园主要是利用生物修复技术进行水土保持的展示，科技园内主要的景观有："蚯之丘""土厚园""木华园""金哲园""水清园"。它们都展示了利用生物修复技术（即植物修复、动物修复、微生物修复）来改善土壤性质，改善水质，维持植被生长的适宜环境，以达到保持水土的目的。如"蚯之丘"就是模仿蚯蚓在土壤中拱起的洞穴，通过放大、形象的人工塑造，让观众在洞内感受蚯蚓在土中穿行的过程，揭示自然界动物疏松、改良土壤的活动。又如在建筑单体墙面的处理中，采用透明玻璃墙体设置成各种土壤断面，展示水生植物对水体的净化过程，以及种子从泥土萌发到枝叶繁茂的整个生长过程。园内体现生物修复技术的工程主要有植草护坡、喷草护坡、喷草加植乔灌木、喷混植生、喷混植生加植乔灌木、木桩护坡、生物袋护坡、浆砌石护坡、浆砌石格网护坡、浆砌石拱形护坡、挂笼砖绿化、挂网喷混植生绿化等。

从深圳市水土保持科技示范园的案例来看，实施水土保持工作不仅是生物修复技术的充分利用，还要注重其他合理修复技术的结合运用，应遵循以下几个基本原则：

1）因地制宜，通过考察修复地水土流失的特点确定合理的实施地点和方法，如深圳市的水土流失主要因开发建设造成，同时，因自然因素形成的水土流失类型具有典型的花岗岩地区水土流失特点，如崩岗、滑坡等。水土保持示范园区为低山丘陵地貌，主要为石土构成。现状地形丰富，山体、丘陵、坡地交错分布，水体、山体、滩涂、湿地等自然构成要素齐全。园区一期建设区域原为南山区乌石岗废弃石场，严重的水土流失主要是因深圳建设初期大量开山采石；该石场经过阶段性水土保持综合整治，区域生态环境发生了根本性扭转。二期建设区域为一期建设区域的周边范围，水土流失类型以崩岗为主，具有典型的花岗岩地区水土流失特点。

2）开展水土保持科普教育工作，带动更多人重视水土保持工作。深圳地域面积虽然不大，但有来自全国的众多建设者，具有人口众多的特点，水土保持宣传可起到以一市带动全国的效果。而青少年儿童是祖国的未来和希望，他们正处于人生观、价值观形成的重要阶段，具有较强的可塑性，是生态建设和保护的重要后备力量。

3）规划先行，高水平建设水土保持工程。

4）科技引领，广泛应用水土保持科研成果。深圳十余年的城市水土保持工作实践，在山地水土流失治理、裸露山体缺口综合整治及开发建设项目水土流失的防治等方面取得了一定的成绩，也探索应用了一些新技术。

5）切实加强后期管理维护工作。

5.4.10 渗透反应墙

渗透反应墙是一种原位处理技术，在浅层土壤与地下水，构筑一个具有渗透性、含有反应材料的墙体，污染水体经过墙体时其中的污染物与墙内反应材料发生物理、化学反应而被净化除去。

工程实例：

1. 工程项目要求

（1）弃渣场应"先挡后弃"，在施做完挡碴墙并达到设计强度后，方可进行弃渣。

（2）弃渣场弃渣前应先清除渣场范围内原植被及杂物，并迁移出渣场内坟墓等，待弃渣完成后弃渣表面需进行播草籽绿化或复耕处理，于弃渣顶面平整完后，上覆 0.4m 厚耕植土。

（3）弃渣场在清理完毕后，若弃渣场地地面坡度陡于 1：5，为防止弃渣滑移，应将弃渣场挖成台阶，台阶宽度不小于 5m，以防止弃渣沿原始地表面滑动。

（4）当弃渣堆渣过高时，应错台堆弃，每 8m 留一个平台，平台宽度 10m。

2. 挡碴墙工程

本弃渣场设置 M10 浆砌片石垛挡碴墙（挡碴墙断面见图 5-5）。

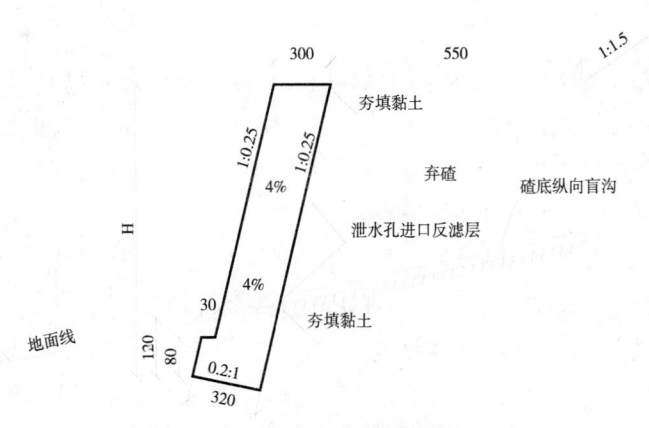

图 5-5 挡碴墙断面尺寸图

（1）挡碴墙构造要求

1）沿墙长不大于 10m 设置伸缩缝，在基础底的地层变化处设置沉降缝；缝宽 2cm，缝内沿顶、内、外三边填塞沥青木板，其深度不小于 0.2m。

2）挡碴墙墙身在地面及以上部分每隔 2m 上下左右交错设置泄水孔（10×15cm）。为防止泄水孔堵塞，应在泄水孔进口处设置反滤层。反滤层可采用砂砾石、无砂混凝土板或无纺布反滤层。

图 5-6 泄水孔布置图

3）挡碴墙墙趾外侧基坑应用黏性土夯实紧密或 M5 浆砌片石回填，并填土表面做成不小于 4% 的向外排水坡，以免积水软化基础。

4）弃渣底应设置纵向透水盲沟，盲沟挡墙端接挡碴墙泄水孔。当地表水丰富时，应根据情况于挡碴墙墙背设置竖向盲沟，其尺寸间距与纵向盲沟一致。

5）不同墙身高度之墙顶应顺坡链接，其坡度不得陡于1：2。

3. 排水沟工程

（1）设置位置：渣场外缘迎水侧应设置截水沟，碴底每隔20m设置纵向透水盲沟，渣顶面设不小于3%的排水横坡。

（2）排水沟采用M10#浆砌片石施工，基础砌体在施工前，应提前通知项目部工程部进行基坑检查，符合断面尺寸后进行下道工序。

（3）片石要求：形状不受限制，但其中部厚度不得小于15cm。用作镶面的片石表面平整、尺寸较大，边缘厚度不得小于15cm，表面应清理干净。

（4）当使用有层理的石料时，层理应与受力方向垂直。

（5）砂浆应随拌随用，当在运输或贮存过程中发生离析、泌水现象时，砌筑前应重新拌和，已凝结的砂浆不得使用，且砂浆拌制符合配合比要求。

（6）砌筑时片石与片石间砂浆应充填饱满，不得出现空洞。

（7）定位砌块表面砌缝的宽度不得大于4cm，砌体表面与三块相邻石料切的内切圆直径不得大于7cm，两层间的错缝不得小于8cm。

（8）砌体砌筑完毕应及时覆盖，并经常洒水保持湿润，常温下养护期不得少于7~14天。

5.5 联合修复法

实际的污染场地地质条件往往较复杂，而且污染物组成也很复杂，单一的修复方式有时不能达到修复目标。例如，SVE适用于挥发性较好的污染物，不完全适用于挥发性差异较大的有机污染的土壤；土壤清洗法一般是将污染土壤体积减小，而洗涤出的细颗粒部分往往需要使用其他方式处理；溶剂萃取法将污染物浓度降低到一定值时，进一步降低污染物浓度，会大幅增加修复成本；生物修复法不能用于高浓度污染的情况等。为了达到相应的修复目的，有时会将不同的修复方式联合在一起使用，如将SVE与BV联合，土壤清洗与生物堆联合等，根据实际污染状况确定适宜的联合修复方法是场地修复的方向之一。

联合修复工程案例：

项目区有水土流失面积17.03km²，占总面积的30.35%，其中轻度侵蚀面积3.66km²，占总面积的21.50%；中度侵蚀面积9.66km²，占总面积的56.71%；强度侵蚀面积3.03km²，占总面积的17.78%；极强度侵蚀面积0.68km²，占总面积的4.01%。水土流失以水蚀为主，土壤颗粒在雨颗溅蚀作用下形成细沟侵蚀，年水土流失量 10.77 万 t，年土壤侵蚀模数 1 919t/km²。

1. 水土保持生态修复实施情况

两年治理水土流失面积 24km²，其中水土保持林补植 1 370hm²，实施封禁治理 1 010hm²，保土耕作 20hm²，建设沼气池 250 个，省柴灶 380 个，畜棚 400m²，兴修小型水利水保工程 27 处，设水土保持观测点 2 处。项目总投资 200 万元，其中中央投资 100 万元，地方配套 100 万元，完成土石方 19.6 万方，投劳 21.43 万个。各项措施有效控制了水土流失，拦蓄了地表径流，年减少泥沙流失量 16.88 万吨，年增加蓄水 141.86 万方，保护了水土资源，提高植被覆盖率，改善了生态环境。

2. 采取的措施

（1）对有残林、疏林，遭到自然灾害、人为破坏的林地和采伐迹地，采取封山育林措施，封禁、抚育与治理结合以恢复林草植被，达到治理水土流失的目的，封禁治理面积 1 045.86hm²。

（2）对荒山、荒坡、荒沟、荒滩、河岸以及村旁、路旁、宅旁、渠旁，退耕的陡坡地、轮歇地与残林、疏林等地采取人工造林治理开发，水土保持林补植 454.14hm²。

（3）解决封育区的能源问题，保护大面积实施封育治理，建设沼气池 40 个，省柴灶 50 个，畜棚 300m²。

（4）防止沟头前进，沟面扩张，沟底下切，保护地面不被沟壑割切破坏，兴修小型水利水保工程 13 处，建塘堰 2 座，沉沙函 5 个，排灌水渠 600 米。

（5）开展项目区水土流失面积及土壤侵蚀模数变化监测，森林覆盖率、林草覆盖度变化监测，封禁治理区林草生长量变化监测，进行水土保持生物护坡试验研究，积极开发新品种，应用新材料，为大规模开展小流域水土保持工作奠定了科技基础。

我国部分土壤污染区域呈复合污染的特点，如果使用单一的修复方法很难达到有效的修复，因此需要发展多技术联合的修复技术。对于复合污染土壤的修复，可将解吸脱附、化学氧化/还原、化学淋洗及固化/稳定化等技术结合使用。例如，化学淋洗技术在固化/稳定化修复的预处理阶段使用，可有效除去污染物中的一些挥发性和半挥发性有机污染物，使固化效果更佳；在化学氧化修复之前，使用常温解吸技术可有效除去污染物中的一部分挥发性有机污染物，减少氧化药剂的使用，降低修复成本。

5.6 工程控制

工程控制是一种有效的棕地风险管控措施，即通过设置物理隔离屏障有效控制棕地中污染物的迁移或暴露。在该地区即将全面开展棕地治理工作之前，也有必要系统全面

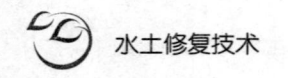

地对此前的一些思路与研究进行比较。

工程控制主要是通过设置物理隔离屏障（土壤覆盖、地下通风排气系统、止水墙、栅栏等）控制棕地范围内污染物的迁移和暴露，阻止人类与污染物的接触，降低环境风险。

工程控制与治理修复存在很大区别（详见表5-4）。

表5-4 棕地工程控制与治理修复的区别

	周期	成本	目的	再开发要求	技术措施
工程控制	长	低	控制、减少	需重新进行风险评估	种类少、原位
治理修复	短	高	治理、消除	直接进行再开发	种类多、原位/异位

对于治理修复，主要目的是减少或去除受污染土壤、地下水或其他环境介质中的污染物，让污染物浓度在短期内达到基于风险评估的限定值，采用的技术有土壤的挖掘与处理处置、地下水的处理、土壤气相抽提与气体处理等。治理修复工作必须在棕地下一步的开发计划实施之前完成。

对于工程控制，主要是通过工程控制措施控制棕地内污染物的迁移和暴露，工程控制对象主要包括开发利用目的不明确、资金短缺、存在搁置风险的棕地。棕地工程控制的实施时间一般很长。另外，采取过工程控制措施的棕地在再次利用前需进行风险评估，必要时还需进行治理修复。

工程控制一般适用于以下几种类型的棕地：

污染物浓度超过风险值，但可以通过工程控制措施降低污染物暴露风险的棕地；

一是污染物迁移性较差，暴露风险较低的棕地；

二是开发目的不明确，暂时不会被开发利用的棕地；

三是环境风险低且具有一定自净能力的棕地；

四是缺乏治理修复资金，存在搁置风险的棕地等。

棕地工程控制技术：

根据棕地中污染物的类型选取不同的工程控制技术。很多情况下，工程控制和治理修复使用的技术类似。比如，地下水的抽提和处理系统能够降低地下水中的污染物浓度，同时也可以作为一种工程控制措施用于控制地下水的迁移流动。下面列出了几种常用的棕地工程控制技术。

1. 土壤阻隔技术

土壤阻隔技术是通过敷设阻隔层阻断土壤中污染物迁移扩散的途径，使污染土壤与四周环境隔离，避免污染物与人体接触。主要包括原位封顶阻隔（沥青或混凝土）和原位覆土（清洁土）阻隔结合植物修复两种。

（1）原位封顶阻隔（沥青或混凝土）

沥青或混凝土封顶阻隔是土壤阻隔技术的一种，停车场地面、道路、建筑地基表面均可作为屏障来阻隔污染物，这种高强度、低渗透的阻隔能够减少地表水渗透，限制污染物迁移，防止周边人群与受污染土壤的接触。

（2）原位覆土（清洁土）阻隔结合植物修复

在受污染土壤的表面覆盖一定厚度的清洁土，防止受污染土壤的暴露。原位覆土也是土壤阻隔技术的一种。其中，美国的标准为非住宅用途的区域铺设 0.6～0.9m 的清洁土壤，住宅用途的土壤铺设 3.0m 的清洁土壤。在原位覆土的基础上结合植物修复进一步强化原位阻隔作用，另外，植物修复还能利用特定植物的吸收、转化、清除或降解土壤中的污染物，实现土壤的净化和生态效应的恢复。

2. 气体抽提技术

气体抽提技术主要是通过抽取土壤或地下水中的气态污染物，并对气体进行处理的一种技术，包括被动减压导排技术和主动减压抽提技术。

（1）被动减压导排技术

被动减压导排技术主要依靠空气的自然对流和气态污染物的自然挥发实现的。首先在建筑物下设置蒸气屏障，同时安装一个蒸气控制系统，收集建筑物底部土壤中的气体，利用一系列的收集和排放管道将其排放到气体处理系统，避免潜在污染物挥发迁移至室内。

（2）主动减压抽提系统

主动减压抽提技术即土壤气体抽提技术，首先在建筑物下设置蒸气屏障，同时安装一个主动的蒸气控制系统，通过在不饱和土壤层中布置提取井，利用真空泵产生负压驱使空气流通过污染土壤的孔隙，利用一系列的收集和排放管道将气体排放到气体处理系统，减少潜在的污染物挥发迁移至室内的可能。

3. 地下水控制技术

在受污染地下水流动方向的下游设置一个垂直的不透水隔离屏障或地下水流向控制系统，阻断或控制受污染的地下水的迁移流动，进而将受污染地下水限制在一定范围之内，减少受污染地下水的扩散，降低受污染地下水的风险。

4. 其他技术

除了上述 5 种常见的棕地工程控制技术之外，还有一些其他技术。

安全围栏或围墙：限制人群与棕地的接触，减少不安全的棕地的暴露。

固化/稳定化：将固化剂/稳定化剂与受污染土壤混合，进而固定污染物。

土工布织物屏障：隔离污染物、促进排水和增强土壤强度。

渗滤液收集系统：收集被污染的渗滤液，然后运离现场，进行处理。

渗透反应墙：透水反应墙设置于地下，地下水流经墙体时，污染物得以去除。

地下水监控式自然衰减技术：通过实施有计划的监控策略，依据场地自然发生的物理、化学及生物作用，使得地下水和土壤中污染物的数量、毒性、移动性降低到风险可接受水平，达到保护敏感受体和修复目标的目的。

第 6 章 地上修复技术

土壤和地下水的污染修复过程常使挥发性有机污染物（VOC）转移到气相和地表水系统中，会造成环境的二次污染，也会对操作人员及其他人带来一定的危害。

易挥发性气体的处理技术和地表水资源修复技术是整个修复计划中不可缺少的组成部分。

6.1 热处理技术

热处理技术是在高温（588.71K 以上）下将碳氢化合物燃烧或氧化分解成二氯化碳和水，以去除尾气中的有害有机组分的方法。一般的有机物氧化反应式为：

$$C_nH_nO_x + O_2 + 热量 \rightarrow CO_2 + H_2O + 热量$$

此技术是最常用的有机尾气处理方法之一，其主要有热氧化法和催化氧化法，另外还有内燃机法和混合处理法等。

6.1.1 热氧化

热氧化法也称为燃烧法或者焚化法，一般包括传送 VOC 尾气的鼓风机、尾气和空气的混合器、提供助燃空气的风机、燃烧反应室、热交换器以及尾气排放烟囱，有些装置也包括氧化后期处理单元。

热氧化法是比较实用的工艺，可以处理浓度较高、变化较大的尾气，并适合于多种有机污染物现场，而且应用非常成功。一般来说，污染物的去除效率能够达到99%以上。处理时可以根据不同场合选择热氧化器，但是热氧化器可能产生不完全燃烧产物，由此产生浮烟，而且如果尾气中含有硫、氮等元素，经氧化后会产生 SO_2 和 NO_x 对空气有害气体，在大气中扩散造成危害，产生二次污染。

卤代类的 VOC 氧化后会形成酸性气体，腐蚀系统，因此，设备需要选特种钢材制造，氧化处理后还需要进行后续洗涤处理，其建造和操作费用都大大提高。

另外，热氧化处理时需要对尾气进行加热，辅助能源成本居高不下。例如，与活性炭吸附相比，辅助燃料费用比更换活性炭费用还昂贵。处理尾气蒸气浓度超过爆炸下限

（LEL）时，需要稀释空气，对操作人员的要求比较高，注意事项和技术操作维护都比较复杂。因此，在当今能源和环保高度重视工业生产中，热氧化法处理尾气时也受到各种的限制。

热氧化法有三种氧化器，分别是加力燃烧式氧化器（DFTO）、无焰氧化器（FTO）和蓄热式氧化器。虽然反应器类型不同，但都是升高温度使有机物氧化后生成二氧化碳和水。FTO是针对惰性化学成分采用的热回收燃烧系统，尾气先预混燃料，陶瓷基体对有机蒸气预热，蒸气达到氧化发生温度后自动燃烧，燃烧释放的热量加热陶瓷基体。

VOC尾气交替进入RTO的左右两部分，当尾气由右侧进入时，左侧热回收室用燃烧室尾气加热来蓄存热量，在切换进气方向后再用此蓄存的热量来加热由左侧进入的尾气。此时左侧热回收室内陶瓷床逐渐冷却，而右侧热回收室正在用燃烧室尾气加热来蓄存热量。按预先设定的时间间隔，两个热回收室切换蓄热和供热。

热氧化技术设计的关键参数为燃烧温度、停留时间和气体湍流（VOC与氧气的混合情况），简称3T。它们主要决定了反应器的型号和有机物去除效率。为了达到更好的热力破坏效果，易挥发性气体应在热氧化装置中需停留足够的时间（通常是0.3～1.0s），内部温度至少要高出气体流股中各成分的自燃温度37.8℃。另外，氧化反应器中要保持充分的湍流以保证污染物更好的混合和完全的燃烧。

1. 气体体积流率的换算

气体在热处理过程中要流经不同的温度区域，气体体积在不同的温度区域是变化的。一个大气压下，气体的体积流率和温度满足下面公式：

$$\frac{Q_{actual}}{Q_{standard}}=\frac{273.15+T}{273.15} \quad (6-1)$$

式中，T是实际温度（℃）；Q_{actual}是实际的气体体积流率；$Q_{standard}$是标准状态下的气体体积流率，标准状态为一个大气压，温度为0℃。

用热氧化装置来处理土壤通风来的尾气。为了获得需要的去除效率，氧化器在760℃下运行。氧化器出口的气体流率为15.6m³/min。把出口流率表示成标准的体积流率，从最后一个烟囱排放的气体温度为93℃。如果最后一个烟囱的直径为0.1m，确定排气烟囱的气体体积流率。

1）利用式（6-1）把实际体积流率表示成标准的体积流率：

$$\frac{Q_{actual}}{Q_{standard}}=\frac{273.15+T}{273.15}=\frac{273.15+760}{273.15}=\frac{15.6}{Q_{standard}}$$

因此，$Q=4.1\text{m}^3/\text{min}$。

2）确定排气烟囱出来的气体流率：

$$\frac{Q_{actual}}{Q_{standard}}=\frac{273.15+T}{273.15}=\frac{273.15+93}{273.15}=\frac{Q_{actual}}{4.1}$$

因此，气体温度为93℃时，$Q = 5.2\text{m}^3/\text{min}$。

2. 气体流股热值计算

尾气中有机成分的浓度越高，焓越高，需要的补充燃料越少。纯有机化合物的热值可以用下面Dulong公式计算得到：

$$Q = 337.9C + 1440.8(H - \frac{O}{8}) + 95.3S \quad (6-2)$$

式中，Q是热值（kJ/kg），C、H、O、S代表化合物中各元素的质量分数（%）。

含有机物尾气流股的体积热值（kJ/m³）= 有机化合物的热值（kJ/kg）× 有机化合物的质量浓度（kg/m³）

$$(6-3)$$

有机物尾气的质量热值（kJ/kg）= 体积热值（kJ/m³）÷ 气体密度（kg/m³）

$$(6-4)$$

在尾气中有机化合物的浓度不是很高时，气体密度可以取空气密度1.19kg/m³。

3. 空气稀释

特殊处理场合尾气中的VOC浓度比较高，并且含有大量易燃易爆的危险组分，这时需要考虑气体爆炸下限（LEL），对危险气体进行热处理时，可燃气体的浓度通常限制在LEL的25%，保证热处理过程的安全。尾气中VOC的浓度比LEL的25%高，就必须在热处理前降低污染物的浓度。当尾气需要稀释时，稀释气体的体积流率可以由下式得到：

$$Q_{\text{dilution}} = (\frac{H_w}{H_i} - 1)Q_w \quad (6-5)$$

式中，Q_{dilution}为需要稀释的气体（m³/min）；Q_w为处理的尾气（m³/min）；H_w为尾气的热容量（kJ/m³或kJ/kg）；H_i为处理系统入口流股的热容量（kJ/m³或kJ/kg）。

4. 补充氧气

如果尾气中氧含量较低，会造成燃烧不充分，那么就需要通过补充空气提高氧含量，以确保燃烧的稳定进行。如果已知尾气中的成分，就能确定完全燃烧需要的氧气。通常情况下，会加入过量的气体以保证完全燃烧。

5. 补充燃料

如果尾气中的有机物浓度低，不能达到燃烧的需要，许多情况下需要补充燃料。下面方程可以用来确定需要加入的补充燃料量：

$$Q_{\text{sf}} = \frac{D_w Q_w [C_p(1.1T_c - T_{he} - 0.1T_r) - H_w]}{D_{\text{sf}}[H_{\text{sf}} - 1.1C_p(T_c - T_r)]} \quad (6-6)$$

式中，Q_{sf}为补充燃料的流率（m³/min）；D_w为尾气密度（kg/m³，通常为1.19kg/m³）；D_{sf}为补充燃料的密度（kg/m³，0.655kg/m³对甲烷）；T_c为燃烧温度（℃）；T_{he}为热交换后尾气温度（℃）；T_r为参考温度（25℃）；$C_p = T_c$和T_r下的气体平均热容；H_w

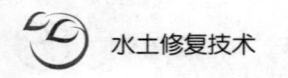

为尾气的焓（kJ/kg）；H_{sf}为补充燃料的热值（kJ/kg，二甲苯为50 197kJ/kg）。

6. 燃烧室体积的确定

焚化器入口流股是尾气、稀释气体（或补充气体）、补充燃料的总和。可以由下式确定：

$$Q_{inf} = Q_w + Q_d + Q_{sf} \tag{6-7}$$

式中，Q_{inf}为入口总流率（m³/min）；Q_w为尾气流率；Q_d为补充气体流率；Q_{sf}为补充燃料流率。

大多数情况下，假设一标态下离开燃烧室的燃气流率与进入燃烧室的混合气体的流率相同。由于VOC和补充气体的燃烧，可以假设二通过燃烧室的体积变化很小。而对于挥发性尾气来说，燃烧室VOC流股的实际流率与燃烧室温有关。

6.1.2 催化氧化

催化氧化也称催化焚化，也是用来处理有机尾气的燃烧技术。燃烧温度通常在588.75～922.05K，低于直接焚化的温度。催化氧化系统处理效率较高，而且可以处理低浓度的尾气，因此，常用热氧化处理高浓度尾气，浓度降低后用催化氧化处理。但是催化氧化需要根据不同体系的尾气选择催化剂，一旦催化剂受损失活，就必须再生或者更换；某些脂肪族化合物处理温度高于催化系统要求温度，尾气达到处理温度后，催化剂也会由于高温受损。因此，催化氧化系统催化剂的保护和维护方面要求较高，不适用于成分复杂的尾气，而且处理时也需要对尾气进行全面鉴定，保证催化剂与污染物匹配。

催化氧化法中广泛应用的是蓄热式催化氧化器（RCO），其结构与蓄热式氧化器类似，也是按预定的时间间隔自动切换通过陶瓷填充床和催化剂床的气流方向。VOC尾气从左侧回收室下部进入氧化器，热回收室中的陶瓷填充床将蓄积的热量释放给进入的气流，使其温度提高到第一个催化剂床层所需的反应温度，VOC的催化氧化反应使气流在改变方向之前进一步提高了温度。如果提高的温度不足以使VOC在第二个催化剂床层中完全氧化，可以由辅助加热器补充提供热量。RCO系统具有以下优势：设备投资较少；燃料消耗较少；设备的尺寸和重量比RTO小；腐蚀和维修问题少；去除VOC时生成的NO_x比RTO系统的少得多。当气体流量为100～200m³/min，VOC体积分数为$5×10^{-8}$～$5×10^{-7}$时，应用RCO系统去除VOC最适宜。小型移动式RCO系统已成功地应用于流量小于100m³/min的VOC尾气处理。

催化氧化与直接热氧化设计的区别如下：

（1）对于催化焚化炉，可燃气体浓度通常被限制在334.9kJ/m³或313.7kJ/kg（对于多数VOC等同于20%的LEL），这个值低于直接焚化的浓度。高浓度的VOC可以产生更多的热，超过燃烧更多的活化催化剂。因此，稀释气体使用时浓度必须低于LEL的20%。稀释气体流率计算公式参考热氧化法。

（2）催化氧化处理尾气时需要补充热量，常见的是用电加热器补充热量。如果使用天然气加热，需要确定天然气的流率。

（3）热氧化需要确定燃烧室的体积，而对于催化氧化需要计算催化床的体积。为了计算催化床体积，我们引入空余体积，定义空余体积为进入催化床的尾气气体的体积流率，来划分催化床。

6.1.3 其他热处理法

内燃机燃烧法（ICE）适合高浓度的石油烃类 VOC 尾气，不适合含氯 VOC 尾气。该方法燃烧尾气的同时，还能够产生最大 4.5kPa 的负压，可用于 SVE 操作，但产生的真空度不一定满足所有的场合需求。燃烧后的尾气经过催化装置或者活性炭吸附后，排入大气。如果抽提的尾气热值较低，还需要另外采用燃料进行燃烧。该方法适合于尾气浓度高于 3 000mg/L 的场合，当 VOC 浓度低于 1 000mg/L 时，该法不适用。此外，尾气的相对湿度也不能高于 95%，较高的湿度会降低燃烧温度，从而降低燃烧效率。为降低湿度，需要安装气水分离器。内燃机燃烧法产生的噪声较大，需要注意。这种方法系统较复杂，需要熟练的人员来操作。

由于尾气中有机污染物停留时间的不同，并且浓度也随时间不断变化，在尾气处理初始阶段污染物浓度一般处于最高水平，可以在很高的温度下热氧化，无须添加催化剂。随着处理尾气中 VOC 浓度的下降，混合法即转向催化氧化法，这样可以有效地去除污染物，排放洁净空气，并且也扩大了适用范围。

6.2 吸附处理法

吸附法一般用于污染物浓度低，流量适当的情况。常用的吸附剂为活性炭，还有使用沸石和合成高分子聚合物为吸附剂。因为活性炭、沸石和高分子聚合物，孔径各异，比表面积大小不一，而且污染物的类型不一样，材料的吸附性能也不相同。所有这些因素决定着吸附剂可吸附的污染物的量。选择恰当的吸附剂材料是吸附污染物的主要功能，气流相对湿度对某些吸附剂的吸附功能也会产生影响。

吸附法由于具有多样性、高效、易于处理，可重复利用，而且可能实现低成本而最受重视。活性炭是现在用得最广泛的吸附剂，主要用来吸附有机物，也可以用来吸附重金属，但是价格比较昂贵。磁性海藻酸盐不仅可以吸附有机砷，还可以用来吸附重金属。壳聚糖作为一种生物吸附剂，可以在不同的环境中分别吸附重金属阳离子和有害阴离子。骨碳、铝盐、铁盐以及稀土类吸附剂都是有害阴离子的有效吸附剂。稻壳、改性淀粉、羊毛、改性膨润土等都可以用来吸附重金属阳离子。随着水质的日益复杂和科技

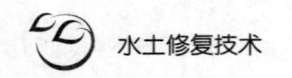

的进步，水处理用的吸附剂不仅要求高效，还要廉价，而纤维素作为世界上最丰富的可再生聚合物资源，非常廉价，可以成为理想的吸附剂基体材料。

1. 纤维素的来源

纤维素是植物中最重要的骨架成分，主要来源于棉花、木材、亚麻、秸秆等纤维素，是世界上最丰富的可再生资源，据不完全统计，全球每年通过光合作用产生的纤维素高达1 000亿吨以上。几千年来，纤维素只被用来做能源、建材以及衣物，作为一种化学原材料，它的研究历史只有150年。纤维素的分子链结构式如下，它是由β-D-葡萄糖基通过1-4苷键重复连接起来的线性聚合物，具有亲水性、手性、生物降解性等特征纤维素的每个葡萄糖环含有3个活泼羟基，可以发生一系列与羟基有关的化学反应，因而被广泛地化学改性。纤维素的常见改性方法有：氧化反应、酯化反应、醚化反应、卤化反应、自由基接枝共聚反应。

2. 改性纤维素在水处理中的应用

根据水中污染物的种类，可以选择不同的方法在纤维素上修饰不同的基团，进行水中污染物的吸附。

1）吸附重金属阳离子

羧基、磺酸基、磷酸基、伯氨基等基团可以吸附带正电的重金属阳离子，因此在纤维素上修饰这些阴离子基团就可以用来去除水中过量的重金属阳离子。这是改性纤维素在水处理吸附剂上用得最多的一个方面。

2）吸附有害阴离子

改性纤维素吸附阴离子的例子并不多。由于一些无机金属盐可以吸附有害阴离子，所以可以将一些金属盐修饰于纤维素上，用于砷、氟等的去除。

3）吸附有机物

未经修饰的天然纤维素就可以吸附某些有机染料，如Fatih Deniz利用新鲜树叶制得的干粉末作为一种廉价的吸附剂来吸附有机染料酸性橙52，吸附能力可达10.5mg olg^{-1}。改性后的纤维素将吸附更多种类的有机物。

用天然纤维素这种价廉物丰的基体材料来制备水处理用吸附剂，不仅能实现降低成本的目标，而且可以实现废物利用。再加上原材料绿色无污染，可以进行多种改性来去除水中多种无机和有机污染物，因此，纤维素基吸附剂在废水处理中一定具有广阔的应用前景。

6.2.1 活性炭吸附系统

活性炭（GAC）是较广泛、常用的吸附剂，它具有发达的孔隙结构，孔径分布范围较广，能吸附分子大小不同的物质，而且具有大量微孔、比表面积大、吸附力强等特点，经常被用在净化排放的有机污染物尾气。活性炭也有自身的缺点，不耐高温容易燃烧，而且在湿润的条件下吸附效果明显降低，所以在一些特殊场合要选择其他的吸附剂。

活性炭吸附法一般是将 SVE 尾气通过装有活性炭的填充床或者管路，由于活性炭吸附剂通常具有较大的比表面积，从而有利于尾气中的有机化合物分子的附着，此吸附属于物理吸附，且吸附过程可逆。吸附剂系统有固定床、移动床和流化床。在固定床系统中，吸附剂安装在方形或圆形的容器内，VOC 尾气垂直向下或水平横穿过容器；在移动床系统中，吸附剂负载在两个同轴转动的圆柱之间，而且 VOC 尾气从两个圆柱间流过。随着圆柱转动，一部分吸附剂再生，而其余的吸附剂继续去除尾气中的污染物；在流化床系统中，VOC 尾气向上流动，穿过吸附容器。当吸附剂达到饱和后，就在容器中慢慢下移到储料仓，然后通过再生室，最后再生的吸附剂返回容器中重新使用。活性炭再生处理工艺，通常可以向吸附污染物的活性炭中加热或加入水蒸气，或者降低压力，使得吸附在活性炭上的有机化合物分子脱附带出设备。

活性炭可用于大多数 VOC 的吸附处理，不适用于极性较高的物质，如醇类、氯乙烯等，也不适用于相对分子质量较小的物质，如甲烷之类，以及蒸气压较高的物质，如甲基叔丁基醚（MTBE）、二氯甲烷等。但 GAC 系统对于清除非极性有机物比使用沸石或高分子聚合系统处理效果更佳。其一般为一个到多个装有活性炭的容器并联或串联组成，活性炭一般吸附其自身质量 10%～20% 的污染物，当尾气相对湿度超过 50% 时，由于吸附水的缘故，吸附能力会有所下降，当活性炭吸附接近饱和后，需要更换。更换下的活性炭有的当作危险废物处置，有的通过高温或者蒸气进行再生。总体而言，活性炭吸附是一种经济的方式，但当尾气浓度较高时，更换活性炭的频率较快，费用较高。此外由于物质吸附时会放热，处理温度较高的尾气容易有燃烧的危险，使用时需要注意。活性炭处理 VOC 尾气需要注意，尾气的温度不宜过高，当尾气温度高于 37.8℃时，吸附能力明显减弱，因此，活性炭吸附系统一般不与热处理系统联用。活性炭吸附法与冷凝法、吸收法、微生物处理法等一起使用。这些处理法联合使用，利用各自的优势，可以处理浓度范围较广和污染物种类较多物系。

活性炭系统设计时主要确定 GAC 的型号，不同的 GAC 吸附器设计时各有不同。GAC 系统的型号主要由下列参数决定：气相流股中易挥发组分的体积流率；易挥发组分的浓度或质量吸收量；GAC 的吸收能力；GAC 的再生频率。体积流率决定 GAC 床的型号（横截面积的设计）、风扇和马达的型号、空气通道的直径。易挥发组分的浓度、GAC 吸附能力、再生频率，决定了具体项目所需要的 GAC 量。

1. 预处理过程

活性炭处理设计时需要注意两个预处理过程，首先是冷却，然后是除湿。易挥发性有机物的吸附是放热反应，应在低温下进行。预处理后，尾气温度需要冷却到 130℃以下。预处理后尾气的相对湿度通常会减少 50% 左右。

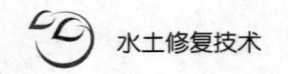

2. 吸附等温线和吸附能力

GAC 的吸附能力取决于 GAC 类型和易挥发性组分的类型以及它们的浓度、温度和存在的竞争吸附物质的多少。在指定的温度下，被单位质量 GAC 吸附的易挥发组分的质量和尾气流股中易挥发组分的浓度或分压之间存在一定的联系。大部分易挥发组分的吸附等温线用一条等势线描述：Freundlich 等温线，它的数学表达式为：

$$q = k(P_{voc})^m \tag{6-8}$$

式中，q 为平衡吸附能力，kg（VOC）/kg（GAC）；P_{voc} 为尾气流股中易挥发组分的分压（1atm=101kPa，全书同）；k 和 m 为经验常数。

对于被选定的易挥发组分，Freundlich 等温线的经验常数被列在表 6-1。应该指出那些经验常数的价值只对于特定类型的 GAC，不应用在此范围之外。

表 6-1 特定吸附等温线的经验常数

组分	吸附温度 / ℃	k	m	P_{voc} 的范围 / atm
苯	25	1.174	0.176	$6.8 \times 10^{-6} \sim 0.0034$
甲苯	25	0.667	0.110	$6.8 \times 10^{-6} \sim 0.0034$
m-二甲苯	25	0.857	0.113	$6.8 \times 10^{-6} \sim 0.00068$
	25	0.638	0.0703	$6.8 \times 10^{-5} \sim 0.0034$
苯酚	40	1.035	0.153	$6.8 \times 10^{-6} \sim 0.00204$
氯苯	25	1.271	0.188	$6.8 \times 10^{-6} \sim 0.00068$
环己胺	37.8	0.615	0.210	$6.8 \times 10^{-6} \sim 0.0034$
二氯乙烷	25	1.181	0.281	$6.8 \times 10^{-6} \sim 0.00272$
三氯乙烷	25	1.283	0.161	$6.8 \times 10^{-6} \sim 0.00272$
氯乙烯	37.8	0.242	0.477	$6.8 \times 10^{-6} \sim 0.0034$
丙烯氰	37.8	1.131	0.424	$6.8 \times 10^{-6} \sim 0.0034$
丙酮	37.8	0.499	0.389	$6.8 \times 10^{-6} \sim 0.0034$

现场应用的实际吸附能力会比理论吸附能力低。通常，设计者会留出 25%～50% 的经验值作为设计吸附能力和安全参数之一。因此：

$$q_{actual} = (50\%) \times (q_{theoretical}) \tag{6-9}$$

能够被给定量的 GAC 去除的污染物的最大量可以由下式确定：

$$M_{removal} = (q_{actual}) \times (M_{GAC}) = (q_{actual}) \times [(V_{GAC}) \times (\rho_b)] \tag{6-10}$$

式中，M_{GAC} 是质量；V_{GAC} 是体积；ρ_b 是 GAC 的体积密度。

确定 GAC 吸附器的吸附能力的步骤：① 利用式（6-8）确定理论吸附能力；② 利用式（6-9）确定实际吸附能力；③ 确定吸附器中活性炭的量；④ 利用式（6-10）确定能够被吸附器去除的污染物的总量。

计算中需要的信息有：吸附等温线；尾气流股中污染物的分压（P_{voc}）；GAC 的体积（V_{GAC}）；GAC 的体积密度（ρ_b）。下面通过实例来确定系统的吸附能力。

【例】GAC 吸附器的吸附能力。

尾气中二甲苯的浓度为 800mg/L。由抽提通风装置出来的气体流率为 94.38 L/s，气体温度为环境温度。给定活性炭吸附器中活性炭量为 454kg。确定每个 GAC 吸附器中的活性炭再生前能吸附的二甲苯的最大量。利用表 6-1 中的数据：

① 将二甲苯的浓度进行换算。

$$P_{voc} = 800\text{mg/L} = 800 \times 10^{-4} \text{mg/L} = 8.0 \times 10^{-4} \text{mg/L}$$

从表 6-1 得到经验常数，代入式（6-8）确定理论吸附能力。

$$q = k(P_{voc})^m = (0.638) \times (8.0 \times 10^{-4})^{0.0703} = 0.386 \text{kg/kg}$$

② 使用式（6-9）确定实际吸附能力。

$$q_{actual} = (50\%) \times q_{theretical} = 50\% \times 0.386 = 0.193 \text{ kg/kg}$$

③ 在 GAC 消耗完之前被吸附器吸附的二甲苯的总量 =（GAC 总量）×（实际吸附能力）=（454kg）×（0.193kg 二甲苯 / kg GAC）=87.622kg 二甲苯

讨论：
- 典型的 GAC 的气相吸附能力在 0.1kg/kg 左右，而典型的液相 GAC 的吸附能力在 0.01kg/kg 左右，前者显然要高一些。
- 在吸附等温方程中注意 P_{voc} 和 q 单位的匹配。
- 气体流股流入的污染物浓度被用在等温方程中确定吸附能力。
- 二甲苯有两个经验常数。

3. 计算活性炭吸附器污染物的去除率

GAC 吸附器的去除率（$R_{removal}$）可以使用以下公式计算：

$$R_{removal} = (G_{in} - G_{out}) \times Q \tag{6-11}$$

在实际应用中，流出物浓度（G_{out}）要低于所限制的已经很低的浓度。因此，作为安全参数之一，G_{out} 相在设计时从式（6-11）中被删除。质量去除率与质量负载一样大小：

$$R_{removal} \approx R_{loading} = (G_{in}) \times Q \tag{6-12}$$

质量去除率就是气相流率和污染物浓度的复合产物。空气中的污染物浓度通常已经达到 mg/L 或 ppbV。在质量去除率的计算中，浓度要换算成质量浓度的单位：

$$\text{mg/L} = \frac{M_w}{22.4} \frac{\text{mg}}{\text{m}^3} 0℃ = \frac{M_w}{24.05} \frac{\text{mg}}{\text{m}^3} 20℃ = \frac{M_w}{24.5} \frac{\text{mg}}{\text{m}^3} 25℃ \tag{6-13}$$

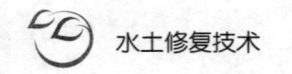

式中，M_w 是化合物的摩尔质量。

4. 再生频率计算

一旦活性炭耗尽，就需要再生或丢弃。根据两次再生的时间间隔或新的活性炭的预期使用时间来划分活性炭去除污染物的能力：

$$T = \frac{M_{removal}}{R_{removal}} \quad (6-14)$$

式中，T 为活性炭使用时间；$M_{removal}$ 为填充柱中有机物的吸附量。

5. 确定现场再生所需的活性炭量

如果尾气浓度较高，那么使用可以原位再生的 GAC 系统就会是个很有吸引力的方法。为了所需的原位再生，GAC 的量由质量去除率、它的吸附能力、两次再生间隔的时间、再生循环中 GAC 床的比例和吸附循环中 GAC 床的数量决定。可以通过下式计算：

$$M_{GAC} = \frac{T_{ad} M_{removal}}{q} \left[1 + \frac{N_{des}}{N_{ads}} \right] \quad (6-15)$$

式中，M_{GAC} 为所需 GAC 的总量；T_{ad} 为两次再生的间隔时间；N_{ads} 为吸附相 GAC 床的数量；N_{des} 为再生的 GAC 数量。

6.2.2 沸石吸附系统

沸石吸附系统工艺与活性炭类似，但沸石具有吸附相对湿度较高的尾气，并且具有阻燃和完善的再生功能，因此与活性炭相比，具有一定的优势。沸石的作用如同反向过滤器，其晶体结构中空隙均匀有规律的间隔排列，捕获小颗粒，让大颗粒分子通过。沸石晶体的孔径范围为 0.8～1.3nm，具有特殊的表面积，大约为 1200m²/g，与活性炭的表面积不相上下。沸石有时能够有取舍地进行离子交换。

沸石有人造沸石和天然沸石两种，目前天然沸石有 40 多种，常为火山岩和海地沉积岩中的亲水性铝硅酸盐矿物质。人造沸石既有亲水性沸石，也有斥水性沸石。人造斥水性沸石可以与非极性化合物具有亲和力，许多 VOC 都是这类化合物，或者针对具体污染物制成化学功能强化的沸石。

沸石可用于处理排放含 NO_x 的尾气，以及大多数氯代物和非氯代物 VOC 尾气，斥水性沸石可以有效地用于处理高沸点的溶剂；高极性和挥发性 VOC 降解产品，如氯乙烯、乙醛、硫化物和醇类，用亲水性沸石的效果比用活性炭要好；高锰酸钾的亲水性沸石在去除极性物质方面效果好，如硫化物、醇类、氯乙烯和乙醛。沸石处理系统对污染物种类有针对性，在处理含有多种污染物种类的尾气时，很难将所有污染物清除，所以，在处理多种类污染物时，活性炭或高分子聚合物更适合。另外，沸石系统处理在吸附剂上聚合的污染物时，成本较大。例如，苯乙烯聚合成聚苯乙烯，沸点升高，相对分子质量增大，吸附后解吸只能在高温下进行，高温条件需要大量燃料，这样使沸石处理成本上涨。

6.2.3 高分子吸附系统

高分子吸附技术同样是采月物理方式吸附尾气中的污染物并清除，处理主要设备与活性炭相同。高分子吸附剂有塑料、聚酯、聚醚和橡胶。高分子吸附剂价格比较昂贵，但更换频率很低，对于湿度不敏感、也不易着火、内部结构也不易损坏。SVE 尾气使用高分子吸附剂处理经验不是很多，与活性炭相比还有待进一步完善，但是高分子吸附剂比沸石广泛。

高分子吸附剂可用于四氯乙烯（PCE）、三氯乙烯（TCE）、三氯乙酸（TCA）、1,2—二氯乙烷（DCE）等系统，已可用于甲苯、二甲苯、氟利昂、酮类和醇类。其适用的流量范围较大，可处理 170～1 700m³/h 的尾气，吸附容量较大，每小时可处理 VOC 为 14kg。其耐水性较好，即使相对湿度高达 90% 时，吸附性能也不会下降。高分子吸附剂不适用于污染物浓度较低的情况。其价格比活性炭贵，与沸石价格相当。

6.2.4 吸附再生技术

1. 变温吸附脱附技术

变温吸附脱附技术是利用吸附剂的平衡吸附量随温度升高而降低的特性，采用常温吸附、升温脱附的操作方法。整个变温吸附操作中包括吸附和脱附，以及对脱附后的吸附剂进行干燥、冷却等辅助环节。变温吸附用于常压气体及空气的减湿、空气中溶剂蒸气的回收等。如果吸附质是水，可用热气体加热吸附剂进行脱附；如果吸附质是有机溶剂，吸附量高时可用水蒸气加热脱附后冷凝回收。吸附量低时则用热空气脱附后烧掉，或经二次吸附后回收。

变温吸附回收工艺应用最广泛的是水蒸气脱附再生工艺。该工艺是采用两个以上的吸附器并联组成，吸附介质为活性炭或纤维活性炭，通过阀门切换交替实现系统的连续运行。吸附饱和后的吸附器用蒸气再生，再生出来的混合气体通过冷凝器冷凝，然后将有机溶剂和水分离后直接或间接利用，含微量溶剂的水净化后排放。蒸气再生适用于脱附沸点较低碳氢化合物和芳香族有机物的饱和碳，水蒸气热焓高且较易得，脱附经济性和安全性较好，但是对于较高沸点的物质脱附能力较弱，需较长的脱附周期，而且易造成系统的腐蚀，对系统容器管道等的材料性能要求较高；如果回收的物质中含水量较高，还存在冷凝水的二次污染问题，解吸易水解的污染物（如卤代烃）时会影响回收物的品质。水蒸气脱附后，固定床吸附系统需要较长时间冷却干燥，才能再次投入使用。水蒸气脱附还需要大容量的冷却冷凝系统，此外，对于那些无现成蒸气资源的客户，在目前对燃煤锅炉环保要求日益提高的形势下，水蒸气系统还需配备一套复杂的蒸气锅炉系统，而如果采用电、天然气等洁净能源产生蒸气则造成非常高昂的运行费用。从经济性而言，目前的变温吸附技术主要适合于气体浓度大于 1 000mg/m 以上的场合（对于高风阻的系统最好浓度大于 2 000mg/m³），对于大风量、低浓度有机气体的回收技术还不适用。

2. 变压吸附脱附技术

变压吸附脱附技术是由于吸附剂的热导率小，吸附热和解吸热引起的吸附剂床层温度变化也小，所以吸附过程可看成等温过程。在等温条件下，吸附剂吸附有机物的量随压力的升高而增加，随压力的降低而减少。变压吸附在相对高压下吸附有机物，而在降压（降至常压或抽真空）过程中，放出吸附的有机气体，从而实现混合物分离目的，使吸附剂再生，该过程外界不需要供给热量便可进行吸附剂的再生。

变压吸附工艺以压力为主要的操作参数，在石化及环境保护方面有广泛的应用。变压吸附具有以下优点：①适应的压力范围较广并且常温操作，所以能耗低；②产品度高，操作灵活；③工艺流程简单，无预处理工序，可实现多种气体分离；④开停车简单，可实现计算机自动化控制，操作方便；⑤装置调解能力强，操作弹性大，运行稳定可靠；⑥吸附剂使用周期长，环境效益好，几乎无三废产生。变压吸附也有自身的缺点，其设备相对多而复杂，投资高，设备维护费用也相对高。变压吸附用于有机气体净化和回收在氯氟烃、芳香烃、醇类、酮类的回收方面应用效果显著。

6.3 生物处理法

生物法是将尾气通过位于固定介质上的微生物，通过生物作用使污染物降解。由于地球上到处都有能参与净化活动的生物种属，它们通过本身特有的新陈代谢活动，吸收积累分解转化污染物，降低污染物浓度，使有毒物变为无毒，最终达到水排放标准。因此利用生物净化污水受到人们的重视。具体方法如下：

1. 沉淀处理法

用于净化生活污水。在污染物还未破坏水域自净能力的前提下，采用简单的格栅，通过水中滤食性和沉食性动物的活动与运动，提高水体自净能力，促进水体中悬浮物沉淀并被埋藏在底质中使污水净化。

2. 水生生物养殖法

用于生活污水和含有机污染物的工业废水。通过水生生物降解污染物，是防止水体富营养化的有效措施。

1）放养水生维管束植物（简称水生植物），这类自养型水生植物对水污染有很好的忍耐性，它不仅能行光合作用吸收环境中二氧化碳、放出氧气改善水体质量，而且能消除许多污染元素。

2）养殖水生动物用于净化生活污水。有人将鱼类、贝类饲养在放有 1/5 污水池中，仍能正常成活，其增重率比净水饲养的高，污水养殖一些食草性鱼类，不仅能利用营养元素，还能以池中兰绿藻作为饵料，达到消除水体、营养化的目的。由于此法养殖的动物，往往具有异味或蓄积有害健康的物质，影响食用价值，故当前利用水生动物净化污水的应用和报道较少。

3. 生物定塘法

国内外用来处理生活污水和石化、焦化、造纸、制药废水的传统方法。

1）好氧塘。以天然池塘、洼地、水坑中水草、藻和微生物吸收分解氧化功能净化污水，是典型的藻菌共生系统。靠藻菌共生关系在塘内循环不止污水得以净化。有毒物经塘中发生的物化、生化作用被去除；有机污物被微生物降解。悬浮物由于塘中物理因素产生聚凝沉淀而去除，病原菌由于不适应环境而死亡；N、P 由于藻类增殖摄取而部分去除。

2）厌氧塘。在无氧条件下，由厌氧细菌及兼气菌降解有机污物，一般由两步组成。一是水解，经芽孢杆菌、变形菌、链球菌的胞外酶，将不溶水的大分子有机污物降解成溶水低分子物氨基酸、单糖和有机酸类；二是经甲烷杆菌、产甲烷球菌将有机酸降解成二氧化碳和甲烷，使污水净化。

4. 活性污泥法

用于大型污水处理厂及工矿废水的处理上。此法是在好气菌作用下，把含有大量有机污物废水形成生物絮体（活性污泥）。利用活性污泥对污染物的吸附，以及絮体上微生物、藻、原生动物和寡毛类动物对有毒物分解转化作用，废水在曝气池停留 4～10h，使污泥与废水充分接触就可完成净化过程。

5. 生物膜法

用于净化食品工业、发酵工业废水。实践中较常应用的是生物滤池，该池利用滤料（花岗岩、无烟煤等）或转盘的吸附作用，使污水中菌、藻、徽型动物阻留形成 2～3mm 厚生物膜，其中原生动物吞噬细菌使膜不断更新，蟋虫吞食有机残粒，动物运动使黏状生物膜得到松动，在膜外层形成 0.1～0.2mm 厚生态平衡小生境。当污水流经生物膜时有机污物被迅速吸附，成为细菌新陈代谢的物料，溶解性污物被微型生物降解吸收，转化成体内物贮存，难分解污物被滤池扫除生物分解去除，靠寡毛类线虫和昆虫幼虫的掠食作用清除多余老化的生物膜。

6. 生物接触氧化法

用于生活污水和毛纺、化工、制浆废水的处理。此法兼备活性污泥和生物膜法特点。所采用的工艺有：① 生物铁法。利用铁的物化效应和生物效应处理焦化废水；② 活性炭生物膜法。利用活性炭吸附作用，使微生物在炭表面繁殖来降解污物，净化工业废水；③ 生物酸化还原氧化法。处理硝基苯化合物工业废水。

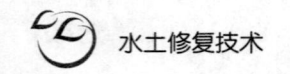

7. 土地处理系统

用于处理生活污水和食品工业废水。此法是一个物化、生化的综合过程，通过土壤较强的过滤、吸附、氧化、离子交换作用，微生物的吸收分解作用，以及土壤结构和植物根系对污物的阻滞作用，完全能使污水净化。污水在水田中停留 3～8d，去除率可达 80%～95%，P 和 N 去除率分别达 98% 和 85%，但污水中的油脂、皂类过多会堵塞土壤空隙，常带来灌田的"污水病害"，因此必须进行预处理后才能应用。

8. 固定化细胞法

用于多种工业废水的净化。在废水中直接利用含有某种特殊催化功能酶的微生物制备成固定化细胞。此法必须筛选具有特殊分解能力的菌种形成一个平衡系统，实现强化型废水净化。包埋纯种微生物制备的固定化细胞作为吸附剂，可有效去除废水中重金属、酚等芳香烃有毒化合物，有人从活性污泥中分离出热带假丝酵母菌，处理焦化废水酚的去除率达 99%。此法净化效果最高，但因选育高产酶菌株困难，成本较高影响发展。

综上所述，生物法可处理的污染物种类有脂肪烃、单环芳烃、醇类、醛类、酮类等，但不适用于含氯 VOC，微生物对各种气态有机污染物的生物降解效果见表 6-2。微生物法操作成本小于热处理法和吸附法，但是当尾气中污染物短时间内变化较大时，微生物来不及适应浓度的增加或者污染物种类的变化。

表 6-2 微生物对各种气态有机污染物的生物降解效果

化合物	降解效果
甲苯、二甲苯、甲醇、乙醇、丁醇、四氢呋喃、甲醛、乙醛、丁酸、三甲胺	非常好
苯乙烯、丙酮、乙酸乙酯、苯酚、二甲基硫、噻吩、甲基硫醇、二硫化碳、酰胺类、吡啶、乙氰、异氰类、氯酚	好
甲烷、戊烷、环己烷、乙醚、二恶烷、二氯甲烷	较差
1,1,1-三氯乙烷	无
乙炔、异丁烯甲酯、异氰酸酯、三氯乙烯、四氯乙烯	不明

6.3.1 生物法处理工艺

1. 生物过滤池工艺

生物过滤池工艺流程是有机尾气经过增湿器处理到一定的湿度，然后放出的湿尾气进入生物滤池，通过生物活性滤料层，污染物从气相转移到生物相中，进而被滤料中微生物分解氧化，分解过程在有氧和中性微碱性条件下由异氧微生物完成分解，碳氢有机物最终产物为二氧化碳和水。含氮有机物会产生 NH，最终转化为硝酸盐，含硫有机物会产生 H_2S，最终转化为硫酸盐，净化后气体排出。

生物过滤池的进气方式可采用升流式或下降式，前者容易造成深层滤料干化，后者可避免，并可防止未经填料净化的可流性有机物排出。为防止滤料堵塞、干燥和开裂，尾气进入滤池前必须除尘和润湿（相对湿度 >95%）。适宜的操作温度为 293.15～313.15 K；滤床含水量（质量分数）40%～60%；适宜的 pH 为 7.0～8.0；适宜的有机物质量浓度为 1 000mg/m³ 以下，不高于 3 000～5 000mg/m³；适宜的接触时间为 30～100s。

生物过滤池的滤料多为具有吸附性的材料，如土壤、堆肥、木屑、活性炭或混合而成。滤料具有良好的透气性和适度的通水和持水性，而且含有丰富的微生物群落。滤料充当微生物（包括细菌和真菌）载体，微生物将湿润生物膜中的填充物颗粒团团围住，滤料向微生物提供生活必需的营养，这些营养物可以循环利用，最终被矿化作用分解。营养物被分解完后要更换滤料，滤料颗粒的大小以能提供合理的吸附表面和具有较好的滞流性为宜。

2. 生物滴滤器工艺

生物滴滤器工艺流程主要的是生物滴滤塔，塔内填充一层或多层填料，填料表面有微生物膜，微生物营养液从塔顶均匀喷淋到填科上，液体自上而下流动，由塔底排出并循环利用。有机尾气由塔底气相进入填料下部，气相在塔内上升与填料上润湿的生物膜接触而被吸收分解，进化后的气体由塔顶排出。

生物滴滤塔填料多为粗碎石、塑料、陶瓷等，填料表面由微生物形成几毫米厚的生物膜，填料比表面积一般在 100～300m²/m³，填料之间的空隙为气体提供了上升空间，降低了气体对填料的压力，也降低了由微生物的生长和生物膜的疏松引起的空间堵塞的危险性。生物滴滤塔有生物过滤池不具备的优点，反应条件易控制，并且可以通过调节循环液的 pH 和温度来控制反应器的条件。因此，能有效处理卤代烃、含硫、含氯等有机物分解后产生的酸性代谢物。

6.3.2 生物法降解动力学

生物法治理有机尾气的机理已做了很多研究，认为净化过程是传质与生化反应的串联过程，传质方向是气态有机污染物从有机尾气向固/液混合相传输，需要经历几个步骤：① 尾气中的有机污染物首先同水接触并溶解于水中（即由气膜扩散进入液膜）；② 溶解于液膜中的有机污染物成分在浓度差的推动下扩散到生物膜，进而被微生物捕获吸收；③ 进入微生物体内的有机污染物在其自身的代谢过程中被作为能源和营养物质被分解，经生物化学反应最终转化为 CO_2 和 H_2O 等；④ 生化反应气态产物 CO_2 脱离生物膜，并逆向扩散通过液膜和气膜，最后进入气体主体。

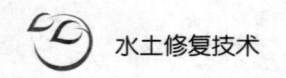

影响生物降解速率的因素较多,推导动力学模型需要合理简化,可将含水生物膜视为固液混合体系,而且基质中浓度较低,可认为有机污染物的生物降解近似遵循一级反应,反应速率方程可表示如下:

$$\gamma_a = k_{ia} \times s_1 \tag{6-16}$$

式中,γ_a 为表面反应速率,(mg/m²)/h;k_{ia} 为一级表面反应速率常数,m/h;s_1 为液相有机物浓度。

6.3.3 生物法技术的存在问题与发展

生物过滤池处理时存在一些问题,生物处理器的设计负荷与实际负荷不匹配容易造成尾气停留时间不够,处理效果下降;尾气中颗粒物在生物处理器中积累造成滤床堵塞,阻力增大;湿度控制不当容易使其干燥、开裂造成气流短路;pH调节不当,下降幅度大,造成微生物数量下降,使处理效果降低。另外,生物处理的尾气浓度不一定能达到排放标准,还需与其他的方式联合应用。

生物处理法处理尾气投资费用较少,运行费用低,在国际国内应用前景广阔。生物法以后的发展方向是提高微生物对有机污染物的生物降解速率,针对较难降解的物质培养优异的菌种并优化其生存环境;改善生物滤料的物理性能和使用寿命,节省投资和能耗;实现自动化操作控制,得出操作参数,并提高各运行参数的控制能力。

6.4 溶剂吸收法

溶剂吸收法是指气相混合物中的一种或多种组分溶解于选定的液相吸收剂中,或者与吸收剂中的组分发生化学反应,从气流中分离出来的过程。溶剂吸收法通常选用不易挥发的液体作为吸收剂,利用有机尾气中各组分在吸收剂中的溶解度的差异,在吸收装置中使有机尾气中的污染组分溶于吸收剂从而达到净化的目的。在运用溶剂吸收法治理含有挥发性有机化合物的尾气时,性能优良的吸收剂无疑将对有机尾气的最终治理效果起到至关重要的影响。

一般来讲,吸收剂的选择需要考虑到以下因素:① 吸收剂对待吸收组分的溶解度要尽可能大,减少吸收剂的用量,节约操作成本;② 吸收剂本身沸点高、蒸气压低、挥发性要尽可能小,以防止造成二次污染;③ 吸收剂的黏度要尽可能低,以避免在吸收过程中发生液泛现象,影响吸收效果;④ 吸收剂还要具备无毒无害。

溶剂吸收法在处理大气量、中等浓度的有机尾气时有着诸多优势,近年来人们对溶剂吸收法治理尾气的研究逐渐升温。开发的土壤气相抽提修复技术可资源化尾气处理系统及工艺,可以用于高浓度尾气的处理,实现尾气中污染物的回收,并且实现吸收溶剂再生后循环利用，回收了有价值产品并减少了投资。吸收处理系统可以根据尾气中所含有机物种类的不同选择有效的吸收剂作生产操作，甚至可以灵活运用不同的操作条件来提高吸收效果。利用有机酸和无机盐助剂配置的水溶液作为吸收剂，在适宜的pH、温度和质量浓度条件下，有机水溶液对甲苯的吸收效率可达到90%。利用根据环糊精对有机卤化物亲和性极强的原理，将环糊精的水溶液作为吸收剂在有机卤化物和其他有机化合物共存时，对有机卤化物进行吸收，研究表明这种吸收剂具有无毒不污染，捕集后解吸率高，回收节省能源，可反复使用的优点。

溶剂吸收法处理 VOC 尾气，由于它的吸收剂可选择性和操作灵活性可适用于大部分有机物处理场合，而且可以从尾气中回收有价值的物质，降低了投资和运行成本。但是，吸收法对于常温常压下沸点低的气态有机物处理效果较差，如有机尾气中含有 CH_4、C_2H_6、C_3H_8 等沸点极低的气态烷烃时，选择溶剂吸收法处理不理想，这时可以考虑将吸收法与热氧化法、深冷压缩法及吸附处理法联合处理，先将尾气中沸点相对较高的物质采用吸收法回收，对于剩余的不可回收气态可以直接焚化处理或者吸附处理。

6.4.1 吸收法工艺流程

溶剂吸收法治理有机尾气的操作往往选在吸收塔内进行。吸收效率与溶剂种类、吸收塔的理论板数、温度、压力、气液比有关。吸收后的溶剂富液经过解析可以回收有价值的有机物产品，解析在真空下操作，解析效果与解析塔理论板数、填料类型、温度、真空稳定性等有关。一般工业上应用溶剂吸收法处理尾气工艺主要分为四个阶段。

1. 有机尾气吸收阶段

由土壤气相抽提设备而来的有机尾气经吸收塔塔底进入吸收塔，与从塔顶连续喷淋下的吸收剂（贫液）逆流接触，由于吸收剂的高溶解度，有机物从气相溶解在吸收剂中，以达到脱出尾气中可挥发性有机污染物的目的。经吸收剂吸收后的尾气由塔顶排出。吸收了有机污染物的吸收剂（富液）先进入分流器进行分流，一部分吸收剂重新进入吸收塔，另一部分吸收剂通过换热器预热后，进入再生塔再生。

2. 吸收剂再生阶段

从吸收塔塔底流出的吸收剂（富液）进入精馏再生塔进行再生。精馏塔塔顶设置分凝器，塔底设置再沸器。塔顶冷凝液相全回流，放出气相为解析出的有机污染物；塔底产品为再生后的吸收剂（贫液）。

3. 吸收剂循环使用阶段

由吸收塔塔底流出的吸收剂（富液）经过分流器的分流后，一部分将会重新进入吸收塔与尾气进行逆流接触；由精馏塔塔底流出的吸收剂（贫液）也会经过分流器分流后重新进入吸收塔与尾气进行逆流的接触。

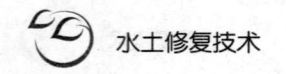

4. 出塔尾气二次净化阶段

由吸收塔塔顶排出的尾气，虽然经过一次逆流吸收，但其组成成分中仍可能含有少量难处理的极低沸点的有机污染物，同时也可能含有气相的吸收剂成分。为了达到彻底净化尾气达到空气排放标准的目的，在吸收塔吸收工序之后设置过滤吸附工序，将出塔尾气进过滤罐中过滤后放空到吸附罐吸附，最后剩余的气体大部分为空气，可做放空处理。

6.4.2 吸收法工程化应用

目前吸收法处理尾气技术大部分处于实验室研究阶段，工业应用很少，完整 VOC 尾气吸收法处理工艺，对于常压下沸点在 260℃ 以下有机污染物适用。小试装置对具有代表性有机物如芳香烃类和卤代烃类的吸收效率达到 85% 以上。该工艺操作灵活，一般情况可采用常压处理，而对于难吸收的有机物可采用加压吸收处理；对于含（相对）高沸点的有机物尾气，可通过溶剂吸收后得到的溶剂富液，溶剂富液经过加热解吸可分离回收有机物，同时溶剂也可再生后循环利用；对于含沸点低易挥发的有机物尾气，同样可吸收处理，得到的溶剂富液可经过真空抽提分离，溶剂再生后循环利用，分离出的低沸点有机物经过深冷可回收，该工艺中涉及的深冷回收由于已经将尾气中空气分离出，所以比直接压缩深冷法处理 VOC 尾气减少大量能耗，同时设备投资也小而且简单；对于尾气中有机物含量较复杂的体系（高沸点和低沸点、难吸收有机污染土壤和地下水修复和易吸收同时存在情况），可同时采用加压吸收、热解析和真空深冷。

6.5 其他分离方法

除了以上处理方式外，还有膜分离法、光解及光催化、非热等离子体法、压缩冷凝法等。这些方法是一些新型的处理技术，在 SVE 修复过程中处于研究阶段，相关的设计依据较少。

6.5.1 膜分离法

膜分离是利用膜对污染物和空气的渗透性能差异实现分离的，装置中的核心部分为膜元件，常用的膜元件有平板膜、中空纤维膜和卷式膜，又可分为气体膜分离和液体膜分离。以气体膜分离为例，其原理是利用有机蒸气与空气透过膜的能力不同，使二者分开。其过程分两步：首先压缩和冷凝有机尾气，而后进行膜蒸气分离。膜分离流程如图 6-1 所示：

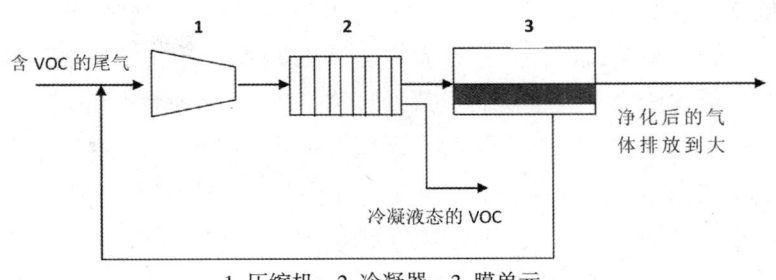

1. 压缩机；2. 冷凝器；3. 膜单元

图 6-1 气体膜分离流程图

膜分离工艺流程是含 VOC 的尾气进入压缩机，压缩后的物流进入冷凝器中冷凝，冷凝下来的液态 VOC 即可回收；物流中未冷凝部分通过分离，分成两股物流，渗透物流含有 VOC，返回压缩机进口；未透过的去除 VOC 的物流（净化后的气体）从系统排出。为保证渗透过程的进行，膜的进料侧压力需高于渗透后物流侧的压力。

膜分离法还可分为单级和二级系统。单级膜分离系统中，SVE 尾气经过冷凝后，气体进入膜分离单元，将产生两股气流。一股 VOC 含量较低，可以排放到大气，另一股 VOC 含量较高，将循环到冷凝器中冷凝。单级系统适于尾气浓度高于 1 000mg/L 的情形。二级膜分离系统适于尾气浓度较高情况，尾气先经过膜，含 VOC 较多的气体进行压缩，进一步冷凝，二级系统费用较高。

膜分离法具有流程简单、VOC 回收率高、能耗低、无二次污染等优点。该技术适用范围广，对极性和非极性、大流量和小流量有机尾气均适用，并且该技术可连续操作、净化有机物效率高，可回收有机物。该技术在膜和操作压力上还需要进一步研究，目前仍处于实验阶段。

6.5.2 光解和光催化法

光解和光催化法利用离子源紫外光或近紫外光，光波长为 150～350nm，使 SVE 尾气中化合物离子化，生成活性自由基，从而将污染物分解。光解和光催化技术能够有效处理范围广泛的 VOC 尾气，如 PCE、TCE 和氯乙烯等卤代烃类物质；还有含有脂肪族化合物、芳香族化合物、醇类、醚类、酮类和醛类等尾气。光解和光催化法处理典型挥发性有机物的清除效率。

光催化中使用的催化剂有 TiO_2、ZnO、SnO_2 及 CdS 等，在已知的光催化剂材料中，TiO_2 不仅光催化活性优异，而且具有耐酸碱腐蚀、耐化学腐蚀、稳定性好、成本低、无毒等优点，成为应用最广泛的光催化剂。污染物在光照下，通过与催化剂接触，分解成离子和自由基，然后重新生成水、CO_2 等，如果含有卤代烃，尾气中还会生成卤代酸。光解和光催化法系统设施较简单，催化剂一般能使用 2～3 年。只有当光照射到催化剂

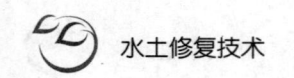

时才能发生催化反应，因此，当气体流量较大时，需要较大的催化剂面积。产生紫外光的能量消耗是光解和光催化的主要操作费用，当尾气浓度低于100mg/L时，该方法成本较高。光解和光催化法设备投资要高于热处理法，但其运行费用比热处理要低。

TiO_2光催化技术的原理是半导体粒子本身有两级能级带：充满电子的低能级带和空的高能导带，它们是不连续的，之间由禁带分开。价带的最低能级和导带的最高能级之间的能级差称为禁带宽度。当用能量等于或大于禁带宽度的光照射半导体时，价带上的电子被激发，跃过禁带进入导带，同时在价带上产生相应的空穴。这些电子和空穴具有一定的能量，而且可以自由迁移，当它们迁移到催化剂表面时，则可与吸附在催化剂表面的物质发生化学反应。光致空穴具有很强的电子亲和能力，可夺取半导体颗粒表面有机物的电子，使其发生氧化反应；电子也具有很强的还原性，可还原表面吸附的有机物。因此，当尾气中的有机物被吸附在半导体TiO_2表面上时就会发生电子转移，发生氧化或还原反应，对有机污染物起到分解作用。

6.5.3 等离子法

等离子处理技术是一种新型环保技术，也可以称为等离子态。等离子态中带负电的电子和数目相同的带正电的质子组成物质凝聚状态，是固态、液态和气态以外的第四态。等离子温度一般在1 000～10 000K（727～9 273℃），有机污染物在能量密集的等离子炉内会迅速被分解成单个的离子和原子结构，将有机物分解为碳、氢、氮、卤素和硅等元素以及CO_2等分子结构。该过程是非焚化处理过程，产生的自由基重构时，会形成新的、简单无毒的物质，之后可排入大气，不会产生二次污染，但如果操作温度和输入能量不够，会产生一些副产物，也需要处理。当温度较高时，会达到较高的污染物降解率。

按照等离子体粒子温度，可分为热等离子体（或热平衡等离子体）和冷等离子体（或非热平衡等离子体），冷等离子体法不直接使用高温或火焰，而是使用电场之类的将气态的污染物分解成自由基和高能电子，它的能量密度较低，重粒子温度接近室温而电子温度却很高，电子与离子有很高的反应活性。而热等离子体能量密度很高，重粒子温度接近室温与电子温度相近，各种粒子反应活性都很高。

目前工业化的等离子系统处理装置包括等离子发生体、烟气急冷吸收系统、水洗系统、碱洗系统、引风机和排放系统以及一些相关的中和系统和控制系统。

6.5.4 压缩冷凝处理法

压缩冷凝处理法是指物理法处理尾气，利用有机物在不同温度下具有不同饱和蒸气压的性质，采用高压压缩和低温冷凝的方法，使处于蒸气状态的有机物从尾气中分离出来，该法常与其他方法（如吸附、吸收、膜分离法等）联合使用。

目前工业化的主要设备包括压缩机、空冷机、气液分离罐、冷冻机组、深冷机组和变压吸附设备。主要工艺路线是有机污染物尾气经过气液分离后气相经过一次压缩，空冷分离出凝固点较高的有机污染物，排出的气相再经过冷冻机组冷凝出凝固点比较低的有机物，剩下的凝固点极低的有机物经过压缩深冷机组处理出凝固点极低的有机物，最后的少量有机物的尾气经过变压吸附处理后排放到大气中，该工艺最终也是与变压吸附法联合实现的。该方法适用于污染物浓度大于5 000mg/L，或尾气中污染物为单一物质且有回收价值的情形。由于该方法涉及冷却，不同的污染物露点不同，有时需冷却到很低的温度，当尾气中有机物含量较少或者沸点极低时，则需要较高的压力和较低的温度，因此，设备费用和操作费用要求较高，运行成本较大。该方法仅适用于高沸点和高浓度 VOC 的回收，或作为其他方法净化高浓度尾气的前处理，为后续处理降低有机负荷，回收有机物。

冷凝法通用的有两种，分别是间接冷凝和接触冷凝。间接冷凝就是利用换热器，管程走冷却介质，被冷凝的蒸气走壳程，蒸气冷凝后在管子上形成液层被收集，该方法蒸气冷凝液与冷却剂不接触，冷凝液为尾气中的有机物，可以直接回收利用。而接触冷凝是指被冷气体与冷却介质在接触器中直接接触，被冷气体中的有机物与冷介质以混合废液形式从接触器中排出。接触冷凝法强化了传热效率，可回收有用成分，但是冷却剂需要进一步处理。

6.6 地表水系统修复技术

严格来说，修复包括恢复、重建等几个方面的含义。恢复是指受损状态恢复到未被损害前的完美状态的行为，即包括回到起始状态又包括完美和健康的含义；重建是将生态系统的现有状态进行改善，结果是增加人类所需要的特点，使生态系统进一步远离它的起始状态。地表水资源生态修复是在遵循自然规律的前提下，控制待修复生态系统的演替方向和演替过程，把退化的生态系统恢复或重建到既可以最大限度地为人类所利用，又保持了系统的必要功能，并使系统达到自维持的状态。通常没有必要也难以将河流修复至完全自然的状态，而是根据经济技术条件修复至人类所需要的合适状态。

人类对地表水资源的治理在经历了工程治理、自然改造阶段后，逐渐发展到生态修复阶段。20世纪80年代以后，水资源生态修复成为国际上的热点。欧洲、美国、日本等国家，水资源生态修复的相关研究与实践开展得较多，修复技术已相对比较成熟。自20世纪90年代末，我国进入水资源综合治理和生态修复阶段，相继开展了水资源的修复工作。

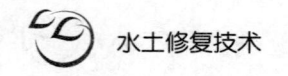

6.6.1 水资源生态修复理念及目标

1. 水资源生态修复的理念

水资源生态修复是指利用生态系统原理,采取各种方法修复受损伤的水体生态系统的生物群体及结构,重建健康的水生生态系统,修复和强化水体生态系统的主要功能,并能使生态系统实现整体协调、自我维持、自我演替的良性循环。

2. 水资源生态修复目标

(1) 防洪和恢复健康的水循环系统

水资源生态修复同传统河流治理一样,首先是防御洪水,保护居民的生命财产,同时还要确保生态系统和让水循环处于健康状态,尽量处理好洪水期的防洪和平时的河流生态系统、景观、亲水性的关系。也就是说,没有必要用同一尺度保护城市、道路、农地和森林等,洪水时无须刻意考虑河流生态系统和亲水性,平时也不必考虑防洪问题。

(2) 提高水资源自净能力保护水质

水资源生态修复的最终目的是通过健康的河流生态系统提高河流水体的质量。但提高河流水质必须从流域尺度出发,一般需要通过防止面源污染,建设完善的下水道、污水处理场和植被缓冲带,提高河流的自净能力这三个阶段才能够实现。要提高河流的自净能力,保持河流形态的多样化和丰富的水生生物是很重要的。

(3) 使水资源具有一定的侵蚀—搬运—堆积作用

在满足一定防洪标准的同时,留给河流一定的侵蚀—搬运—堆积等自然作用的空间,是河流生态修复的重要课题。因为只有通过河流自身的运动,河流才能自然演变为具有蛇行、浅滩和深潭、周期淹没等多样性的河流形态。河流形态的多样性,意味着生息地和生态系统的多样性和形成美丽的天然河流景观。留给河流多少侵蚀—搬运—堆积的自然作用空间,主要取决于保护土地不被洪水淹没的程度、冒洪水风险程度、设计修复目标的自然化程度这三个因素。

(4) 重建水资源景观

水体是河流景观最重要的构成要素,目前,河流景观的重要性已引起水利学家的重视。河流的生态修复除了生态效益之外,还有视觉和心理上的景观效益,单方面强调河流的生态功能是不充分的。在河流生态修复设计中,必须考虑景观结构的要素,通过对原有景观要素的优化组合,新的景观成分的引入,调整或构造新的河流景观格局,创造新的高效、和谐的近自然河流景观格局。

(5) 增加水资源的亲水性

所谓亲水性就是通过对河流的亲身体验,实现与河流的"对话交流",从而达到保健休养的目的。河流是动植物不可缺少的生息场所,同时也是人类生息休养的空间,河流具有解除人类各种烦恼的特殊功效。河流的亲水性不仅要考虑人类的需要,同时还要考虑为野生动植物提供生息空间的生态修复。

（6）降低经济成本

水资源生态修复由于尽量避免了没必要的过高的防洪设计标准，采用近自然的修复技术及材料，实现最终目标的时间延长等原因，其成本要比混凝土式河道护岸等传统水利工程低廉。

3. 水资源生态修复技术及方法

水资源生态修复是在遵循自然规律的前提下，控制待修复生态系统的演替方向和演替过程，把退化的生态系统恢复或重建到既可以最大限度地为人类所利用，又保持了系统的必要功能，并使系统达到自维持的状态。对河流的生态修复主要包括水质改善、防洪排涝（护岸）和生态景观建设三方面。

（1）水质改善

针对被人类污染的水质而提出的水资源修复方法较多，归结起来主要包括物理修复、化学修复和生物修复三大类，具体的技术方法有：

1）物理修复

水资源治理的物理方法包括人工曝气、底泥疏浚和调水等。

① 水资源河道曝气技术

水体供氧和耗氧失衡是引起水体发生黑臭的主要原因之一。曝气复氧被认为是治理河道污染的一种有效措施，可以提高水体中的溶解氧含量，强化水体的自净功能，促进水体生态系统的恢复，目前已在工程实践中得以应用。河道曝气技术即人工向水体充入空气（或纯氧），加速水体复氧过程，强化水体的自然净化过程，去除河流中的污染物，从而改善河流的水质。该技术在满足某些短期需要和突发污染事件应急处置方面具有较好的发展前景。根据治理河道条件（包括水深、流速、河道断面形状、周边环境条件等）和污染源特征（如长期污染负荷、冲击污染负荷等）的不同，河道曝气复氧的主要方式有鼓风—扩散曝气增氧、水面转刷曝气增氧、射流曝气增氧和船载移动曝气增氧等。

② 水资源底泥疏浚

底泥是河道中污染物的汇聚地和源头，所以底泥疏浚是被广泛应用的一种河道治理技术，常用的底泥疏浚主要有干床清挖、船载抓斗清挖和水力冲挖等方式，目的在于较大程度地控制内源污染、增加河道槽蓄量、提高水体泄洪和自净功能。研究结果表明：底泥疏浚可以使水体的有机质、磷、总悬浮物、叶绿素 a 以及水体透明度有明显下降，是缓解水体黑臭和富营养化的有效手段。但是，目前在底泥疏浚治理黑臭河道的效果问题上国内外争议颇大，尤其是疏浚能否对河道污染物具有长效的控制以及是否对底栖生境产生负面影响。另外，大量疏浚底泥需要妥善处置，避免造成二次污染。底泥疏浚简单流程如图 6-2 所示：

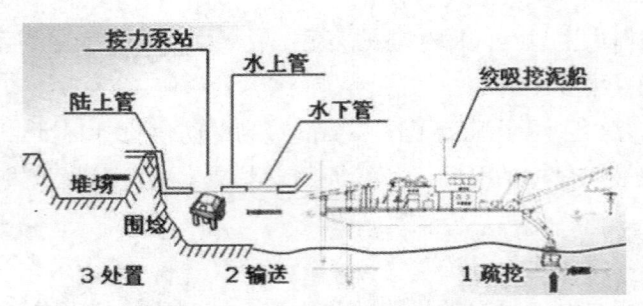

图 6-2 底泥疏浚简单流程图

2）化学修复

水资源治理的化学方法主要包括强化絮凝、化学氧化和化学沉淀等。所使用的化学药剂主要有铁盐和铝盐等混凝剂、双氧水等氧化剂和生石灰等沉淀剂，目的在于去除水中目标污染物（悬浮物、溶解态磷和氮等），提高水体透明度。但是，以上所采用的化学药剂是否会改变生境，并造成对生物生长的影响等都需进一步研究。

强化絮凝技术是在一级处理工艺基础上，通过投加化学絮凝剂，强化去除水中各种胶体物质及细小的悬浮物质，可以在短时间内以较少的投资和较低运行费用而大幅度消减污染负荷，使污染河道得到有效治理。

总之，应用于水资源治理的物理方法和化学方法一般不受气候条件影响，处理效果较明显和稳定，但往往治标不治本且治理费用高昂，同时易对环境产生二次污染，因此难以长期持续应用。

3）生物修复

生物修复是指利用生物的生命代谢活动来减少受污染环境中的有毒有害物质浓度或使其无害化，从而使受污染环境能够部分或完全恢复到原初状态的过程。它利用生物对环境污染物的吸收、代谢及降解等功能，对环境中污染物的降解起催化作用，加速去除环境中的污染物。在大多数环境中，存在着许多土著微生物进行的自然净化过程，但是，由于溶解氧或其他营养盐的缺乏，以及环境毒性物质等会对微生物的生长产生抑制。为了加快有机物的分解，常常采取一些强化措施，如增加 N、P 等营养盐和微量营养物质、接种高效微生物等手段，强化和提高微生物活性及分解能力，这一技术就是生物修复技术。

① 微生物强化净化

用于水资源河流水体治理的微生物修复主要有三类：一是直接向污染河道水体投加经过培养筛选的一种或多种微生物菌种；二是向污染河道水体投加微生物促生剂（营养物质），促进"土著"微生物的生长；三是生物膜技术。

生物强化技术实际上是外源微生物投放技术，已广泛应用于水产养殖、农业等领域，向水体中添加一定量的微生物制剂，能够加速水体中污染物降解，增强水体的自净功能。生物膜技术是指使微生物群体附着于某些载体的表面上呈膜状，通过与污水接触，生物膜上的微生物摄取污水中的有机物作为营养吸收并加以同化，从而使污水得到净化。综合国内外的具体工程实例来看，生物膜技术在中小河流净化方面具有净化效果好、便于管理等优点。针对我国目前环保设施建设资金短缺、技术落后、废水处理率低，大部分城市地区的污废水还是由散流、漫流、渗入或汇入周围水体的现状，生物膜技术在我国中小河流黑臭的综合整治中具有广阔的应用前景。

② 水生植物净化

水生植物净化法是利用水生植物的自然净化原理达到净化污水降低污染负荷之目的。利用水生植物来净化水质就是利用其具有的消化吸收污染物质、承受一定的环境胁迫的能力来实现的，而水生植物有着其自身的承受极限，水质过度恶化超过极限则水生植物不能生存，因此如果污染河流水质条件极为恶劣，在选择植物种类时要进行一定的预培养试验，一般大型水生植物分为挺水植物、沉水植物、漂浮植物和浮叶植物，其中水葫芦、香蒲、水芹菜、大藻、水葱和藻草等水生植物对河道黑臭具有明显的净化作用。以水生植物为主要操纵对象的修复技术，目前应用比较多的主要是生态浮床或生态浮岛、人工湿地和水生植物氧化塘等。

此外，还有一些生态工程综合性修复技术，例如污水稳定塘（氧化塘）处理技术。稳定塘（氧化塘）处理技术是利用重力沉淀、微生物分解转化和水生动植物的吸收作用对污染河水进行净化，在美国称为稳定塘，在我国习惯上称氧化塘。稳定塘在国内外已有多年的研究和实践。目前，在原有稳定塘技术的基础发展了很多新型塘和组合稳定塘工艺。生物氧化塘对河流水体具有较高的处理效率，在黑臭水体预处理基础上，通过底泥生物氧化、水体增氧、水体生态恢复等技术手段，对河道进行生物修复，能有效地消除水体黑臭、提高河涌水体自净能力。

综上所述，物理、化学和生物修复技术各有短长，河流水体的修复首先应因地制宜，根据水体受污的实际情况，结合一定的物理、化学修复技术，才能有效地实施生物修复措施。同时应加强原位生物修复与异位生物修复相结合的生物修复技术试验，探索治理河流污染的有效共性修复技术。

（2）生态护岸技术

生态护岸是结合治水工程与生态环境保护而兴起的一种新型护岸技术，对水陆生态系统的物流、能流、生物流发挥着廊道、过滤器和天然屏障的功能。在治理水土污染、控制水土流失、加固堤岸、增加动植物种类、调节微气候和美化环境方面都有着巨大作用。生态护岸依据其使用的主要护岸材料分为植被护岸、木材护岸和石材护岸三种类型。

1）植被护岸

植被护岸是生态护岸中比较重要的一种形式，岸坡植被有柳树、水生植物、草坪、天然材料织物、三维棕榈纤维等。水生植物的复合护岸是利用水生植物的根、茎、叶对

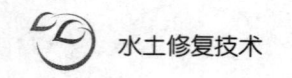

水流的消能和对岸坡的保护形成保护性的岸边带，促进泥沙沉淀，减少水流挟沙量，并能直接吸收水体中的有机物和营养物质，防止水体有机污染和富营养化。

2）木材护岸

常用的木材有圆木。用处理过的圆木相互交错形成箱形结构——木框挡土墙，在其中充填碎石和土壤，并扦插活枝条，构成重力式挡土结构。主要应用于陡峭岸的防护，可减缓水流冲刷，促进泥沙淤积，快速形成植被覆盖层，营造自然型景观，为野生动物提供栖息地环境。枝条发育后的根系具有土体加筋功能，木框挡土墙的圆木可向水中补充有机物碎屑，其间隙为野生动物提供遮蔽所。

3）石材护岸

抛石措施在国内外河道整治工程中应用十分广泛。在传统技术的基础上结合植被等措施，抛石能达到兼顾加强和改善河岸栖息地的目的。石材护岸技术施工简单，块石适应性强，已抛块石对河道岸坡和河床的后期变形可做自我调整。块石有很高的水力糙率，可减小波浪的水流作用，保护河岸土体，抵御冲刷侵蚀。

（3）河流生态景观建设

河流生态景观建设是指在河流治理工程中除了完善防洪、排涝、航运和供水等传统水利功能以外，还力图使河流更接近自然状态，完善河流生态系统的结构和功能，展现自然河流的美学价值，发掘河流的人文历史精神，创造良好的人居环境。生态景观建设主要分为水边景观建设和跨河建筑物景观建设，它以景观生态学为理论指导，需遵循与传统水利目标相融合、尊重历史、道法自然、景观连续等原则。在进行景观建设时要注意以下几点：

1）防洪与亲水的协调

亲水是人与生俱来的天性，景观建设要满足人们在视觉、听觉、触觉上对美的需求，感受水的魅力。因此，水边的建筑物不宜高出人们的视线，妨碍人们欣赏水景，且构建的亲水设施能拉近人水的距离，使人能在岸边漫步休闲、接触水体。

2）提高景观空间异质性

在河流平面形态方面，需恢复其蜿蜒性特征，形成水曲之美；在河流横断面上，要恢复河流断面的多样性，构成多样性地貌特征；在水陆交错带恢复乡土种植被等。使河流在纵、横、深三维方向都具有丰富的景观异质性，形成浅滩与深潭交错，急流与缓流相间，植被错落有致，水流消长自如的景观空间格局。

3）因地制宜地选择植被造景

将植物和天然材质的造景功能引入岸坡防护设计，是河道整治和景观建设的发展趋势。植物造景，尤其是人工植物群落景观的营造，成为河流生态景观建设的重要内容。河道植物要选择适用性强、亲和性强、功能广、具有观赏价值的植物，且植被搭配要考虑不同季节景观的整体变化，满足人们视觉上的享受。

6.6.2 城市河道底质改善技术

在城市河道中,底泥是陆源性入河污染物(营养物、重金属、有机毒物等)的主要蓄积场所。在不同的环境影响(温度、风浪和溶氧等)条件下,底泥既可以净化湖泊水体,也可以因富含污染物而成为潜在的内源性污染源污染水体,增加上层水体污染负荷。底质改善技术则是有效遏制这类内源污染物释放的有效手段,常用的有底质清淤及原位修复技术、景观河道生态修复型底泥疏浚与处理处置技术等。

1. 底质清淤及原位修复技术

底泥生态清淤采用生态清淤工程将污染最重、释放量最大的上层污染底泥依据环保要求移出水体,避免因河流、湖泊内的底泥释放和动力作用下的再悬浮和溶出后可能造成的河水富营养化和藻类产生和发展问题,从而达到控制底泥释放二次污染的目的。它是控制内源污染效果较为明显的工程技术措施之一。

在采用原位修复技术,利月研发的环境友好型双固定化功能载体及筛选的具有高效净化性能的功能生物,通过河道底质良性生境的构建、定向强化净化及底质基质促进剂的使用,进行污染底质原位生态固化、覆盖联合修复。

2. 景观河道生态修复型底泥疏竣与处理处置技术

底泥也是水生态系统重要的环境要素之一,其理化特性直接影响水生态系统的结构与功能;可以考虑河湖底泥疏浚与底栖生态重建的优化协同,避免过量疏浚造成的河湖底泥生态支持力下降、疏浚底泥易地处理的环境和经济成本问题,发展可实施精准疏浚的河湖底泥生态修复型疏浚技术。

3. 底质基改造与污染生态修复技术

从单一的清淤、硬底化、引水冲污、曝气增氧等治理技术研究转为对多项治理技术的集成应用研究,以降低河道治理的投资、运行成本和保证持续稳定的治理效果。对底泥治理技术的研究和应用表明,相对于物理、化学修复,对目前以有机物含量高、pH偏低的重污染为特点的城市河道底泥,在改善基底理化环境基础上,采用生物修复,特别是植物修复方法可能更加适宜。

4. 疏浚底泥与处理处置技术

根据疏浚底泥自然沉降速率设计水力疏浚底泥排泥场,避免水力清淤污泥随自然澄清液回流再次排入水体。针对清淤污泥,开发了高效脱水以及制建材、制陶粒等资源化利用技术,实现了疏浚底泥的可持续管理。

5. 底泥污染抑制剂技术

针对底泥在厌氧条件下释放污染物导致水体水质恶化的问题,开发出具有强氧化作用、高效释氧作用、物理阻隔作用和化学固化作用等的底质抑制剂(材料),对抑制黑臭、应对突发污染事故等具有显著、快速的控制效果。

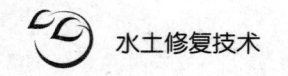

6.6.3 城市河道生态修复技术

1. 复合型生态浮岛水质改善技术

以水生植物的优选和可修复水体生物多样性的生态草植入为主要组成部分，对氮、磷营养物和有机物等均有一定的去除效果，可改善水体水质，提高水体透明度，控制水体富营养化（减缓藻类的增长速率、减弱藻类暴发程度），减少以再生水为补给水源的景观水体换水频率。无外部水源补充条件下，夏季可延缓藻类暴发时间 1～2d，暴发峰值也可降低约 30%。该技术尤其适合北方地区以再生水为主要补给水源的滞流/缓流景观水体水质的保持与改善。

2. 多级复合流人工湿地异位修复技术

通过多级复合流人工湿地的构建，解决了传统人工湿地的运行效果不稳定、脱氮效果一般、填料易堵及冬季处理效果差等多项难题，使其出水主要水质指标稳定达到地表水Ⅳ类标准。该技术对 COD、总氮、总磷具有较好的去除效果，在进水水质波动较大、水质较差的条件下，出水水质仍可稳定达到地表水Ⅳ类要求，多级潜流湿地示范工程在稳定运行阶段对 COD、TN 和 TP 的去除率可达到 70%～90%。该技术主要用于景观水体的水质改善及长期保持，适用于征地方便的地区。

人工湿地进行污水净化的研究始于 20 世纪 70 年代末。在人工湿地技术的应用中，其选择使用的水生植物的耐污和净化性能是这一技术能否正常发挥污染治理效能的关键所在。其净化原理主要为：接触沉淀作用、水生植物的根部对氮、磷的吸收作用、土壤的脱氮作用和土壤中的矿物质的吸附与离子交换作用。人工湿地剖面图如图 6-3 所示：

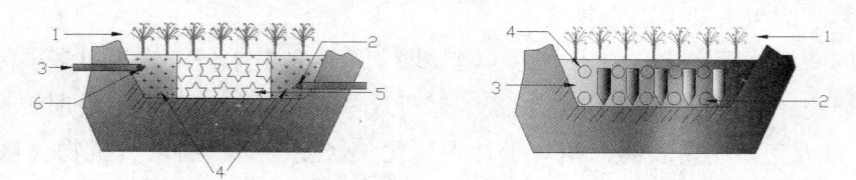

1. 布水系统；2. 植物；3. 进水；4. 介质系统；5. 出水系统；6. 集水系统

图 6-3 人工湿地示意图

（1）人工湿地的净化机理

1）对 SS：湿地系统成熟后，填料表面和植物根系将由于大量微生物的生长而形成生物膜。废水流经生物膜时，大量的 SS 被填料和植物根系阻挡截留。

2）对有机物：有机污染物通过生物膜的吸收、同化及异化作用而被除去。对 N、P：湿地系统中因植物根系对氧的传递释放，使其周围的环境中依次出现好氧、缺氧、厌氧状态，保证了废水中的氮磷不仅能通过植物和微生物作为营养吸收，而且还可以通过硝化、反硝化作用将其除去，最后湿地系统更换填料或收割栽种植物将污染物最终除去。

（2）人工湿地工艺流程（见图 6-4）

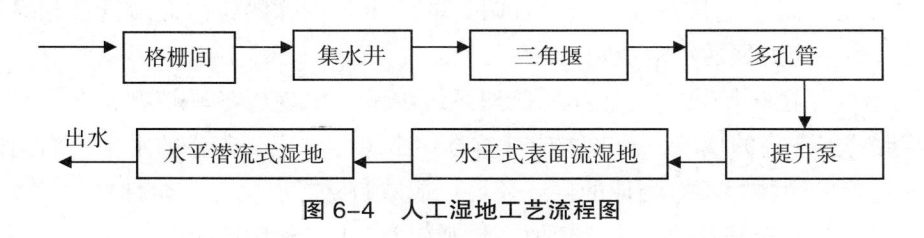

图 6-4 人工湿地工艺流程图

（3）结构设计

1）进出水系统的布置

湿地床的进水系统应保证配水的均匀性，一般采用多孔管和三角堰等配水装置。进水管应比湿地床高出 0.5m。湿地的出水系统一般根据对床中水位调节的要求，出水区的末端的砾石填料层的底部设置穿孔集水管，并设置旋转弯头和控制阀门以调节床内的水位。

2）填料的使用

水平表面流湿地床由两层组成——表层土层厚 0.4m、砾石层铺设厚度 0.2m，总厚度 0.6m；潜流湿地床由三层组成——表层土层、中层砾石、下层小豆石（碎石），钙含量在 2~2.5kg/100kg 为好；土层 0.4m、砾石层铺设厚度 0.5m、下层铺设厚度 0.3m，总厚度 1.2m。人工湿地填料主要组成、厚度及粒径分布见表 6-3 所示。

表 6-3 人工湿地填料分析表

填料层	水平表面流湿地	潜流湿地
土壤层	石英砂，厚 0.4m，粒径 2~6mm	石英砂，厚 0.4m，粒径 2~6mm
中间层	砾石，厚 0.2m，粒径 5~8mm	砾石，厚 0.5m，粒径 5~8mm
底层		碎石，厚 0.3m，粒径 8~10mm

3）潜流式湿地床的水位控制

床中水面浸没植物根系的深度应尽可能均匀。

（4）植被选择

1）选用原则

① 植物在具有良好的生态适应能力和生态营建功能；筛选净化能力强、抗逆性相仿，而生长量较小的植物，减少管理上尤其是对植物体后处理上的许多困难。一般应选用当地或本地区天然湿地中存在的植物。

② 植物具有很强的生命力和旺盛的生长势；抗冻、抗热能力；抗病虫害能力；对周围环境的适应能力。

③ 所引种的植物必须具有较强的耐污染能力；水生植物对污水中的 BOD5、COD、TN、TP 主要是靠附着生长在根区表面及附近的微生物去除的，因此应选择根系比较发达，对污水承受能力强的水生植物。

④ 植物的年生长期长。人工湿地处理系统中常会出现因冬季植物枯萎死亡或生长休眠而导致功能下降的现象，因此，应着重选用常绿冬季生长旺盛的水生植物类型。

⑤ 所选择的植物将不对当地的生态环境构成威胁，具有生态安全性。

⑥ 具有一定的经济效益、文化价值、景观效益和综合利用价值。

由于所处理的污水不含有毒、有害成分，可以考虑其综合利用。

2）配置分析

① 根据植物类型分析

- 漂浮植物中常用作人工湿地系统处理的有水葫芦、大薸、水芹菜、李氏禾、浮萍、水蕹菜、豆瓣菜等。
- 根茎、球茎及种子植物。这类植物主要包括睡莲、荷花、马蹄莲、慈姑、荸荠、芋、泽泻、菱角等。
- 挺水草本植物类型。这类植物包括芦苇、茭草、香蒲、旱伞竹、皇竹草、蘆草、水葱、水莎草、纸莎草等，为人工湿地系统主要的植物选配品种。根据这类植物的生长特性，它们既可以搭配种植于潜流式人工湿地，也可以种植于表流式人工湿地系统中。
- 沉水植物类型

沉水植物一般原生于水质清洁的环境，其生长对水质要求比较高，因此沉水植物只能用作人工湿地系统中最后的强化稳定植物加以应用，以提高出水水质。

② 原生环境分析

根据植物的原生环境分析，原生于实土环境的植物如美人蕉、芦苇、灯心草、旱伞竹、皇竹草、芦竹、薏米等，其根系生长有向土性，可配置于表面流湿地系统和潜流湿地土壤中；如水葱、野茭、山姜、蘆草、香蒲、菖蒲等，由于其生长已经适应了无土环境，因此更适宜配置于潜流式人工湿地。

③ 养分需求分析

根据植物对养分的需求情况分析，由于潜流式人工湿地系统填料之间的空隙大，植物根系与水体养分接触的面积要较表流式人工湿地广，因此对于营养需求旺盛、植株生物量大、一年有数个萌发高峰的植物如香蒲、菖蒲、水葱、水莎草等植物适宜栽种于潜流湿地；而对于营养生长与生殖生长并存，生长缓慢，一年只有一个萌发高峰期的一些植物如芦苇、茭草等则配置于表面流湿地系统。

④ 适应力分析

一般高浓度污水主要集中在湿地工艺的前端部分。因此，前端工艺部分一般选择耐污染能力强的植物，末端工艺由于污水浓度降低，可以考虑植物景观效果。

3）植被选择投资分析

本项目采用水平表面流——潜流复合型湿地系统,植被包括漂浮植物、根茎、球茎、挺水植物等,其中以挺水植物为主;植物种类包括水葫芦、浮萍、芦苇、睡莲、荷花、芦苇、美人蕉、灯芯草、菖蒲、水葱、纸莎草等。其选择及搭配、分配及投资分析如表6-4、表6-5所示。

表6-4 水平表面流——潜流复合型湿地植物选择及搭配表

植物类型	水平表面流型	潜流型	备注
漂浮植物	水葫芦、浮萍	水葫芦	少量
根茎、球茎	睡莲、荷花	/	/
挺水植物	芦苇、美人蕉、灯芯草	芦苇、菖蒲、水葱、纸莎草	主要植被
沉水植物	/	/	/

表6-5 水平表面流——潜流复合型湿地植物分配及投资分析表

植物	水葫芦	睡莲	荷花	芦苇	美人蕉	灯心草	纸莎草	菖蒲	水葱
数量（苗）	8万	2万	2万	10万	4万	10万	1万	1万	1万
单位价格	0.05	5.0	3.0	0.35	0.9	0.25	0.6	0.3	0.3
合计（万）	0.4	10	6	3.5	3.6	2.5	0.6	0.3	0.3

3.城市黑臭河道原位生态净化集成技术

包括底泥污染控释与底质生境改善、黑臭河水生物栅净化与控藻、黑臭河水生态接触氧化等。形成了城市黑臭河道原位生态净化集成技术体系,将浮船式增氧机作为混凝药剂的投加、溶解、搅拌、反应的动力设备,从而把增氧和混凝有效地结合起来;科学控制增氧机与生态浮床之间的距离,消除增氧机对生态浮床上植物生长及其净化污染物的负面影响;利用生态浮床水下部分的接触沉淀和物理吸附作用,促进化学混凝后水体的加速和稳定澄清,防止增氧机工作及水流搅动引起的絮体再悬浮,保障工程效果的长效性。按该方法设计的技术系统具有集成化程度高、投资和能耗低、易于操作、便于管护、快速长效等优点。

4.景观河道生态拦截与旁道滤床技术

生态滤床是在自然湿地结构与功能的基础上通过人工设计的污水处理生态工程技术,利用系统中的基质、水生植物、微生物的物理、化学、生物三重协同作用,来实现对污染物的高效降解,以达到净化水质的目的,具有投资少、运行维护费用低、管理简单、景观生态相容性好、自然社会效益好等优点，已被广泛应用于处理各类型污水。

生态滤床一般通过旁河的形式，将河水引入滤床中，系统内填充具有脱氮除磷功能较强，且比表面积大的多孔介质，使其具备了良好的水力学性能，能较好地截留河水中的颗粒物。通过植物选择、碳源调控、溶解氧调控、前置或后置强化除磷等手段，提高其脱氮除磷效率。

5. 生态护坡技术

生态护坡工程是一项建立在可靠的土壤工程基础上的生物工程，是实现稳定边坡、减少水土流失和改善栖息地生态等功能的集成工程技术。其目的是为了重建受破坏的河岸生态系统，恢复固坡、截污等生态功能。

6.6.4 城市河水强化处理技术

1. 城市河湖水系原位强化处理关键技术

课题组开发流水体强化循环流动和生物接触氧化技术，强化水体流动，削减水中污染物和营养盐含量，改善水质。我们提出了不同流速对常见水华藻类和混合藻类的影响，并提出了水华控制流速；对不同填料课题组进行接触氧化试验，筛选了最佳填料，对主要污染物的去除效果进行了研究，主要污染物去除率为叶绿素40%、COD50%、TN20%、TP40%、NH_3_N 60%。

2. 河道水体侧沟强化治理集成技术

针对生活污水、含有大量的工业废水、难以生物降解成分含量高、底泥污染严重、河道水体黑臭、油类物质浓度偏高现象显著等，提出以侧沟化学絮凝（即一级强化处理）和接触氧化修复相结合的方式，对黑臭水体进行处理，可有效抑制黑臭现象。

3. 景观水体化学—微生物—水生植物复合强化净化与藻类过度生长控制技术

针对景观河道水体自净能力差、富营养化现象严重、藻类过度生长等现状，通过微生物、化学、水生植物复合强化集成技术进行水质净化及控制的原位修复技术研究，已研发出"改善景观水体水质的药剂投加方法及设备"和"富营养化水体治理的方法和设备"，可有效改善水体富营养化状态。

4. 污水处理厂尾水人工湿地深度处理技术

技术从工艺创新、碳源补充、填料选择、防堵塞等研究，保证反硝化反应的顺利进行必须有充足的碳源提供，添加PHA聚羟基脂肪酸酯、PBS聚丁二酸丁二醇酯等五种有机物作为碳源，研究了各种碳源的反硝化速率以及硝酸盐氮的去除情况，得到麦秆、PBS和PHA添加后出水符合一级A的标准。在城市污水处理厂尾水达到一级A标准时，出水水质可达到：COD为18～32mg/L，氨氮低于0.5mg/L，总氮为1.5～3.5mg/L，总磷为0.1～0.3mg/L，除总氮偶尔较高外，达到地表水体Ⅴ类标准。

5. 污水处理厂尾水多点放流生态拦截技术

选取最优填料组合，通过生态拦截填料的拦截吸附降低尾水中的污染负荷，尾水长期流过填料后填料表面的生物膜可以进一步降解尾水中的污染物质。污水处理厂尾水排放后由大阻力配水系统将尾水均匀分布到第一级生态填料区上，经过底部布水廊道升流至第二级生态填料区，通过二级填料的尾水最终通过生态透水砖实现污水处理厂尾水深度净化后的分散排放。该方法可有效降低污水处理厂尾水排放对河流水质产生的不利影响。

6.6.5 城市水体修复技术应用

（1）太湖流域示范区主要水质指标提高一个等级，满足 V 类水标准。水体黑臭现象消除，水质好转，COD、氨氮、总氮、总磷均有明显降低，溶解氧有所提高。生态修复时氮、磷的年去除能力分别达到 $0.1kg/m^2$ 和 $0.02kg/m^2$。水生生物中浮游植物多样性及清洁水体指示种增加，浮游动物由原生动物为主转为轮虫为主，鱼类、底栖生物数量明显增多。

黑臭河道治理效果：溶解氧由 0.5mg/L 提高至 6mg/L（平均），浊度下降 80%，总磷下降 60%，COD 和氨氮去除 50%～60%，氧化还原电位、透明度大幅提高，黑臭得以遏制，原本爆发性生长的藻类得到有效控制。

（2）海河流域示范区水质均满足 IV 类水体标准，水体臭味消失，透明度明显改善，河道浮萍及藻类生长得到有效抑制，沉水植物开始自我恢复，示范段河道内水生动物（如鱼类、底栖动物）数量也明显增多。

示范工程中集成了喷泉曝气、潜流湿地及其他几项关键技术，实现了各单项技术的优势互补。经过实际运行，对 COD、TN、TP 年均去除率分别可达 80%、90% 和 75% 左右，出水水质达到了地表水 IV 类要求，优势显著。

（3）三峡库区示范区污染物减排量（COD）约占 2010 年三峡库区重庆段城镇污染物排放量的 15.1%。库区内城市水体水质提升了一个等级，基本达到了水体功能水质要求，水系基本畅通，流速提高近一倍，消除黑臭，与修复前水体表面较脏乱现象对比，修复后，水体清澈，表面无污物。

（4）巢湖流域示范区水质达地表 IV～V 类标准，水生湿生植物种类由 14 种增加到 60 种，浮游藻类多样性增加，原生动物的生物量和密度都明显高于恢复前，底栖动物种类数量也有较大提升，水生态系统结构和功能逐渐得到恢复。

水体 COD、TN 和 TP 分别下降了 49.4%、7.5% 和 66.8%，经过生态工程净化，COD、TN 和 TP 的去除率分别为 22.4%、50.4% 和 39.1%，水质提高一个等级。

（5）温州九山外河、温州山下河、南宁可利江河道、南宁心圩江河道、昆明盘龙江示范河段彻底消除了黑臭，主要指标达到 V 类水标准要求；扬州鸿泰支河、曲江湖、南

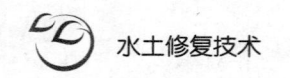

京江心洲、内秦淮河中段等轻度污染景观水体修复，主要水质指标达到Ⅳ类，常规污染物削减率平均达到30%。

6.7 矿山修复

矿山修复根据以下原则进行施工组织设计。

第一，以"谁开发谁保护，谁造成水土流失谁治理"为原则。贯彻和执行国家和北京市有关水土保持法律法规，编制符合国家对水土保持、环境保护总体要求的水土保持方案。

第二，水土保持措施设计与主体工程的保障设计相结合的原则。在编制设计过程中应当保持二者协调一致，使水土保持措施与主体工程的设计深度和特点协调。同时水土保持方案的编制要在主体工程设计的水土保持工程基础上进行，充分利用主体工程自身具备的水土保持功能的设施，保证方案的可操作性。

第三，水土保持生物措施设计与工程措施设计相结合，进行综合治理的原则。生物措施和工程措施是水土保持的两项重要措施，这两项措施能够相辅相成，互相补充，增强防治效果。在水土保持方案实施中应将两种措施有机结合，因地制宜。

第四，遵循"预防为主、保护优先、全面规划、综合治理、因地制宜、突出重点、科学管理、注重效益"的方针。按照预防和治理相结合的原则，坚持局部与整体防治、单项防治措施与综合防治措施相协调。

第五，重视项目建设施工过程中水土保持管理措施的及时有力。本工程建设过程中应注意各个环节的合理安排和有力控制，将施工过程中，由于作业不合理造成的水土流失量降到最低。

第六，重点突出和综合防治相结合的原则。结合工程的实际情况，遵循全面治理和重点治理相结合、防治和监督管理相结合的设计思路，合理布置各项防治措施，建立选型正确、结构合理、功能齐全、效果良好的水土流失综合防治体系。同时要坚持实事求是、因地制宜的原则，力求定性合理、定量准确，使项目建设单位在水土流失防治责任范围内有效控制并负责治理新增的水土流失，防治原有的水土流失。

第七，保护优先，防治结合。矿山企业要遵循在开发中保护、在保护中开发的理念，坚持"边开采、边治理"的原则，从源头上控制生态环境的破坏，努力减少已造成的生态环境损失。对矿产资源开发造成的生态破坏和环境污染，通过生物、工程和管理措施及时开展恢复治理。

第八，景观相似，功能恢复。根据矿山所处的区域、自然地理条件、生态恢复与环境治理的技术经济条件，按照"整体生态功能恢复"和"景观相似性"原则，宜耕则耕、宜林则林、宜草则草、宜藤植藤、宜景建景、注重成效，因地制宜地采取切实可行的恢复治理措施，恢复区域整体生态功能。

第九，突出重点，分步实施。分清轻、重、缓、急，分步实施，优先抓好生态破坏与环境污染严重的重点恢复治理工程，坚持矿产资源开发与生态环境治理同步进行。以典型示范和以点带面的方式，有计划地推广试点经验，稳步推动《方案》的全面实施。

第十，科技引领，注重实效。坚持科学性、前瞻性和实用性相统一的原则，广泛应用新技术、新方法，选择适宜的保护与治理方案，努力提高矿山生态环境保护和恢复治理成效和水平。

例如：工程为文化园山体修复工程。根据现场勘查本工程为两个连体山体修复。整治方案：以减少岩石裸露面，客土覆绿，增加山体植被覆盖率为原则，对断壁部分因地制宜进行处理。利用碎石渣土填修山体原采石坑，上层覆盖1.7米厚种植土结合挡土墙，恢复山体原始形态，栽植几十种绿化植物，防止水土流失，使破损的山体得到最好的修复治理和绿化。

1. 主要工程内容

土石方工程。包括砍伐树木和灌木丛及植被，破凿山体表面松动及风化岩石，爆破部分山体，清理石渣及断壁松动石，排险及毛石挡土墙，覆盖1.7m厚种植土分层碾压夯实。

2. 主要施工方法：

（1）地形整理工程

1）砍伐原有山体表面的树木、灌木丛、清运山体表面有机物、风化松动的岩石，整体的地形因地制宜，通过切实可行的实施手段，以最大限度地减少岩石裸露面，客土覆绿，同时营造植物生长必须地生态环境。

2）整理方法：

① 对破损山体的破损度进行实地测量勘查，确定修复位置点，从实际出发整治山体。

② 尽量不采用大面积爆破，大面积爆破极易造成使山体又遭到二次破损，给施工安全及周边画境带来不利，而且耗资大。

③ 对已破损的山体采用因地制宜的办法进行修复，具体措施如下：

A. 能做小平台的地方，在不影响山体的情况下，采用小放炮、机械业凿方法尽量扩大绿化面积。

B. 立面高大陡峭的地方，可以实施小型爆破既降低断崖高度，又可利用爆破后的渣土放坡，上土进行绿化。

3）由于本工程施工面积大，土方量大，故采用大面积机械作业，配合人工修整完整，以确保进度和精度。

（2）爆破施工方法

此处不进行具体阐述。

（3）山体排险

大山坡现有的岩石边坡破碎松动且不平整，故必须将松动的浮石和岩渣清除干净，处理好光滑岩面，拆除障碍物，用石块补砌空洞，对边坡局部不稳定处进行清刷或支补加固，对较大的裂缝进行灌浆或勾缝处理，在边坡松散空洞处和坡脚处设置一定数量的泄水孔，预留的长度根据现场情况确定。

（4）石砌挡土墙施工

由于山体修复覆土较厚为 1.7m，山上绿化树木较大及植被较多，考虑水土流失及雨水极易造成山体滑坡，因此设置梯田式毛石砌筑挡土墙。挡土墙高度为 2.3m 至 2.5m 不等，墙身厚为 1.5m 至 0.7m 不等。挡土墙每隔 10m 至 15m 设一道 2cm 宽沉降伸缩缝，挡土墙的基础底面应埋置在原山体地面以下不小于 50cm。若受水流冲刷应埋在冲刷线以下，梯田挡土墙上下间距为 20 至 25m。

6.7.1 传承自然：生态文化利用主导的矿山生态修复及旅游开发模式

英国伊甸园位于英国康沃尔郡，在英格兰东南部伸入海中的一个半岛尖角上，总面积达 15 公顷。其所在地原是当地人采掘陶土遗留下来的巨坑，该工程投资 1.3 亿英镑，历时两年，于 2000 年完成，2001 年 3 月对外开放。在开业的第一年内就吸引游客超过两百万人，开业至今游客量过千万人。

英国伊甸园是世界上最大的单体温室，它汇集了几乎全球所有的植物，超过 4 500 种、13.5 万棵花草树木在此安居乐业。在巨型空间网架结构的温室万博馆里，形成了大自然的生物群落。其目标宣言是"促进对植物、人类和资源之间重要关系的理解，进而对这种关系进行负责任的管理，引导所有人走向可持续发展的未来。"

伊甸园是围绕植物文化打造，融合高科技手段建设而成的，以"人与植物共生共融"为主题的，以"植物是人类必不可少的朋友"为建造理念，具有极高科研、产业和旅游价值的植物景观性主题公园。

由 8 个充满未来主义色彩的巨大蜂巢式穹顶建筑构成，其中每 4 座穹顶状建筑连成一组，分别构成"潮湿热带馆"和"温暖气候馆"，两馆中间形成露天花园"凉爽气候馆"。穹顶状建筑内仿造地球上各种不同的生态环境，展示不同的生物群，容纳了来自全球成千上万的奇花异草。

"伊甸园"的穹顶由轻型材料制成，这个材料不仅重量轻，而且有自我清洁的能力还可以回收。此外，伊甸园里的其他建筑也都采用环保材料和清洁可再生能源，可以说伊甸园本身就是一个节能环保的典范。实现了在一个已经受到工业污染和破坏的地区重建一个自然生态区。

6.7.2 还原记忆——工业记忆复原主导的矿山生态修复及旅游开发模式

黄石国家矿山公园位于湖北省黄石市铁山区境内,"矿冶大峡谷"为黄石国家矿山公园核心景观,形如一只硕大的倒葫芦,东西长 2 200m、南北宽 550m、最大落差 444m、坑口面积达 108 万 m^2,被誉为"亚洲第一天坑"。

黄石国家矿山公园占地 23.2 km^2,分设大冶铁矿主园区和铜绿山古矿遗址区,拥有亚洲最大的硬岩复垦基地,是中国首座国家矿山公园,湖北省继三峡大坝之后第二家"全国工业旅游示范点",同时在 2013 年入选《中国世界文化遗产预备名单》。

通过生态恢复的景观设计手法来恢复矿山自然生态和人文生态。把公园开发建设的着眼点放在弘扬矿冶文化,再现矿冶文明,展示人文特色,提升矿山品位,打开旅游新路上。打造"科普教育基地、科研教学基地、文化展示基地、环保示范基地",为人们提供一个集旅游、科学活动考察和研究于一体的场所,实现了人与自然和谐共处、共同发展的主题。

园内设"地质环境展示区、采矿工业博览区、环境恢复改造区"三大板块,以世界第一高陡边坡、亚洲最大硬岩复垦林为核心,观赏绿树成荫桃李芬芳石海绿洲,展示"石头上种树"的生态奇迹。

划分"日出东方、矿冶峡谷、矿业博览、井下探幽、天坑飞索、石海绿洲、灵山古刹、雉山烟雨、九龙洞天、激情滑草"等"十大景观",使游客体验到"思想之旅、认识之旅、探险之旅、科普之旅",满足不同层面、不同地域的游客求知、求新、求奇、求趣的需求。

以生态恢复景观设计为手段,恢复矿山公园的生态环境,再现怡人的自然生态景观,创造良好的游览环境。

以深厚、悠久的矿山工业文化为内涵,保护景区内的历史文化遗迹,提供多角度观景点,力求将独特的矿业文化风貌展现给游人。

以景观塑造为设计重点,突出景观要素,景区设置、景点命名、建筑形式、雕塑小品都力图体现矿山生态恢复主题。

6.7.3 诗意园林——休闲空间营造主导的矿山生态修复及旅游开发模式

布查德花园是废墟上建起的美丽田园,它是加拿大温哥华维多利亚市的一个私家园林。一百多年前,那里原是一个水泥厂的石灰石矿坑,在资源枯竭以后被废弃。布查德夫妇合力建造了这座花园。布查德太太把石矿场纳入家居庭院美化之中,有技巧地将罕见的奇花异木糅合起来,创造出享誉全球的低洼花园,所采用的花卉植物多是夫妇俩周游世界各地时亲手收集的。

花园占地超过 55 英亩,坐落于面积达 130 英亩的庄园之中。与一般平平整整的花园不同，布查德夫人因地制宜，保持了矿坑的独特地形，花园1904年初步建成，之后经过几代人的努力，花园不断扩大，进而发展出玫瑰园、意大利园和日式庭院。时至今日，布查德夫妇的园艺杰作每年吸引逾百万游客前来参观。

布查德花园由下沉花园、玫瑰园、日本园、意大利园和地中海园等5个主要园区构成，有50多位园艺师在这里终年劳作，精心维护。每年3～10月近100万株和700多个不同品种的花坛植物持续盛开，其他月份，游客则可以观赏到枝头挂满鲜艳浆果的植物，以及精心修剪成各种形状的灌木和乔木。随着季节不同，布查德花园的观赏内容有着不同的内容、主题和季相特色。

花园道路纵横交错，到处是花墙、树篱。不同主题由不同的专业设计师设计完成的，花园的日常养护管理也是由专业园艺师负责进行，做到了每种花卉都能以最佳的观赏效果展示给观众。

利用地势起伏构建景观层次，从单调园艺走向主题园区。

6.7.4 讲述故事——主题文化演绎主导的矿山生态修复及旅游开发模式

萨利那·图尔达盐矿（Salina Turda）位于罗马尼亚，盐矿从有文献被记载的中世纪1075年一直到1932年都在持续不断出产盐，直到1992年被改建成包含有博物馆、运动设施和游乐场的缤纷主题公园，更被《商业内幕》（Bussiness Insider）评论为世界上"最酷的地下景观"。

（1）创意设计理念（发挥创意思维，彰显鲜明特色）：将旧矿业的基础设施与现代的游乐园设施、科幻风格的建筑创意结合，使整个主题公园呈现宛如外太空的科技场景，最终奇幻色彩成为该公园最鲜明、最特色的吸引点。

（2）项目开发模式（保留原有资源，进行多元开发）：保留原有矿坑中的走廊形成景观廊道；保留嶙峋的洞窟以及巨大的钟乳石构成园区背景；保留原有盐矿运输通道，作为游客体验通道；保留原有盐湖，形成划船游乐场地等。

（3）特色产品设置（运动主题鲜明，养疗功能助力）：主题公园内设有地下摩天轮、迷你高尔夫球场、保龄球场、运动场、游船等运动娱乐场地及设施，丰富的运动型项目布满全区，供游人任意使用；而水疗中心、盐矿疗养处则可供某些特殊疾病患者进行康疗养体。

盐洞有新旧两个入口，且洞内主要分两层，每层有一个大厅，盐洞内建有电梯沟通上下层，但大部分景点都需步行参观。上层大厅里有包括迷你高尔夫球场在内的运动场和剧院等休闲娱乐场所。下层大厅建立在井底的一个小岛上，并设有摩天轮和码头，也可以坐在船里游览美景。

6.7.5 彰显个性——自然科普性格主导的矿山生态修复及旅游开发模式

上海辰山植物园位于上海市松江区，于 2011 年 1 月 23 日对外开放，由上海市政府与中国科学院以及国家林业局、中国林业科学研究院合作共建，是一座集科研、科普和观赏游览于一体的 AAAA 级综合性植物园。园区植物园分中心展示区、植物保育区、五大洲植物区和外围缓冲区等四大功能区，占地面积达 207 万 m^2，为华东地区规模最大的植物园，同时也是上海市第二座植物园。以华东区系植物收集、保存与迁地保育为主，融科研、科普、景观和休憩为一体的综合性植物园。

园区功能区包括：中心展示区、植物保育区、五大洲植物区和外围缓冲区。植物园整体布局构成中国传统篆书"园"字。绿环构思充分体现了缓冲带思想，将内部空间有机的融合在一起，同时对外部起到屏障作用。

植物园园址早期是上海地区四大原矿产区之一，通过对采石场遗址进行改造，形成独具魅力的岩石草药专类园和沉床式花园（矿坑花园）；展览温室由热带花果馆、沙生植物馆（世界最大室内沙生植物展馆）和珍奇植物馆组成，为亚洲最大展览温室。

定期举办科普活动，主题花展（如国际兰展），辰山植物园科普导览 APP，提供植物花月历、养花咨询。

6.7.6 转化功能——服务升级换代主导的矿山生态修复及旅游开发模式

港湾高尔夫球场位于美国密歇根州，占地 405 公顷，是一个修建在废弃工业旧址上的度假胜地和高尔夫社区。最初这里是一个采石场，随着 1981 年水泥厂的关闭，也结束了为了从事水泥生产对当地页岩和石灰石长达百年的开采，但却留下了 400 英亩的荒地，看起来就像"月球表面"。在这片贫瘠的土地上，几乎寸草不生。

项目的设计开始于 20 世纪 90 年代，一家私人公司通过与当地政府合作，能够将高尔夫和其他设施整合进一个集环境恢复和开发于一体的总体规划中，从而对退化的自然景观进行改善。通过规划设计，将这片退化的采石场废地转变成为集 27 洞高尔夫球场、游艇码头、酒店和私人住宅社区于一体的高端独有度假区。一个游艇码头，通过爆破一个分开 36 公顷采石场和密歇根湖的窄石墙通道修建而成；一座 27 洞高尔夫球场，部分球洞下就掩埋这水泥窑粉尘，球手可以在石灰石和页岩开采后留下的陡峭峡谷间享受击球乐趣；一家度假酒店，建造在原有工厂的旧址上；800 处住宅和度假别墅，其中大部分住宅沿着采石场遗留的人工悬崖修建，自然而然地转变成为可欣赏游艇码头和高尔夫球场风光的绝佳宝地。28 公顷的原有土地被打造成为包含 1 600m 湖滨线和 8 000m 自然廊道的公园。水泥窑粉尘可以用作球场建设的填土。一层 18 英寸厚的黏土重壤层覆盖并固定住了随处飘移的水泥窑粉尘。球道粗造型所用的表层土，大多是从之前采石场废弃的材料里筛选出来的，或者是由现场的其他区域搬运过来的。

第 7 章　修复效果检验和评价

7.1　修复效果检验和评价标准的目的与作用

随着人类社会的发展，城市化进程不断加快，越来越多的工业企业搬迁，遗留下来大量可能存在潜在环境风险的场地。场地再利用需求量大，场地开发市场规模急剧膨胀，然而未经环境调查评价或修复的场地，再利用时就可能存在健康隐患，场地土层中所含的易迁移污染组分对地下水也会产生一定的影响，甚至引发严重后果，因此必须对这些场地进行环境调查、风险评估及污染修复。在国外，因为缺乏规范的场地环境调查和修复制度及标准，发达国家场地开发再利用过程中都曾经多次出现过污染事故，尤其是一些污染严重企业遗留下来的场地，国内在土壤修复技术的研究方面虽已有一定工作基础，但尚缺乏成规模的应用实例，目前为止我国还没有出台污染场地修复相关标准，难以科学系统地指导污染场地修复工作。

目前我国已开展的多种污染土壤及地下水修复技术，如生物修复、植物修复、生物通风、自然降解、生物堆、化学氧化、土壤淋洗、电动分离、气提技术、热处理、挖掘、固化/稳定化、帽封、垂直/水平阻控系统等。每种技术的适应性有所不同，对某些物质残留量的规定涉及土质及不同场合具体要求等。因此，制定符合我国实际情况的相关修复评价标准，为修复效果提供一个合法、权威的仲裁方法，以满足人们对生活环境的需求已迫在眉睫。

土壤修复标准是被技术和法规所确定、确立的土壤清洁水平，通过土壤修复或利用各种清洁技术手段，使土壤环境中污染物的浓度降低到对人体健康和生态系统不构成威胁的技术和法规可接受的水平。

7.2 国内外污染土壤和地下水修复基准制定

7.2.1 评价标准的基本内容

不同的国家和地区，甚至同一个国家不同时期的土壤和地下水修复基准的容都有所不同。

鉴于目前中国土壤和地下水修复技术应用现状，以及放射性污染和致病性生物污染场地都已有相应的技术规定，《中国水土保持生态修复分区》规定了依据全国水土保持工作分区，划分生态修复二级类型区。全国水土保持工作分区为西北黄区土高原区、东北黑土漫岗区、北方土石山区、西南石质山区、南方红壤丘陵区、风沙区、草原区、青藏高原冻融侵蚀区等八个大区。水土保持工作分区反映了各区的水土流失状况、特点及其防治对策，据此划分生态修复二级类型区。

1. 根据上述分区原则和依据，将全国划分为 4 个一级类型区和 13 个二级类型区

一级类型区：长白山区及东南部湿润带生态修复区；华北、东北部分及青藏高原东部半湿润带生态修复区；内蒙古高原、黄土高原、青藏高原半干旱带生态修复区；新疆大部、内蒙古西部、青藏高原西北部荒漠干旱带生态修复区。

二级类型区：长白山黑土漫岗区、长江以北土石山区、长江以南红壤丘陵区、哈（尔滨）沈（阳）黑土漫岗区、北方土石山区、太（原）兰（州）以南黄土高原区、西南石质山区、内蒙古高原风蚀区、太兰以北黄土高原区、青藏高原区、内陆河流域风蚀区、"三化"草原区、戈壁沙漠区。

2. 生态修复对象

从全国水土保持生态修复试点情况分析，中轻度水土流失区适合于生态修复。目前，全国有中轻度水土流失面积 242 万 km²（轻度 162 万 km²、中度 80 万 km²），但其中约有一半左右是在坡耕地。所以，实际能用于生态修复的面积约 123 万 km²。

（1）生态修复地类

根据国家土地分类标准，适宜于生态修复的地类有以下六类：一是灌木林地，即郁闭度 >40%、高度在 2m 以下的矮林地和灌丛地；二是疏林地，即郁闭度为 10%～30% 的稀疏林地；三是覆盖度在 20%～50% 的中覆盖度草地；四是覆盖度在 5%～20% 的低覆盖度草地；五是地表土质覆盖、植被覆盖度在 5% 以下的裸土地；六是地表为岩石或砾石、其覆盖面积 >50% 的裸岩石砾地。由于裸土地和裸岩石砾地的面积较小，故两者合并统计，统称裸土岩石砾地。

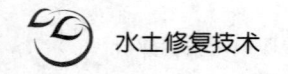

（2）适宜修复面积

从第二次遥感调查结果中，提取上述六类地中的中轻度水土流失区面积，全国约 123 万 km²。

3. 生态修复重点

根据水土保持生态修复的指导思想和原则，按适宜修复面积的大小、修复对象的水土流失和土地类型等情况，分析水土保持生态修复的重点。适宜修复面积大于 20 万 km² 的省（区）有两个：新疆、内蒙古，大于 10 万 km² 的省只有一个，即四川省,5～10 万 km² 的省（区）有甘肃、青海、陕西、西藏、云南等五个，1～5 万 km² 的省（区）直辖市有宁夏、贵州、重庆、湖南、湖北、江西、辽宁、山西、河北等九个，其余 14 个省（区）直辖市的适宜修复面积均小于 1 万 km²，各一级类型区适宜修复的面积为 I 区 234 227.5km²、II 区 243 491.6km²、III 区 495 120.0km²，IV 区 256 144.0km²。从水土流失类型情况看，水蚀区 76.9 万 km²，风蚀区 46.0 万 km²。各种土地类型适宜修复面积大小排序如下：中覆盖度草地 > 低覆盖度草地 > 疏林地 > 灌木林地 > 裸土、岩砾地。

全国水土保持生态修复的重点在本规划一级类型区中的 II、III 区，这两区的适宜修复面积约占全国适宜修复总面积的 60%，极大部分在云南腾冲至黑龙江黑河一线以西，有新疆、内蒙古、甘肃、青海、宁夏、陕西、西藏、云南、贵州、四川、河北、山西等十二个省（区）。

4. 分区概述

（1）长白山区及东南部湿润带生态修复区

本区分布在长白山脉和淮河以南、云贵高原以东的大部分地方。包括广东、广西、湖南、湖北、江西、浙江、福建、海南、上海、重庆、云南、贵州、四川、安徽、河南、江苏等省（区）市和长白山脉以东地区，总面积约 236.47 万 km²。大部分地方的降水量充沛，蒸发能力弱，多年平均降水量在 800mm 以上，且湿热同季，有利于植物生长和生态自然修复。除长白山区外，秦岭以南，原生植被为南亚热带、亚热带季风雨林，干燥指数小于 1.0，但季节性干旱时有发生。本区大部分地方的地形地貌属于全国地貌类型中的一级台阶，地势相对较低。地貌特点是平地与丘陵山地相间，长江以南广泛分布第四系红壤。水土流失类型，除福建等沿海省份有少部分风蚀外，其余均为水蚀。水土流失主要发生在坡耕地、稀疏林地、幼林地、管理粗放的经济林地和半裸露荒地，流失强度为中、轻度，少数地方有强度流失。重力侵蚀发育，重力侵蚀类型有崩岗、滑坡、泥石流等。崩岗主要发生在花岗岩区；滑坡、泥石流灾害主要发生在变质岩区，如云南省东川市泥石流区、三峡库区滑坡等。广西、贵州等省（区）的岩熔地貌发育，水土流失以后造成石化现象严重。本区大部分地方的人口密度 100～400 人/km²。但四川大部、长江三角洲以及沿海地带的人口密度大于 400 人/km²，而长白山区的人口密度 1～50 人 /km²。本区东部省份的社会经济较发达，生态修复有一定的经济基础；但人口密度较大，土地资源较缺。

（2）华北、东北部分及青藏高原东部半湿润带生态修复区

本区呈东北至西南斜轴线走向，以哈尔滨、长春、北京、拉萨为一线，包括山东、河北、北京、河南以及宁夏、山西、陕西、甘肃、四川、西藏等省（区）的部分和东北三省部分，总面积 239.22 万 km²。大部分地方属于半湿润区，多年平均降水量大于 400mm，干燥指数 1～2。原生植被西部为亚热带季风雨林、中东部为温带森林和典型温带森林草原。光热资源丰富，有利于植物生长，但降水量偏小。地形地貌属于全国地貌类型中的二级台阶，地势较高。本区的地貌特点是高原和平原并存。黄土高原部分和云贵高原大部，分别处在本区的中部和西部。平原有华北平原、黄淮海平原和东北平原。云贵高原特有的干热河谷地貌，形成独特的气候条件。很多地方高山与峡谷相间，形成高山峡谷地貌和"十里九重天"的气候特点。水土流失主要发生在东北的黑土地、黄土高原部分地方、华北的半裸石质山地、西南石灰岩区、云贵高原干热河谷区以及西南丘陵山地的坡耕地，以水力侵蚀为主，西南部分地方泥石流沟发育。大兴安岭部分地方为水蚀和冻融侵蚀交错区，青藏高原部分地方则以冻融侵蚀为主。人口密度以西安至哈尔滨一线划分，以东大部分地方 100～400 人 /km²，其中，黄淮海平原的人口密度大于 400 人 /km²；以西大部分地方 1～50 人 /km²。

（3）内蒙古高原、黄土高原、青藏高原半干旱带生态修复区

本区分布在大、小兴安岭至呼和浩特、银川、西宁、喜马拉雅山一线，呈东西走向，涉及辽宁、吉林、内蒙古、山西、陕西、甘肃、宁夏、青海、四川、西藏、新疆等省（区），总面积 349.84 万 km²。大部分地方降水稀少，多年平均降水量小于 400mm。而蒸发能力强，干燥指数 2～5，属半干旱区，水资源缺乏。自然植被为温带灌木林或乔灌林。大部分地方地形地貌属于全国地貌类型中的三级台阶，地势高。区内东北部是内蒙古高原，中部是黄土高原，西部是青藏高原，大兴安岭部分位于本区东部。多沙地，著名的有毛乌素沙地、浑善达克沙地等在此区。水土流失类型，除内蒙古高原和黄土高原部分地方以风力侵蚀为主外，其余大部分地方仍以水力侵蚀为主或水蚀风蚀交错，青藏高原以冻融侵蚀为主。水土流失危害突出表现在两个方面：一是黄土高原大面积强度流失区，不仅对该区本地生态环境、社会经济发展、人民生活造成了重大的危害，同时，区内有的地方还是黄河的主产沙区，大量泥沙淤积对黄河防汛带来严重威胁；二是内蒙古高原浑善达克沙地等风蚀的异地危害，尤其是对京津地区造成了严重的沙尘暴危害。草地"三化"现象严重。人口密度除陕西、山西等省的人口较多以外，其余地方的人口较少。以呼和浩特、银川、西宁为一线，以东大部分地方人口密度 50～100 人 /km²，以西 1～50 人 /km²，青藏高原部分地方不到 1 人 /km²。

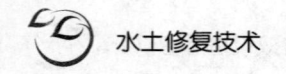

（4）新疆、内蒙古西部、青藏高原西北部荒漠干旱带生态修复区

本区分布在我国西北部，内蒙古、宁夏、甘肃、青海部分和新疆维吾尔自治区，总面积123.19万km²。绝大部分地方降水稀少，多年平均降水量小于200mm，个别地方甚至小于50mm。如吐鲁番盆地多年平均降水量仅15.2mm。而蒸发能力强，干燥指数大于5，有的地方甚至高达100以上，干旱缺水，属于温带大陆性干旱区。地形地貌属于全国地貌类型中的内陆盆地，有柴达木盆地、准噶尔盆地、吐鲁番盆地、塔里木盆地等。戈壁沙漠与盆地相间，有塔克拉玛干沙漠、库姆塔格沙漠、古尔班通古特沙漠等。主要的内陆河有准噶尔内陆河、中亚细亚内陆河、黑河、塔里木内陆河、河西内陆河、青海内陆河、羌塘内陆河、额尔齐斯内陆河等，内陆河流域总面积234.52万km²，约占国土总面积的24.4%。内陆河流域区的多年平均降水量从100多mm到400mm不等。其中，中亚细亚内陆河流域，受印度洋季风影响，多年平均降水量达到46.8mm，流域面积9.3万km²，是全国干燥指数最高的区，也是全世界最干燥的区域之一，不少地方的干燥指数大于20，属于极端干燥气候区。水土流失类型以风蚀为主。主要发生在退化草原和宁夏、甘肃、青海等省（区）的部分牧区。乱开滥挖野生资源（如甘草、发菜等）和草原鼠害、虫害，加剧了水土流失。雪山高原区为冻融侵蚀。本区人口稀少，人口密度小，大部分地方1～50人。

7.2.2 评价标准的制定程序与基本方法

污染土壤和地下水修复标准是在污染修复基准的基础上，考虑社会、技术、经济等综合因素后制定的法律规范。就社会因素而言，主要根据各个国家、地区的现实情况而定，对不同用处、不同污染程度的污染进行修复；就修复技术而言，主要包括污染修复技术所能达到的清洁目标和现有分析技术所能确认的污染物最低限量目标；还有土壤和地下水的背景值因素、对地下水保护的因素、法规调控因素等。

以建立在人体健康风险基础上的英国污染土壤修复标准为例，不考虑对土壤环境中其他受体的风险性，其制定的依据和过程如下：

（1）优先污染物的选择。依据为：① 以前或现在的许多工业场地中可能存在，而且具有足够浓度的污染物；② 对人体与生态环境中敏感受体具有潜在危害风险的污染物。主要包括金属、非金属、无机阴离子、有机污染物等。

（2）污染物毒理学及人体摄入量估算。系统分析污染物毒理学资料包括：污染物急性毒性（经口、经皮、吸入等）、在人体内的代谢（吸收、分布、排泄）、人体中毒事故情况、生殖与发育毒性、致癌性与基因毒性等。参考推荐的允许摄入量，根据不同的敏感人群，确定人体日允许摄入量。

（3）环境污染状况及其环境行为分析。分析环境中污染物来源与污染水平，污染物的降解、挥发、迁移转化、植物吸收状况及其在土壤中的存在形态等不同的环境行为特性，确定人体可能的暴露途径与暴露风险。

（4）土壤中污染物允许摄入量估算。根据不同的土地利用类型、不同的敏感人群通过不同途径的摄入量及相应的健康标准，利用下列参数推算确定土壤中污染物允许摄入量：污染物平均日摄入量（MDI）（不包括来自土壤）；日容许摄入量（TDI）；土壤中污染物日容许摄入量（TDSI）。其中，TDSI 定义为 TDI 与 MDI 的差值，即 TDSI：TDI-MDI。根据 TDSI 可求得土壤污染物健康标准值（ID，最小风险剂量），用于污染物指导性标准值与污染场地的健康风险评价。

（5）土壤污染指导性标准（SGV）。土地利用类型包括居住用地（有与无植物摄取）、租赁农地、商业与工业用地。根据不同的土地使用类型、不同的敏感人群及相关的政策法规，应用污染场地暴露评价（CLEA）模型，求得 SGV 值。

当土壤中污染物浓度超过 SGV，表明可能对土地使用者产生不可接受的风险，需要进一步调查或修复。

7.2.3　评价标准的检验与修订

土壤和地下水修复的评价标准以法律法规等形式出现是时代发展所需，也是规范修复标准的需要，是仲裁的基础。它的制定和实施是经过多次实验、现场实验及检验，并综合考虑社会、经济、文化等多种因素完成的。随着社会经济的发展，人民对生活、工作条件要求的提高，在不同的时期对修复的要求有所不同。因此，根据时代发展的需要，有必要也应该适时地对修复标准进行修订，使之更加适合人们的生活需要。

不同国家和地区的评价标准的修订程序可能有所不同，在我国，以法规形式出现的土壤修复标准如要进行修订，必须按照法律规定的程序进行。对不适合的条款去除，而对需要增加的条款及时更新。

7.3　污染土壤修复效果生态学评价

（1）土壤质量评价标准以《土壤环境质量标准》（GB 15618-1995）为基础（执行三级标准），并参照《展览会用地土壤环境质量评价标准》（HJ 350-2007）、《全国土壤污染状况评价技术规定》等相关规范确定本次土壤评价标准，见表 7-1。

（2）样品检测方法。工作送检样品分析方法、来源及最低检出限见表 7-2。

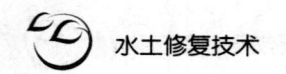

表 7-1 土壤环境质量标准值表

项目		一级	二级		三级	标准来源
pH		自然背景值	< 6.5	6.5～7.5	> 7.5	> 6.5	《土壤环境质量标准》（GB 15618-1995）
镉（mg/kg）		≤ 0.2	≤ 0.3	≤ 0.3	≤ 0.6	≤ 1.0	
汞（mg/kg）		≤ 0.15	≤ 0.3	≤ 0.5	≤ 1.0	≤ 1.5	
砷（mg/kg）	水田	≤ 15	≤ 30	≤ 25	≤ 20	≤ 30	
	旱地	≤ 15	≤ 40	≤ 30	≤ 25	≤ 40	
铅（mg/kg）		≤ 35	≤ 250	≤ 300	≤ 350	≤ 500	

项目	一级	二级	三级	标准来源
苯（mg/kg）		5（限值）		《全国土壤污染状况评价技术规定》
挥发酚（苯酚）（mg/kg）		40（限值）		
氰（mg/kg）		2 000（限值）		
石油类（mg/kg）		300（限值）		"六五"国家《土壤环境含量研究》
氰化物（mg/kg）		8（限值）		《展览会用地土壤环境质量评价标准》（HJ 350-2007）
六价铬		全部土壤样检测均低于检出限		无相关标准

表 7-2 土样指标分析方法

序号	分析项目	分析方法	方法来源	最低检测质量浓度 mg/Kg
1	石油类	红外分光光度法	岩石矿物分析（第四版）	0.1
2	挥发性酚	4-氨基安替比林比色法	环境监测分析方法	0.02
3	氰	异烟酸-吡唑啉酮比色法	环境监测分析方法	0.02
4	砷	原子荧光法	GB/T 22105-2008 土壤质量总砷的测定	0.05

续表

序号	分析项目	分析方法	方法来源	最低检测质量浓度 mg/Kg
5	汞	原子荧光法	GB/T 22105-2008 土壤质量总汞的测定	0.005
6	六价铬	二苯碳酰二肼比色法	环境监测分析方法	0.1
7	铅	原子吸收分光光度法	GB/T 17140-1997 土壤质量铅的测定	0.05
8	氟	茜素黄酸锆比色法	环境监测分析方法	5.0
9	镉	原子吸收分光光度法	GB/T 17140-1997 土壤质量镉的测定	0.005
10	苯	二硫化碳萃取气相色谱法	岩石矿物分析（第四版）	0.05
11	pH 值	玻璃电极法	岩石矿物分析（第四版）	/

7.3.1 污染土壤修复生态学评价方法

1. 土壤生态效应评价

污染土壤修复后，其修复效果是否达到预定的工程目标或修复标准，是否对土壤生态系统和人类健康构成威胁，都需要通过灵敏和有效的诊断方法对污染土壤修复效果进行评价。单纯依靠化学方法进行污染土壤修复效果的评价，不能揭示土壤的整体质量特征，因此需要生态学方法作为相互补充的手段。污染物土壤生态效应评价就是定量地分析和评价土壤污染物对生态系统的不良效应，为土壤环境质量评估、调控和管理提供科学依据。污染物土壤生态效应评价的关键是生态受体的选择、反应终点和评价参数的确定。

生态受体是指暴露于土壤污染物压力之下的生态实体。它可以指土壤中的动物、植物、微生物，也可以指生物体的组织、器官，还可以是种群、群落、生态系统等不同生命组建层次。由于可能受到污染物危害的生态受体种类很多，通常选择一种或几种典型的、有代表性的生态受体，反映整个生态系统受危害的状况。反应终点是用以表征生态系统发生变化的指标，任何基本生态过程的不可接受的改变均可视为反应终点。反应终点的类型有存活类、生长类、繁殖类、种群增长等，不同类型的反应终点、灵敏度也不同。

污染土壤修复标准制定的目的，是在保证污染土地再利用的前提下，使污染较为严重的土壤环境中，污染物浓度降低或削减到不足以导致较大的生态损害和健康危害。结

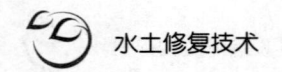

合一些发达国家土壤修复标准以及中国土壤污染的实际情况来看，中国污染土壤修复标准的建立应从修复技术水平、仪器可检出水平、环境背景值、对地下水保护、法规可调控水平和污染生态毒理学评价等多方面综合考虑。以下针对污染土壤修复效果评价，简述植物毒性评价法、土壤敏感动物评价法、土壤微生物评价法和生物标记评价法等常用污染土壤修复效果评价方法。

2. 污染土壤修复效果生态学评价的主要方法

（1）植物毒性评价法

植物是土壤生态系统中的重要组成部分。一个平衡、稳定的土壤生态系统才能生产出健康、优良的植物。利用植物的生长状况监测土壤污染，是从植物生态学角度评价污染土壤修复效果的重要方法。植物毒性评价法主要通过植物受害状况、植物体内污染物含量、藻类毒性三种途径判断土壤修复的效果。植物受害状况是通过肉眼观察生长在污染土壤中的敏感植物受污染影响后，其根、茎、叶在色泽、形状等方面的变化，如高等植物的发芽毒理实验；通过分析修复后土壤中生长的植物体内污染物的含量变化，如作物吸收毒理实验；藻类可用于土壤浸提液毒性的判断以评价污染土壤的修复效果。

（2）土壤敏感动物评价法

除植物外，土壤中的敏感动物也能用于评价土壤修复状况，目前常用蚯蚓和跳尾目昆虫等敏感动物暴露于土壤污染物中，以适当的实验系统准确地记录污染土壤对栖息动物危害与风险，从而达到对土壤修复状况（污染或清洁）的指示作用。评价的内容包括污染物对敏感动物的存活、生长、繁殖能力等方面的影响，这主要是通过动物的毒性实验和繁殖实验来确定的。

（3）土壤微生物评价方法

几乎所有的土壤过程都直接或间接地与土壤微生物有关。在土壤生态系统中土壤微生物的作用主要体现在：分解土壤有机质和促进腐殖质形成；通过吸收、固定并释放养分或共生作用促进植物生长；促进土壤有机碳、氮不断分解；在有机物污染和重金属污染治理中起重要作用。因此，近年来将土壤微生物群落结构组成、土壤微生物生物量作为土壤健康的生物指标来评价土壤生态系统的恢复进程已逐渐成为研究热点。

（4）生物标记评价方法

生物标记物可以通过体液、组织或整体生物体来表征对一种或多种化学污染物的暴露或其效应的生化、细胞、生理、行为或能量上的变化，是衡量环境污染物暴露及效应的生物反应。它能同时指示母体污染物与代谢产物暴露于毒性效应，可将不同层次生物（个体、种群和群落）的系列测走综合，通过生物标记有机污染土壤和地下水修复物的短期变化可预测污染物的长期生态效应。

7.3.2 土壤修复生态学评价的发展趋势

近年来，国内外一些学者在土壤污染评价方面做了很多工作，并取得很多重要成果，尤其在利用非化学分析评价方面有很大进展。但是，许多评价方法还局限在对土壤污染的评价上，专门应用于污染土壤修复效果评价的方法很少。大多评价方法局限于通过对土壤中单个污染物的残余量的评价，然而土壤中含有多种污染物，通常为复合污染。复合污染不是传统概念上的单因子污染的简单相加，其生态效应不仅只取决于化学污染物或污染元素本身的化学性质，更为重要的是与污染物的浓度水平有关，同时还受污染物的作用对象、作用部位以及作用方式的影响。

此外，对于生态系统而言，由于其复杂性和污染物的多样性，不同生态受体对污染物的反应不同，个体和种群层次上的生态受体，往往缺乏代表性，其受危害的情况难以反映整个生态系统的状况，而群落和系统层次上的生态受体则缺乏有效的反应终点表达群落或系统的效应变化。应用能够反映生态系统功能和结构变化的反应终点，才能使得以生物群落或生态系统作为生态受体来研究污染物环境生态效应具有更强的可操作性。

7.4 地下水质量评价

1. 评价指标

水样和土样分析指标选取如下：水样分析测试指标包括 NH_4^+、Cl^-、SO_4^{2-}、NO_3^-、NO_2^-、F^-、Zn、Cu、Pb、Cd、Cr_6^+、TCr、As、Hg、苯、石油类、镍、COD（以 O_2 计）、酚（以苯酚计）、氰化物、硫化物、总硬度 ρ（$CaCO_3$）、溶解性总固体、PH 等24项。土样分析测试指标包括：pH、石油类、挥发酚、氰化物、砷、汞、六价铬、铅、氟、镉、苯。

2. 评价标准

水质标准是地下水质评价的依据和基础，本次水质评价标准主要以《地下水质量标准》（GB/T 14848-1993）为基础，对于石油类、硫化物和COD、苯，在《地下水质量标准》（GB/T 14848-1993）没有规定限值的四个评价指标，按照《地表水环境质量标准》（GB 3838-2002）和《生活饮用水卫生标准》（GB 5749-1985）确定本次评价标准。见表 7-3。

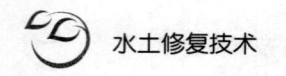

表 7-3 地下水环境质量标准值表

项目	Ⅰ类	Ⅱ类	Ⅲ类	Ⅳ类	Ⅴ类	标准来源
pH	6.5～8.5	5.5～6.58	5～9	<5.5	>9	《地下水质量标准》（GB/T 14848-93）
总硬度（以 $CaCO_3$ 计）（mg/L）	≤150	≤300	≤450	≤550	>550	
溶解性总固体（mg/L）	≤300	≤500	≤1 000	≤2 000	>2 000	
硫酸盐（mg/L）	≤50	≤150	≤250	≤350	>350	
氯化物（mg/L）	≤50	≤150	≤250	≤350	>350	
铜（Cu）（mg/L）	≤0.01	≤0.05	≤1.0	≤1.5	>1.5	
锌（Zn）（mg/L）	≤0.05	≤0.5	≤1.0	≤5.0	>5.0	
挥发性酚类（以苯酚计）（mg/L）	≤0.001	≤0.001	≤0.002	≤0.01	>0.01	
硝酸盐（以 N 计）（mg/L）	≤2.0	≤5.0	≤20	≤30	>30	
亚硝酸盐（以 N 计）（mg/L）	≤0.001	≤0.01	≤0.02	≤0.1	>0.1	
氨氮（NH4）（mg/L）	≤0.02	≤0.02	≤0.2	≤0.5	>0.5	
氟化物（mg/L）	≤1.0	≤1.0	≤1.0	≤2.0	>2.0	
氰化物（mg/L）	≤0.001	≤0.01	≤0.05	≤0.1	>0.1	《地下水质量标准》（GB/T 14848-93）
汞（Hg）（mg/L）	≤0.000 5	≤0.000 5	≤0.001	≤0.001	>0.001	
砷（As）（mg/L）	≤0.005	≤0.01	≤0.05	≤0.05	>0.05	
镉（Cd）（mg/L）	≤.000 1	≤0.001	≤0.01	≤0.01	>0.01	
铬（六价）（Cr_6^+）（mg/L）	≤0.005	≤0.01	≤0.05	≤0.1	>0.1	
总铬（TCr）（mg/L）	城市污水处理厂污水污泥排放标准（CJ 3025-1993）二级处理最高允许排放浓度 <1.5					
铅（Pb）（mg/L）	≤0.005	≤0.01	≤0.05	≤0.1	>0.1	
镍（Ni）（mg/L）	≤0.005	≤0.05	≤0.05	≤0.1	>0.1	
石油类（mg/L）	≤0.05	≤0.05	≤0.05	≤0.5	≤1.0	《地表水环境质量标准》（GB 3838-2002）
硫化物（mg/L）	≤0.05	≤0.1	≤0.2	≤0.5	≤1.0	
耗氧量（CODMn 法，以 O_2 计）（mg/L）	3（水源限制，原水耗氧量 >6mg/L 时为 5）					《生活饮用水卫生标准》（GB 5749-2006）
苯（mg/L）	0.01（限值）					

注：在综合指数法中，对于无分类标准只有限值的检测项目，小于限值的按Ⅲ类计，大于限值的按Ⅳ类计。在单项指数法中采用Ⅲ类标准作为限值

3. 样品检测方法

工作送检样品分析方法、来源及最低检出限见表7-4。

表7-4 水质指标分析方法

分析项目	分析方法	方法来源	最低检测质量浓度（mg/L）
NH_4^+	纳氏试剂比色法	水和废水监测分析方法（第四版）	0.05
Cl^-	硝酸银滴定法	水和废水监测分析方法（第四版）	1.0
SO_4^{2-}	硫酸钡容量法	生活饮用水标准检验方法（GB/T5750-2006）	1.0
NO_3^-	酚二磺酸光度法	水和废水监测分析方法（第四版）	0.01
NO_2^-	N-（1-萘基）-乙二胺光度法	水和废水监测分析方法（第四版）	0.010
F^-	茜素磺酸锆目视比色法	水和废水监测分析方法（第四版）	0.05
Zn	火焰原子吸收光度法	水和废水监测分析方法（第四版）	0.01
Cu	火焰原子吸收光度法	水和废水监测分析方法（第四版）	0.01
Pb	火焰原子吸收光度法	水和废水监测分析方法（第四版）	0.01
Cd	示波极谱法	水和废水监测分析方法（第四版）	0.005
Cr_6^+	二苯碳酰二肼分光光度法	水和废水监测分析方法（第四版）	0.02
TCr	二苯碳酰二肼分光光度法	水和废水监测分析方法（第四版）	0.02
As	原子荧光法	水和废水监测分析方法（第四版）	0.000 5
Hg	冷原子荧光法	水和废水监测分析方法（第四版）	0.000 1
COD	酸性高锰酸钾法	水和废水监测分析方法（第四版）	0.5
酚	4-氨基安替吡啉三氯甲烷萃取分光光度法	生活饮用水标准检验方法（GB/T5750-2006）	0.002
氰	异酸烟-吡唑啉酮光度法	水和废水监测分析方法（第四版）	0.02
总硬度	EDTA滴定法	水和废水监测分析方法（第四版）	5.0
硫化物	碘量法	水和废水监测分析方法（第四版）	0.02
苯	二硫化碳萃取气相色谱法	水和废水监测分析方法（第四版）	0.005
石油类	红外分光光度法	水和废水监测分析方法（第四版）	0.05
镍	火焰原子吸收光度法	水和废水监测分析方法（第四版）	0.01
溶解性总固体	质量法	水和废水监测分析方法（第四版）	/
pH值	玻璃电极法	水和废水监测分析方法（第四版）	/

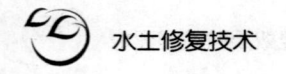

4. 评价方法

地下水评价方法采用单项污染指数法和内梅罗综合指数法。

（1）单项污染指数

单项污染指数评价法主要用于评价单一污染物的污染程度，筛选出高浓度的典型污染物。单项污染指数是污染物在地下水中的实测浓度与评价的允许值之比，P 值越大、表明地下水污染程度越重。其单项污染指数计算公式为：

$$P_i = \frac{C_i}{C_{oi}}$$

式中，P_i——某污染物分享污染指数；

C_i——某污染物实测浓度；

C_{oi}——某污染物的评价标准。

P 值越大、表明地下水污染程度越重。

（2）内梅罗综合指数法

1）首先进行各单项组分评价。地下水质量单项组分评价，按标准所列分类指标划分为 5 类，代号与类别代号相同，不同类别标准值相同时，从优不从劣，划分组分所属质量类别。

2）按表 7-5 分别确定各类别单项组分评价分值 F_i。

表 7-5 分值确定标准

类别	I	II	III	IV	V
Fi	0	1	3	6	10

3）综合评价分值为（内梅罗公式）：

$$F = \sqrt{\frac{\bar{F}^2 + F_{max}^2}{2}} \qquad \bar{F} = \frac{1}{n}\sum_{i=1}^{n} F_i$$

式中：$\bar{F}$——各单项组分评分值 F_i 的平均值；

F_{max}——单项组分评分分值 F_i 中的最大值；

n——项数。

根据 F 值，按表 7-5 划分地下水质量级别，评价结果如表 7-6 所示。

表 7-6 地下水质量划分标准（引自地下水质量标准 GB/T 14848—93）

级别	优良	良好	较好	较差	极差
F	F<0.80	0.80 ≤ F<2.50	2.50 ≤ F<4.25	4.25 ≤ F<7.20	F>7.20

7.5 我国修复基准及评价方法的现状

到目前为止，我国有关土壤环境质量方面的现行标准是国家环境保护总局于1995年颁布的《土壤环境质量标准》（GB 156182-1995）。现行《土壤环境质量标准》按土壤应用功能、保护目标和土壤主要性质，规定了土壤中污染物的最高允许浓度指标值及相应的监测方法。土壤质量标准分为三级：一级标准是指为保护区域自然生态，维护自然背景的土壤环境质量限制值；二级标准是指为保障农业生产，维护人体健康的土壤限制值；三级标准是指为帮助农林生产和植物正常生长的土壤临界值。

随着环境污染日益加剧及科学技术的发展，该现行土壤环境质量标准存在明显不足，涉及的污染物种类很少，如有机污染物只有"DDT"和"六六六"，重金属污染物只有八种，采用此标准修复后的土壤环境中可能仍然有较高浓度的残留。2008年编写的《土壤环境质量标准（修订）》（GB 15618-2008）与原标准相比，污染物由10项增加到76项，有机污染物增加较多，包含挥发性有机污染物、半挥发性有机污染物、持久性有机污染物和有机农药等；标准分类由原来以农业用地土壤为主扩展到居住、商业和工业用地土壤。在制定方法上，第一级标准（环境背景值）应用各地土壤环境背景值资料采用地球化学统计法制定。第二级标准（筛选值）采用通用的区域风险评估法制定，但该修订标准暂未发布终稿。

我国地下水质量标准现行的标准是1993年颁布的《地下水质量标准》（GB/T14848-1993）。依据我国地下水水质现状、人体健康基准值及地下水质量保护目标，并参照了生活饮用水、工业、农业用水水质要求，将地下水质量分为以下五类：

Ⅰ类主要反映地下水化学组分的天然低背景含量。适用于各种用途。

Ⅱ类主要反映地下水化学组分的天然背景含量。适用于各种用途。

Ⅲ类以人体健康基准值为依据。主要适用于集中式生活饮用水水源及工有机污染土壤和地下水修复农业用水。

Ⅳ类以农业和工业用水要求为依据。除适用于农业和部分工业用水外，适当处理后可作生活饮用水。

Ⅴ类不宜饮用，其他用水可根据使用目的选用。

例如，某垃圾场于2002年4月投入使用，日处理垃圾量约为150t。但随着经济快速发展，生产技术不断更新，同时，积极响应国家"十二五"规划，大力提高清洁生产水平，工业垃圾排放量逐年递减。另一方面，社会的不断进步，也带动了城市规划的日趋完善，宏伟区森林公园现已规划为龙鼎山风景区，垃圾场毗邻该风景区南侧，它的存在已不符合城市总体规划的要求。因此，与2010年9月2日做出封场决定。

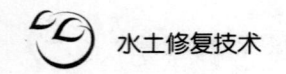

1. 评价目的

环境影响评价的原则是依法评价原则、早期介入原则、完整性原则和广泛参与原则，其目的是贯彻环境保护这项基本国策。针对本项目特点，本次评价的主要目的为：

1）通过资料收集和现场调查，掌握本项目的废水、废气、废渣的排放情况及污染负荷，为各环境要素的影响分析及采取的处理措施提供基础资料。

2）通过环境现状监测与评价，查清项目所在区域的环境质量现状，为预测评价本项目的环境效益与环境不利影响提供依据。

3）预测本项目在封场后可能对周围环境产生的影响程度。

4）通过技术经济的比较分析，提出合理的废水、废气和废渣的治理措施。

2. 编制依据

（1）法律法规

1）《中华人民共和国环境保护法》，2015年1月1日；

2）《中华人民共和国水污染防治法》，2008年6月1日；

3）《中华人民共和国大气污染防治法》，2014年12月22日；

4）《中华人民共和国环境噪声污染防治法》，1997年3月1日；

5）《中华人民共和国固体废物污染环境防治法》，2005年4月1日；

6）《中华人民共和国环境影响评价法》，2003年9月1日；

7）《中华人民共和国土地管理法》，2004年8月28日；

8）《中华人民共和国水土保持法》，2011年3月1日；

9）《中华人民共和国水法》，2002年10月1日；

10）《中华人民共和国防洪法》，1998年1月1日；

11）《中华人民共和国野生动物保护法》，2009年8月27日；

12）《建设项目环境保护管理条例》，1998年国务院令第253号；

13）《辽宁省建设项目环境监理管理暂行办法》，2007年4月29日；

14）《中华人民共和国自然保护区条例》，1994年10月9日国务院发布；

15）《中华人民共和国陆生野生动物保护实施条例》，1992年2月12日国务院批准，1992年3月1日林业部发布；

16）《中华人民共和国野生植物保护条例》，1997年1月1日；

17）《全国生态环境保护纲要》，2000年12月20日；

18）《饮用水水源保护区污染防治管理规定》，2010年12月22日；

19）《建设项目环境影响评价分类管理名录》，2008年10月1日。

（2）技术规范

1）《环境影响评价技术导则—总纲》HJ2.1-2011；

2）《环境影响评价技术导则—大气环境》HJ2.2-2008；

3)《环境影响评价技术导则—声环境》HJ2.4-2009；
4)《环境影响评价技术导则—地面水环境》HJ/T2.3-93；
5)《环境影响评价技术导则—地下水环境》HJ610-2011；
6)《建设项目环境风险评价技术导则》HJ/T169-2004；
7)《环境影响评价技术导则—石油化工建设项目》HJ/T89-2003；
8)《生活垃圾填埋场污染控制标准》GB 16889-2008；
9)《生活垃圾填埋场渗滤液处理工程技术规范》HJ 564-2010；
10)《生活垃圾卫生填埋场封场技术规程》CJJ112-2007。

（3）项目相关技术报告、文件

1)《二期工程垃圾废渣堆放场寇家沟场址设计方案审查会纪要》，工程设计管理处，1995年2月7日；
2)《二期工程垃圾堆放场寇家沟场址设计方案》（修改稿），辽阳石油化纤公司设计院，1995年3月；
3)《新建工业垃圾处理场550万吨/年俄油加工装置项目配套部分方案设计》，中国石油集团工程设计有限责任公司辽阳分公司，2007.3.15；
4)《工业垃圾堆放场水土保持方案报告书》，辽阳青山水土保持技术信息咨询有限公司，2007.8；
5)《关于工业垃圾堆放场水土保持方案的批复》（辽市水保字【2007】21号）；
6)《地下水污染排查工作报告》，辽宁工程勘察设计院，2013年3月；
7)《关于对办理二期垃圾场封场手续的意见》（辽市环函【2014】27号）；
8)《二期垃圾场封场方案设计》，中国昆仑工程公司辽宁分公司，2015年5月。

3. 评价标准

（1）环境质量标准

本区域地表水不发育，周边2km范围内未见地表水系分布，因此本次水环境的评价主要以地下水为主。地下水环境执行《地下水质量标准》（GB/T14848-93）中的Ⅲ类标准。石油类及苯参照执行《生活饮用水卫生标准》（GB5749-2006）表A.1及表3中标准。

（2）污染物排放标准

垃圾场水污染物主要为垃圾渗滤液，可利用槽车将渗滤液运送回公司污水处理厂进行生化降解处理，不直接排放。因此本项目的水污染物排放执行《辽宁省污水综合排放标准》（DB 21/1627-2008）中表2的规定。

4. 环境保护目标

（1）社会环境保护目标

本项目不涉及征地、拆迁，不涉及文物古迹，社会环境保护目标为评价范围内的环境敏感点。

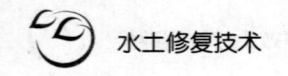

（2）生态环境保护目标

本项目北侧紧邻龙鼎山风景区，生态环境保护目标为龙鼎山风景区及场区内的生态环境质量。

（3）水环境保护目标

本项目区域及周边不涉及地表水系，水环境保护目标主要为评价范围内的地下水，保护级别为《地下水质量标准》（GB/T14848-93）Ⅲ类标准。

5. 废水污染源分析

本次封场工程废水污染物主要为垃圾渗滤液。垃圾渗滤液主要来源于垃圾本身含水和雨水的渗入，垃圾场停用多年，垃圾本身降解产生的渗滤液基本已排净，因此封场后渗滤液的产生量主要受降水量的影响，降水量的多少基本上决定着渗滤液的产量。由降水产生的渗滤液计算公式为：

$$Q = I \cdot \alpha \cdot A \cdot C$$

式中：Q——渗滤液产生量，m^3/d；

I——多年平均日降雨量，m/d；

α——降水入渗系数

A——汇水面积，m^2；

C——渗出系数。

2000—2009年均降水量645.86mm，降雨主要集中在6～9月份，占全年70%左右，因此本次计算中多年平均日降雨量采用雨季日平均降雨量进行计算，经换算，雨季日平均降雨量I为3.7mm/d；垃圾场地表为杂填土及残积土，降水入渗系数取0.1；垃圾场垃圾堆体位于场区分水岭东侧，以分水岭及垃圾堆体边缘为界，勾勒出垃圾堆体的汇水面积约23 000m²；渗出系数采用《生活垃圾填埋场渗滤液处理工程技术规范（试行）》（HJ 564-2010）中关于终场覆盖单元渗出系数，拟取0.1。根据以上因素分析，渗滤液产生量约为0.851m³/d。考虑渗滤液在收集池收集1个月时间，需要收集池的容量为25.53m³。垃圾场的渗滤液收集池容量为300m³，满足封场后渗滤液的收集要求。

垃圾渗滤液水质因垃圾的种类、成分、填埋规模、填埋工艺、填埋时间及季节的不同而不同，一般会有高浓度有机物质和无机盐类，外观呈深褐色，色度高且具有强烈的恶臭。

通常在垃圾填埋初期，渗滤液中的有机酸浓度较高，而挥发性有机酸占有量不到1%。随着垃圾填埋时间的增长，渗滤液中CODcr、BOD_5及BOD_5/CODcr比值会逐年降低，氨氮有可能会逐年增加，但达到某一程度后呈稳定的规律，废水中pH值一般会由弱酸性转至中性。

垃圾场停用多年，垃圾渗滤液水质已趋于稳定，由于垃圾本身降解产生的渗滤液基本已排净，封场后渗滤液的产生量主要受降水量的影响，本次评价工作正值枯水期，因此未能采集到渗滤液样本，无法以实测数据确定垃圾渗滤液的水质，本次工作拟通过对国内生活垃圾填埋场渗滤液典型水质的类比分析，推测垃圾场垃圾渗滤液的水质，其水质及产生量见表7-7。

表7-7 垃圾渗滤液产生量及水质

水量	水质（mg/L，pH除外）				
（m³/d）	pH	SS	CODcr	BOD_5	NH_3-N
0.851	6.5～8	300	1 000	300	450

鉴于渗滤液的产生量很小，对回收后的垃圾渗滤液可将其抽至槽罐车，运往厂区污水处理厂集中处理。运输过程要特别注意杜绝渗滤液的二次污染，包括蒸发或泄露。

6. 土壤环境质量现状评价

1）评价方法

本项目采用标准指数法进行评价。

2）评价标准

本次土壤质量评价标准以《土壤环境质量标准》（GB15618-1995）为基础（执行旱地三级标准），并参照《展览会用地土壤环境质量评价标准》（HJ350-2007）、《全国土壤污染状况评价技术规定》等相关规范确定本次土壤评价标准。

3）调查结果评价

采用标准指数法计算结果见表7-8。

4）评价结果分析

由表7-8可知，本项目场区内土壤各调查因子均达到《土壤环境质量标准》（GB15618-1995）的旱地三级标准，并满足《展览会用地土壤环境质量评价标准》（HJ350-2007）、《全国土壤污染状况评价技术规定》等相关规范对各因子的限值要求，土壤环境质量现状较好，垃圾场堆放的垃圾并未对周边土壤环境造成污染。

表7-8 土壤环境调查因子标准指数法计算结果统计表

评价项目	检测项目（mg·Kg⁻¹）										pH值
	石油类	挥发性酚	氰	砷	汞	总铬	铅	氟	镉	苯	
实测值	37.2	< 0.02	< 0.02	11.3	0.884	197	99.4	300	0.173	< 0.05	7.35
标准值	300	40	8	≤ 40	≤ 1.5	≤ 300	≤ 500	2 000	≤ 1	5	> 6.5
指数范围	0.124	/	/	≤ 0.282 5	≤ 0.589	≤ 0.657	≤ 0.198 8	0.15	≤ 0.173	< 0.01	—

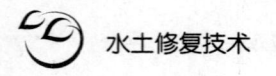

续表

评价项目	检测项目（mg·Kg⁻¹）											pH值
	石油类	挥发性酚	氰	砷	汞	总铬	铅	氟	镉	苯	
超标倍数	/	/	/	/	/	/	/	/	/	/	/
实测值	38.6	< 0.02	< 0.02	7.1	0.046	90	21.3	800	0.099	< 0.05	7.21
标准值	300	40	8	≤ 40	≤ 1.5	≤ 300	≤ 500	2 000	≤ 1	5	> 6.5
指数范围	0.129	/	/	≤ 0.177 5	≤ 0.031	≤ 0.3	≤ 0.042 6	0.4	≤ 0.099	< 0.01	—
超标倍数	/	/	/	/	/	/	/	/	/	/	/
实测值	23.7	< 0.02	< 0.02	8	0.053	75.3	41.9	500	0.074	< 0.05	7.39
标准值	300	40	8	≤ 40	≤ 1.5	≤ 300	≤ 500	2 000	≤ 1	5	> 6.5
指数范围	0.079	/	/	≤ 0.2	≤ 0.035	≤ 0.251	≤ 0.083 8	0.25	≤ 0.074	< 0.01	—
超标倍数	/	/	/	/	/	/	/	/	/	/	/
实测值	32.4	< 0.02	< 0.02	13.3	0.105	73.1	57.7	400	0.123	< 0.05	7.44
标准值	300	40	8	≤ 40	≤ 1.5	≤ 300	≤ 500	2 000	≤ 1	5	> 6.5
指数范围	0.108	/	/	≤ 0.332 5	≤ 0.07	≤ 0.244	≤ 0.115 4	0.2	≤ 0.123	< 0.01	—
超标倍数	/	/	/	/	/	/	/	/	/	/	/
实测值	35.6	< 0.02	< 0.02	10.1	0.049	78.4	27.5	500	0.148	< 0.05	7.31
标准值	300	40	8	≤ 40	≤ 1.5	≤ 300	≤ 500	2 000	≤ 1	5	> 6.5
指数范围	0.119	/	/	≤ 0.252 5	≤ 0.033	≤ 0.261	≤ 0.055	0.25	≤ 0.148	< 0.01	—
超标倍数	/	/	/	/	/	/	/	/	/	/	/